文化与社会心理学

吴　莹　韦庆旺　邹智敏　编著

知识产权出版社
全国百佳图书出版单位

图书在版编目（CIP）数据

文化与社会心理学/吴莹，韦庆旺，邹智敏编著. —北京：知识产权出版社，2017.2
ISBN 978 - 7 - 5130 - 4623 - 7

Ⅰ.①文… Ⅱ.①吴… ②韦… ③邹… Ⅲ.①文化学—心理学—研究②社会心理学—研究
Ⅳ.①B84 - 05②C912.6

中国版本图书馆 CIP 数据核字（2016）第 296876 号

内容提要

随着现代化、城市化与全球化的推进，社会文化转型成为中国社会面临的现实问题。社会心理学可以从哪些角度表达自己探讨文化现象的学科关注？本书从社会心理学研究视角去分析文化现象和文化对个人心理及行为的影响，从文化与规范、文化与价值观、文化与自我、文化与厌恶情绪、文化与认同、文化与社会变迁及文化混搭心理等维度进行展开，并力图呈现社会转型中文化的多样性与多面向特征。

责任编辑：石红华　　　　　　　　**责任校对：**王　岩
封面设计：智兴设计室·张国仓　　　**责任出版：**刘译文

文化与社会心理学

吴　莹　韦庆旺　邹智敏　编著

出版发行：知识产权出版社 有限责任公司	**网　址：**http://www.ipph.cn
社　址：北京市海淀区西外太平庄 55 号	**邮　编：**100081
责编电话：010 - 82000860 转 8130	**责编邮箱：**shihonghua@sina.com
发行电话：010 - 82000860 转 8101/8102	**发行传真：**010 - 82000893/82005070/82000270
印　刷：北京中献拓方科技发展有限公司	**经　销：**各大网上书店、新华书店及相关专业书店
开　本：787mm×1092mm　1/16	**印　张：**16.75
版　次：2017 年 2 月第 1 版	**印　次：**2017 年 2 月第 1 次印刷
字　数：296 千字	**定　价：**49.00 元

ISBN 978-7-5130-4623-7

序一

文化是宏观社会心理学研究的对象，也是很长时间内经典北美社会心理学较少涉猎的领域。从社会心理学视角研究文化现象，不仅丰富了对文化现象的解析，也拓展了社会心理学自身的边界。

心理学对文化现象研究的自觉起于继上世纪 70 年代席卷学界的"认知革命"之后。明显的一个例子是 1998 年在 The McGraw－Hill Co. Inc 出版的《社会心理学手册》（第四版）中，十分引人注目地在原有两卷七个部分的基础上，增加第八部分，名为"新生的视角"。这一部分包括两章，一章为"进化社会心理学"，另一章以长达 66 页的篇幅专论文化社会心理学，标题为"社会心理学的文化母体"。它叙述了文化心理学不单作为研究领域补充拓展了社会心理学，而且对社会心理学研究是具有革命性意义的全新研究视角，它丰富了社会心理学，为社会心理学深入地解释人类社会行为提供了新的可能。因此它的兴起当之无愧地被称为一场"文化革命"。

近十几年来，社会心理学、本土心理学及跨文化心理学几乎从自己的视角出发，共同关注了文化对于心理过程的意义。在遍及全世界的有关心理学刊物中，这些研究和讨论成为心理学家探究的焦点。例如，持续二十多年的关于"个体主义/集体主义"分析框架的研究和争论，至今还在美国核心期刊《美国心理学家》《美国心理学报》《人格与社会心理学研究》上占有大量篇幅。来自北美与处于所谓边陲地位的发展中国家，特别是亚洲国家的文化心理比较研究、非北美的本土社会心理学研究发现，大大震动了处于当今社会心理学主流地位的北美社会心理学。在这样的背景下，美国的这套《社会心理学手册》增加文化心理学的内容就显得很有新意也非常必要。这一章的四位撰稿人也是文化社会心理学的领军人物，他们是美国加州大学伯克利分校的 A. P. Fiske，日本东京大学的 S. Kitayama，美国斯坦福大学的 H. R. Markus 和美国密歇根大学的 R. Nisbett。

他们在这一章篇首引用了 Wundt 在《民俗心理学》中的一句名言"一切心理科学接触到的现象,的确都是社会共同体的创造",表达了他们所持的文化心理学的立场,并以四个部分的内容综述和讨论了近年来文化心理学的基本观点和主要发现。

作者指出,根据近年来的研究发现,许多基本的心理过程实际上都依赖文化的意义与文化的实践。在不同于欧美的其他文化中,心理过程会与欧美文化中生活的人有极大的不同。例如,欧美人强调社会行为基于个人特性,而另一些文化中的人则以社会角色、责任和情景因素来解释人的行为。欧美人一般强调自己是唯一的、与众不同的、超过他人的;而在东亚,人们强调自己是普通的、与他人没有什么大差别的。运用这些发现,心理学家正在研究文化与心理之间共同具有的动力性的构造。这一研究背后的假定是,为了加入任何社会生活世界,人们必然将文化模式、文化意义和文化实践并入他们的基本心理过程之中。这些心理过程反过来又限制、再生产和改变文化系统。因此,当每一文化被很多心理过程相互作用而建构的同时,这些心理过程本身也被它们所作用的特定文化所引发、建构和促动。于是,那些一向被视为社会心理学基础的发现,不过也是某一文化框架下的特有功能。那些看来反常的,在其他文化中无法重复验证的所谓标准的现象,一旦我们认识到,人们的思想、情感、判断和行为都与文化模式有关,就变得不难理解了。

1998 年以后,对文化的社会心理学研究以及文化视角下的社会心理学研究都呈现出方兴未艾的态势。例如,2006 年华人社会心理学家赵志裕、康莹仪合作出版了《文化社会心理学》(*Social psychology of culture*, 2006)一书。他们以文化的定义、描述文化的策略、文化的心理基础、文化的功能、文化作为思维习惯、文化的表征、文化知识的组织与应用、文化再生产与变革、多元文化接触、全球化与多元文化认同、文化过程的科学研究为全书脉络,整合跨文化心理学、文化心理学及认知心理学等相关学科的研究成果,系统地探讨了文化与社会心理过程相互建构的动态关系。这些内容,不仅带领读者透过文化看社会心理,即看社会心理上的文化差异,也带领读者透过社会心理来看文化的生产与再生产、文化间交融与文化变迁。随后,《理解文化》(*Understanding culture: Theory, research, and application*)一书在 2009 年编辑出版,编者之一的康莹仪在书中明确提出了"动态文化建构论"(dynamic constructivist approach to culture),以完成从描述文化到解释文化的任务(Hong, 2009)。书中以 52 位学者撰写的 26 章的篇幅,系统呈现了有关文化、社会、个体之间的心理联系及其过程的研究成果。本书作者特别对比了具有鲜明特征的欧美与东亚文化的社会特性，并指出独立与依赖是两种文化组织的原则。从"自我""基本归因错误""分析式－整体式思维方式""内外动机与控制点""道德判断"等方面的跨文化比较研究的结果来说明文化与社会心理的相互建构关系。

社会心理学视角下的文化研究的目的也越来越清晰：第一，辨明各种文化的意义和实践，以及与之相连的心理结构和过程；第二，发现使社会与心理被文化模式化后而具有多样性这一事实背后的系统原则；第三，描述心理与文化相互建构的过程，说明文化如何创造和支持了心理过程，而这些心理倾向如何反过来支持、再生产甚至是改变文化系统的。人类的心理是与文化相联系的，然而这一联系是遵循普遍性原则的。

吴莹、韦庆旺、邹智敏三位年轻社会心理学者所撰写的这本《文化与社会心理学》正是在上述背景下成稿的。他们不仅以自己敏锐的观察和思考紧随学科发展的步伐，而且将文化社会心理学的研究视角对准中国文化与变迁社会，探索出自己的研究思路和选题。比如将厌恶情绪与民族之间的文化理解和接触联系起来。又比如在全球化背景下，不同权力关系下两种文化接触后引发的不同反应。再比如聚焦文化价值观变迁的可能类型和演变规律。

这些将社会心理学视角聚焦中国社会现实和文化特征的努力非常珍贵，也体现了作者的勃勃朝气、勇气和热情。本书提供的理论和引用的研究成果很新，研究者很年轻，没有固守传统教科书的知情意行的套路，这也形成了一种特色和一种扑面而来的青春气息。希望有更多的社会心理学者与他们一起在这一领域耕耘，承前启后，继往开来，与这一学科共同成长。

杨宜音（中国社会心理学会会长）

2016 年 9 月 5 日

文献来源：

1. Friske, Kitayama, Markus & Nisbett. The cultural matrix of social psychology, In D. T. Gilbert, S. T. Fiske, and G. Lindzey. (Eds.). The Handbook of Social Psychology (4th). Boston: Mcgraw－Hill, 1998: 915－980.

2. 赵志裕，康萤仪. 文化社会心理学 [M]. 刘爽，译. 北京：中国人民大学出版社，2011.

序二
长江后浪推前浪、文化新潮接旧潮

世道与人心相生相成，互相转化，互相促进。它们间的关系，错综复杂，千丝万缕，该如何梳理？有关文化与社会心理学的论述，众说纷纭，千头万绪，又该从何说起？

千里之行，始于足下。能为启程者提供简要的导览和航海图，需要睿智，需要积学。《文化与社会心理学》的三位作者——吴莹、韦庆旺、邹智敏，是当代中国社会心理学的青年才俊。他们长期潜心于中外文化，融会东方与西方学理，贯通科学与人文。他们的学问，既不是西学的附庸，也非锁国的蛙见，却处处表现出在传统与现代、东土与西洋广阔的学术空间纵横驰骋的名家风范，让读者感受到文化新潮接旧潮的澎湃气势，令中国学坛惊叹青年学者后浪逐前浪的实力。

《文化与社会心理学》一书共九章。前两章概述文化心理学的学科范畴、发展与研究方法。第三至六章阐释文化如何规范行为和情感，塑造人们的价值和自我意识。第七章反客为主，讨论人们如何认识、认同文化。全书强调文化的动态过程，除了陈述不同文化如何影响行为和情绪表达外，还不断提醒读者现代人生活在多元和变迁中的文化之中。本书的一大亮点是：它综述了人们如何运用和驾驭不同文化；如何利用多元文化传承赋予的知识和智慧，改良和革新当时当地的文化生活；如何穿梭于古今中外的文化传统，定义自己的身份。在全书最后两章，作者画龙点睛，重点探讨文化变迁、文化间的互动和个体心理如何互相转化，倡导一门能积极面向中国社会变迁的动态文化心理学，令人耳目一新。

本书作者积学深厚，在每章中皆能糅合前沿理论与中外科研成果，成一家之言。并能就近取譬，因境设喻，引用国人熟悉的社会现象、时人时事，阐述深邃的理论，深入浅出，文笔流畅，烛见分明。

我有缘与三位作者认识，目睹了他们的文化社会心理学的学养，如佳酿在几番蒸馏后倍感香浓，如精钢反复锤炼后更为坚韧。荀卿曰："木受绳则直，金就砺则利。"绳砺之功，诚可观也！

赵志裕（香港中文大学社会科学院院长）
2016 年 6 月 15 日序于杭州黄龙饭店

目　录

第一章　社会心理学中的文化研究

第一节　社会变迁与社会心理学的关怀

2015 年 2 月 25 日，上海大学在读博士生王磊光的一篇文章《一位博士生的返乡笔记：近年情更怯，春节回家看什么》在微信等社交媒体中被疯狂点击和转载。这篇文章以个人亲身经历，非常感性地指出中国当下农村社会发生的变迁：情感纽带的断裂、农村社会文化的衰败，以及物质主义在农村社会的蔓延，对个人情感、人际、价值观等方面的影响。以下节选原文谈及农村青年婚姻状况及财产观念的部分，可以从中看出一点端倪。

博士春节返乡记

……

妻子。这一点主要是针对农村的男青年来说的。在今天的社会，农村男青年在本地找媳妇越来越难。一来，这是由中国男多女少的现状决定的。而且，农村稍微长得好看点的女孩子，基本都嫁到城里去了，愿意嫁在农村的女孩子越来越少。二来，农村青年讨媳妇，要具备的物质条件很高，现在普遍的一个情况是：彩礼六到八万，房子两套，在老家一栋楼，在县城一套房。这个压力，并不比城市青年讨老婆的压力小。

过年的时候，打工的青年男女都回来了。只要哪一家有适龄女孩子，去她家的媒人可谓络绎不绝。这在乡村已成了一门生意，农村说亲，几乎到了"抢"的地步。如果初步说定一个，男方至少要给媒人五百块，最终结婚时，还要给上千的报酬，有的甚至要给到两三千。

传统的农村婚姻，从相亲到定亲到结婚，要三四年时间，男女双方有一个了解和熟悉的过程。现在却不同，年里看对的，过了年，马上定亲，然后女青年跟着男青年出去打工，等到半年过去，女方怀孕了，立刻奉子成婚。

房子。刚才已经说了，现在农村人娶老婆要房子两套，一套在家里，一套在县城。其实县城的那套房，平时都空着，只是过年时回来住，但对年轻人来说，那就是城市生活的一种代表。过年时，有的也会把父母接到县城过年，但父母住不惯，在县城过了大年，初一就赶回来了。在老家的生活是"老米酒，菀子火，除了神仙就是我"，而在县城除了那套房，什么都没有。但是，为了添置这两套房，将来给儿子娶媳妇，很多家庭是举全家之力在外打工。

车子。近些年来，对在外打工五年以上的农村青年来说，对一种东西的渴求，可能比对房子和妻子更为强烈，那就是车子。车子不一定要多么好，五万，八万，二十万，各种档次的都有。老百姓不认识车子的牌子，不知道车子的价位，只知道这些车叫"小车"。不管什么小车，关键是要有！在农村，房子是一个媒介，车子更是一个媒介——是你在外面混得好，有身份的代表，房子不能移动，车子却可以四处招摇，表示衣锦还乡。很多二代、三代农民工，当下最大的期待就是买一个车子。尤其对那些好些年没回家的人来说，他再次回家，必须要有辆车，否则他怎么证明自己？❶

城市化与蒙古族"祭火"习俗的消失

农历腊月二十三是蒙古族祭火日，以祭火祈福平安，表达对火及大自然的崇敬与尊重。蒙古族祭火习俗已经沿袭千年，至今还在发挥着它的功能。祭火习俗传承到了今天，民间有一种说法是，腊月二十三日是送火神上天的日子，火神在这一家住了一年的时间了，要上天去汇报关于这一家人好坏善恶的情况，因为草原牧人日常生活中离不开火，因此火能看到人的全部行为。牧民们

---

❶ 王磊光. 博士春节返乡记［EB/OL］. 新华网，http://www.hn.xinhuanet.com/2015-02/26/c_1114442280.htm.

认为火是上天的使者，火神所说的话关系着来年的丰收、运气、财富等。

传统祭火仪式是这样：农历腊月二十三早上起来先把院落打扫得干干净净，厨具都擦洗干净。下午，先准备好羊胸脯肉（煮熟的），蒸的大枣米饭、黄油、奶豆腐、白酒、蒙古果子，当太阳落山之时在火撑子（平时用来做饭、烧水的四脚铁架）前摆放一张小桌，桌子中间放一盘羊胸脯肉，酒盅内倒满白酒，桌子四角放四碗大枣米饭，米饭中间插入羊毛卷成的小棍（羊毛缠绕小木棍，并在羊毛上倒入黄油，点燃），此外桌上还放有成块黄油、羊肥肉、奶豆腐，并在火撑子上的四个角挂上羊肥肉，撑子内点燃火，点火用柳树或杨树的木头，准备工作完成。

然而，这一传统的祭火仪式随着城市化进程，"村改居"的进展，牧民与农民住上楼房，并没有足够空间在每年农历二十三进行这样的祭火仪式，祭火这一习俗也随着社会变迁而渐渐被简化、替代甚至消失了。❶

微信红包与春节拜年

一到春节，家长都会在红包里面装好压岁钱，发给孩子"压岁"，微信红包在今年的春节中占据了一席之地。微信红包兴起之后，这些红包的接收对象就不再是孩子。他们可能是你的同学、朋友、同事甚至陌生人。电子红包取代了传统的实物红包发放，只需要你准备一张银行卡，绑定在微信上面，也不用跑去银行取钱，也不需要去买红包，简单快捷。打开微信两个人的聊天就先从发放红包开始。可以是几百、几块，也可以是几毛甚至几分，整个聊天的过程都能让人沉浸在拆红包的愉悦感里。

今年20岁的李女士说："我觉得这种新的拜年方式很有意思，即使抢到的红包不多，也总能让人沉浸在拆红包的乐趣里。"每年的春节晚会结束后，网络上总是会流出各种版本的"吐槽"，但是今年关于春晚最大的话题似乎就是"抢红包"。将微信升级到最新的版本，在观看春晚的时候打开微信上的"摇一摇"，就可以参与其中的抢红包环节。有人四肢并用，有人用上了甩脂机，有人将新买的 iPhone6 摇坏。随着微信用户的迅速崛起，朋友圈更新的日新月异，各种商家都不会放弃这个新的宣传模式。派送一定数额的红包，网民在抢红包的时候无形之中就关注了商家的公众号，给商家做了推广。❷

---

❶ 悠然我思. 蒙古族的祭火习俗的传承及迁变［EB/OL］. 天涯论坛，http：//bbs. tianya. cn/post－909－2588－1. shtml.

❷ 微信红包逐渐成春节拜年新方式［EB/OL］齐鲁晚报，2015－3－3，http：//news. 163. com/15/0303/15/AJPS988T00014AED. html.

2月13日，微信公布了猴年春节期间（除夕到初五）的红包整体数据，微信红包春节总收发次数达321亿次。总计有5.16亿人通过红包与亲朋好友分享节日欢乐。相较于羊年春节6天收发32.7亿次，增长了近10倍。在地域上，微信红包正将影响力从一二线城市向三四线城市乃至更下级城市用户渗透。数据显示，最喜欢发红包的省份是广东，江苏和浙江紧随其后，最喜欢发红包的前三个城市是北京、深圳和广州。在发红包排名前二十的城市中，三四线城市数接近一半。❶

互联网 + 提升老年人自我效能感

"回家吃饭"作为一个互联网应用平台，旨在挖掘小区里的民间美食达人，以外卖配送、上门自取等多种方式，为忙碌的上班族提供安心可口的家常菜，解决对健康饮食的需求与富余生产力的对接问题。现在北京、上海、广州、深圳、杭州5个开放城市，有很多老年人在该平台上被称为家庭厨师，并在这个平台上通过自己的厨艺与分享获得相应的报酬与社会交往。

张师傅，男，66岁，已退休4年，现在是"回家吃饭APP"的家厨。退休前为某工厂职工，退休几年一直赋闲在家。直到去年听朋友介绍有这个APP，遂在儿子的帮助下，注册成为该公司家厨，并开始在网上做菜出售给上班的年轻人。张师傅说"自己刚退休的那几年感觉每天特别闲，每天也没什么事情可以做，待着特别无聊，甚至有点烦躁。做了这个（"回家吃饭"家厨）以后感觉每天充实多了，早上去买菜回来煮，下午等有人下单后做好了有快递员给他们送去。有时候，特别是周末经常会有一些上班族直接到家里堂食，还可以和孩子们聊聊天感觉特别有意思，做了几个月感觉自己年轻了几岁。"张师傅表示，之前自己退休后没想过自己还可以再做点什么，就想着就这样子度过下半生。直到做这个后才把自己原来藏着的那股自己都没意识到的不服输的劲完全激发了出来，现在每天都干劲十足。同时通过这个还能赚到不少钱，留存给儿子。有空时还可以和来家里吃饭的年轻小伙子聊聊天，听听他们工作上的事情。看着他们喜欢吃自己煮的东西也觉得特别开心。觉得这种退休生活丰富有意义多了。❷

以上故事可以让我们深刻感受到中国社会当下发生的巨大变化，从城市到

---

❶ 2016猴年春节微信红包整体数据公布：总收发321亿次［EB/OL］腾讯科技，2016 - 2 - 13，http://www.ithome.com/html/it/206140.htm.

❷ 何其乐. "互联网 +"背景下老年人角色转换的支援研究［D］. 北京：中央民族大学学士学位论文，2016.

农村，从青年到老年，不同地区、不同群体的人们都感觉生活方式、价值观念、社会习俗发生变化，都对社会发生巨大变化有真实、切身的体会。

在社会科学领域，城市化率是描绘某一社会发展状况的重要量化指标。社会地理学家诺瑟姆（R. M. Northam）提出的城市化 S 型曲线更形象地描绘了世界范围内社会发展的总体趋势。"诺瑟姆曲线"是 1979 年诺瑟姆对英、美等国家一二百年城市化率变化趋势的总结。该理论指出，世界各国发展过程的轨迹都可以被看作一条拉长的 S 型曲线。根据这条变化曲线，城市化过程分为三个阶段。一是初级阶段，指城市化率在 30% 以下，它对应经济学家罗斯托（W. W. Rostow）所划分的传统社会阶段，即农业占国民经济绝大比例，且人口分散分布，城市人口只占很小部分。二是加速阶段，特征是城市人口从 30% 增长到 50% 乃至 70%，经济社会活动高度集中，第二、三产业增速超过农业且占 GDP 比重越来越高，制造业、贸易和服务业的劳动力数量也持续快速增长。三是成熟阶段，特点是城市人口比重超过 70%，但仍然有乡村从事农业生产和非农业来满足城市居民的需要，城市化水平达到 80% 的时候就会变得缓慢。❶

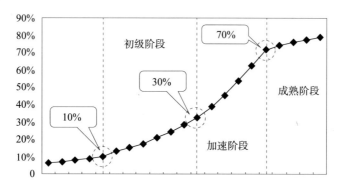

图 1-1　城市化进程与诺瑟姆曲线

这个过程包括两个拐点：当城市化水平在 30% 以下，代表经济发展势头较为缓慢的准备阶段，这个国家尚处于农业社会；当城市化水平超过 30% 时，第一个拐点出现，代表经济发展势头极为迅猛的高速阶段，这个国家进入工业社会；城市化水平继续提高到超过 70% 之后，出现第二个拐点，代表经济发展势头再次趋于平缓的成熟阶段，这时这个国家也就基本实现了现代化，进入

---

❶ 陈明星，叶超，周义. 城市化速度曲线及其政策启示：对诺瑟姆曲线的讨论与发展 [J]. 地理研究，2011，30（8）.

后工业社会。

　　根据中国国家统计局公布的数据，中国在 1998 年第一次城市人口比例达到 30%；时隔 15 年，2013 年城市化率超越 50%，达到 53.7%。有研究者指出，50% 是城市化过程的节点，超过这个节点社会发展将会达到较高水平，城市文化普及最快，城市辐射力最强，城市问题与社会矛盾不断积累并被激化。❶ 依据这一指标，中国当下进入快速社会变迁的时代，也是社会心理学需要发挥其独特学科功用的时代，如何深入系统地探究这一社会变迁过程中人们的心态及行为变化，应当成为社会心理学研究者思考的问题。

　　关注社会发展带来的心理变化是社会心理学独特的学科聚焦。宏观的经济水平变化、制度的转型、自然环境变化都是反映社会变迁的客观指标，这些客观变化在个体心理上又能烙下怎样的印记？引发怎样的主观心理变化？这是近几十年世界范围内社会心理学家苦苦探索的内容。以社会发展为例，城市化过程带来的社会情境变化是社会学关注的内容，而社会发展阶段导致个人心态、信念、价值取向、规范遵从等方面的变化却是社会心理学家特有的研究范围。

　　美国政治科学家罗纳德·英格尔哈特（Ronald. Inglehart）通过多年数次世界价值观调查（World Values Survey，简称 WVS）发现，现代化进展给人们带来物质的丰裕，而物质满足与生存安全保障将会改变人们的人生目标、信念与价值取向，引导人们的生活追求从满足基本生存需要，到追求更高级的个性化需求（详细内容请参见本书第四章"文化与价值观"）。这一世界范围内的大型价值观调查始于 1981 年，最近一次完成于 2014 年，范围之广，覆盖了全球 93 个国家。在这一系列的价值观调查基础上，英格尔哈特认为可以从两个维度来解析现代化及社会变迁带给人们的心态及价值取向的影响。

　　● 维度之一是传统价值观 – 世俗理性价值观。一端是指持有传统价值观的社会更强调宗教、父权、国家权威性，对堕胎、安乐死、自杀、离婚等社会失范行为的容忍度较低，另一端是指更开放、限制更少的社会情境，称之为世俗理性社会。

　　● 维度之二是生存价值观 – 自我表达价值观，一端是指经济水平低下、物质匮乏的社会使人们埋头追逐生存需求的满足，尽可能多地追求多于他人的

---

❶ 高珮义. 中外城市化比较研究 [M]. 天津：南开大学出版社，2004.

生存资源，形成防范、竞争、打压和排斥的行为策略，支持保护现有利益的专制主义统治；另一端是物质富足使人们摆脱生存及物质分配的压力，用包容、信任、互惠、合作的方式与人共处，开始追求个人权利、自主性、独立和尊严，在价值观上完成从"物质主义"到"后物质主义"的过渡。❶

这一视角更富有社会心理学的学科关注，侧重于社会发展与变迁对个人行为、信念、认知与价值观的影响。从诺瑟姆曲线中将城市化率作为衡量社会发展的重要指标，到英格尔哈特对物质主义 – 后物质主义社会类型，及生存价值观 – 自我表达价值观的区分，可以看到对社会发展的描述，不同学科关注不同：相比社会学重视外在社会形态的描述，社会心理学更关注这种社会发展对个人内心及行为方式的影响。这种社会发展视角，相比传统社会心理学重视即刻情境对个人心理行为的研究，也提供了纵向的、历史性的社会发展视角，拓宽了社会心理学的学科解释范围。

第二节　社会心理研究中的文化议题

文化对于社会心理学来说，并不仅是作为研究对象那么简单。纵观近五十年来全球社会心理学的发展历程，文化曾作为扩展学科视野的重要线索，同时也是美国之外的社会心理学家摆脱美国"怪异"（weird）的❷个体主义社会心理学束缚，关注在地和本土社会问题的重要载体。这段学科历史回顾可参考本书第二章"社会心理学如何研究文化"，在此不再赘述。本节将从两个方面展开：一是四种不同社会心理学研究范式中的文化解读；二是以社会生态视角为例，探讨重视文化研究在拓展社会心理学解释力中的应用。

一、文化与社会心理研究的碰撞——四次研究浪潮

在全球化的进程中，文化的交流越发频繁、深入。同时，文化互动同样带给社会心理学研究者深刻体验与冲击，各国社会心理学家一边学习接受美

---

❶　陈咏媛，康莹仪. 文化变迁与文化混搭的动态：社会生态心理学的视角［M］//赵志裕，吴莹. 中国社会心理学评论：第九辑. 北京：社会科学文献出版社，2015：224 – 263.

❷　Weird 是 western education industrialized rich democratic 的英文缩写，是指在以欧美发达国家中等收入人群中流行的文化，心理学曾被批判为是这种怪异文化的产物，缺少对不同文化的、低收入的、欠发达社会，或者集体主义文化心理状态的关注。

国个体主义社会心理学传统，同时也对个体主义社会心理学研究范式进行反思，将本国与欧美主流文化的不同进行比较、阐释，通过理论创建表达他们看到的文化异同，由此形成不同的研究范式，引发影响巨大的文化研究浪潮。

赵志裕等人❶将社会心理学中对文化的不同研究总结为四次浪潮。在四次文化与心理研究的浪潮中，可以看到社会心理学家对文化与心理碰撞过程的关注，以及文化研究对社会心理学的学科补充。这里结合全球及华人社会范围内的研究，记述四次文化与社会心理学碰撞的历程。

（一）第一次浪潮：比较研究——跨文化心理学范式

20世纪70年代在全球兴起的跨文化心理学研究，聚焦文化间差异以及文化差异引发心理反应的不同。例如，个体主义－集体主义的维度区分了重视个体目标的文化与重视集体目标的文化；文化的严紧－宽松维度区分了社会规范约束较强的文化与重视个性表达的文化类型；"独立我"（independent self）与"互依我"（interdependent self）的概念表明了西方人与东方人对自我的解释完全不同。西方人强调个人的自主性，区分与他人的不同，东方文化塑造的自我结构中更强调个人与他人的相互依赖，个人自我是基于与他人关联而获得的。

（二）第二次浪潮：类型区分与深描式研究——本土心理学范式

20世纪80年代伊始，华人社会心理学家杨国枢、杨中芳、何友辉、黄光国、赵志裕、杨宜音、叶光辉、郑伯埙、翟学伟等，探索以中国本土概念为理论构念的本土心理研究，开展对中国人的"面子""送礼""关系""报答""自己人""中庸思维""孝道"，以及企业的"家长式领导模式"等现象的研究。本土心理学研究在台湾地区尤见规模，众多研究成果及在台湾地区创建发行且影响力较大的《本土心理学研究》期刊是该次浪潮的一大佐证。这种对本土文化现象进行的理想类型抽离及详尽细致的深描式探讨，也是将文化维度与心理现象进行关联的尝试。

---

❶ 赵志裕，吴莹，杨宜音.文化混搭：文化与心理研究的新里程［M］//赵志裕，吴莹.中国社会心理学评论：第九辑.北京：社会科学文献出版社，2015：1-18.

图 1-2　中国各地饮食的类型化

（三）第三次浪潮：社会认知取向——动态建构的多元文化心理研究范式

进入 21 世纪，一批受过美国系统社会认知训练，且熟悉美国之外文化的社会心理学家提出，文化与心理是相互建构的过程，个人并非被动接受文化的影响，而是在不同情境中被不同文化线索启动，表现出符合不同文化模式心理反应的过程。以社会心理学家康萤仪提出动态建构模型（dynamic constructivist model)❶ 为例，该模型指出，文化是群体成员共享的知识网络，包括共享的信仰、价值观和基本观念；不同文化群体分享不同的知识体系；启动不同的知识网络得到不同的行为反应；某种文化知识的提取和启动需要依靠具有典型代表意义的文化符码唤起相应的行为反应；最后，个体不同的特质作为边界条件和调节变量调节文化作用个体行为的过程。

（四）第四次浪潮：重视历史维度——文化会聚心理学研究

随着全球化不断推进，文化碰撞、融合、排斥与冲突现象成为人们日常生活的重要体验。近年，现实情境的文化混搭（cultural mixing）现象使社会心

---

❶ Hong, Y. A dynamic constructivist approach to culture：Moving from describing culture to explaining culture［M］. In R. Wyer, C – y. Chiu, & Y – y. Hong（Eds.），Understanding culture：Theory, research and application. New York：Psychology Press，2009：3 – 23.

理学家逐渐将视野转移到全球化及社会变迁中不同文化之间的互动、关联及其造成的心理后果。这类研究不赞同对文化进行类型划分——分清楚非 A 即 B，文化成员的个体心理也是 A 或 B 的映射；相反，这一研究范式认为每种文化类型都不是纯粹的 A 或 B，而是在社会历史的建构中相互混杂的，探讨文化成员的心理需要考量社会历史等宏观因素。

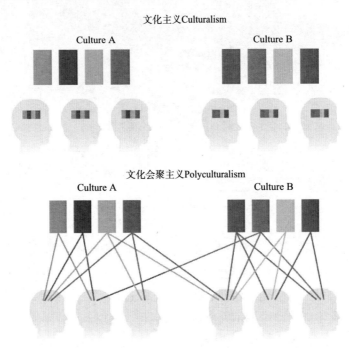

图 1 - 3　不同研究取向对文化与个体心理关系的阐释❶

莫里斯、赵志裕和刘志曾在美国 *Annual Review of Psychology* 期刊上发文，将这类研究作为一种新的文化与社会心理学研究取向，命名为文化会聚心理学（polycultural psychology）。❷ 赵志裕等人也曾就这一新的研究范式在海内外相关学术期刊上做过专题阐述，包括 2011 年发表在美国期刊 *Social Issue* 上的系列专题"全球化心理学"（the psychology of globalization）❸，和 2015 年发表在

---

❶　Morris, M. W., Chiu, C - y., Liu, Z. Polycultrual Psychology［J］. Annual Review of Psychology, 2015, 66：24. 1 - 21. 29.

❷　同上。

❸　Chiu, C - y., Gries, P., Torelli, C. J., & Cheng, S. Y - y. Toward a social psychology of globalization［J］. Journal of Social Issues, 2011, 67：663 - 676.

《中国社会心理学评论》第九辑"文化混搭心理研究1"中的数篇论文。❶

二、寻求解释力与外部效度：文化与社会生态的视角

（一）文化与社会生态的理论视角

社会心理学对文化等宏观因素的关注促进了自身学科理智构架的完善，使学科的理论解释力增强，也给学科带来了令人信服的外部效度。正如文化会聚心理学指出的两点：❷❸

（1）考察人们的社会心理过程需要追根溯源，细致地探讨宏观层面的文化间互动过程，因为不同层面的文化（精神性文化、制度性文化、物质性文化等）互动带来的心理反应并不相同。

（2）微观的心理机制变化是不同文化间长期碰撞、影响、渗透、浸润的结果，对心理状态的考察逃不脱政治制度、文化政策、经济及国体选择、社会流动等历史性维度的考察；心理机制的产生并不仅仅考虑近因性（proximal）的情境因素，还需要考虑远端的（distal）生态、经济、制度、环境因素（如图1－4）。

图1－4 影响心理过程的远端因素与近端因素

心理学家盖尔芬德（M. J. Gelfand）曾探讨过不同社会中文化对个人的约束作用，并提出文化规范力的严紧－宽松类型（tight and loose culture）。该研究❹是探讨远端生态、历史因素、社会与政治制度因素对微观心理过程影响过程的典型例子。

该研究使用已有大型社会调查数据作为宏观层面变量，探讨这些变量与自

❶ 赵志裕，吴莹. 中国社会心理学评论（第九辑）［M］. 北京：社会科学文献出版社，2015.

❷ Morris，M. W.，Chiu，C－y.，Liu，Z. Polycultrual Psychology［J］. Annual Review of Psychology，2015，66：24. 1－21. 29.

❸ 吴莹. 文化会聚主义与多元文化认同［M］//赵志裕、吴莹《中国社会心理学评论》（第九辑）. 北京：社会科学文献出版社，2015：145－146.

❹ Gelfand，M. J.，etc，Differences Between Tight and Loose Cultures：A 33－Nation Study［J］. Science，2011，332：1100－1104.

我规范能力等微观个人变量之间的关系。宏观变量内容详尽丰富，包括人口密度与人口压力、自然资源、边疆冲突历史、环境与健康的缺陷、政府与媒介的控制力、政治及公民自由、刑事司法、宗教、对制度的挑战等。

近些年来发展出的社会生态心理学（socio – ecological psychology）研究范式，也提出对社会心理的研究离不开对社会生态的聚焦，对远端的社会生态因素的考察将会拓宽社会心理学的解释领域，使社会心理学理论更有社会生态效度。

虽然社会生态心理学者❶在界定学科边界时，有意将社会生态心理学与文化社会心理学进行区分，但从其研究领域和关注对象来看，内容大多与文化社会心理学重合。社会生态包括所有影响人类心理及行为的物理和人文环境，有宏观的因素，如国家政体、经济体制、教育体制、人口特征、地理特征和气候等，也有中观和微观的环境因素，如城市、城镇和邻里特征、住房情况、人际关系流动性等。❷

在探讨个体主义 – 集体主义成因的研究中，也发展出了不同的理论主张，这些理论虽然侧重不同，但是对远端因素的探讨却是一致的，其中有四个理论最为典型。❸

1. 现代化理论（modernization theory）

现代化理论认为，人们的个体主义 – 集体主义倾向与整个社会的现代化水平相关，在现代化较高的社会中，人们有较多的自我表达与更多流动性的社会互动交往。早期（本世纪初）跨文化心理学家倾向于用国家的 GDP 作为社会现代化指标，预测人们个体主义倾向的发展。近期的研究更细致地聚焦在同一文化内个体间的比较及代际变迁上。

2. 传染病理论（pathogen prevalence theory）

相比现代化理论，传染病理论更关注生态与环境对个人心理行为的影响。Fincher 和 Thronhill 的研究❹在控制 GDP、基尼系数和人口密度后发现，传染病高发区人们的个体主义指数较低，相反传染病低发区人们个体主义指数较高。

---

❶ Oishi, S. Socioecological psychology [J]. Annual review of psychology, 2014, 65: 581 – 609.

❷ 陈咏媛，康萤仪. 文化变迁与文化混搭的动态：社会生态心理学的视角 [M] //赵志裕，吴莹. 中国社会心理学评论：第九辑. 北京：社会科学文献出版社，2015：224 – 263.

❸ 徐江，任孝鹏，苏红. 个人主义/集体主义的影响因素：生态视角 [J]. 心理科学进展，2016, 24 (8): 1309 – 1318.

❹ Fischer, R., & van de Vliert, E. Does climate undermine subjective well – being? A 58 – nation study [J]. Personality and Social Psychology Bulletin, 2011, 37 (8): 1031 – 1041.

Gelfand 也曾在研究中指出，传染病高发地区，社会规范对个人行为约束越严格，个人对规范的遵守能力也越强。有研究进一步指出，在传染病的高发区，人们规避疾病的行为与在抵御病毒传染过程中的外群体排斥与内群体合作，是个体主义降低、集体主义倾向增强的原因。

3. 大米理论（rice theory）

2014 年，美国学者 Talhelm 及合作者在 *Science* 上发文，提出了一个有趣但颇受争议的社会生态心理理论——大米理论。该研究以中国为例，调查了北京、福建、广东、云南、四川和辽宁六个地域 1162 名汉族大学生，探讨被试居住地与心理特征之间的关联。结果发现，在中国种植水稻地区的人们，在整体性认知风格、自我认知、社会关系网络等三个方面表现出明显的集体主义倾向。该研究通过已有数据进一步分析发现，种植水稻地区人们的离婚率偏低，从另一方面验证种植水稻地区人们集体主义倾向偏高。

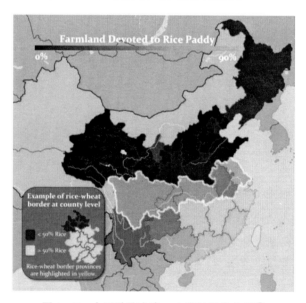

图 1-5 中国种植大米-小麦地区分布图❶

4. 气候-经济理论（climate-economic theory）

Fischer 和 van de Vliert 在 2011 年提出气候-经济理论，认为气候需求与

---

❶ Talhelm et al. Large-Scale Psychological Differences Within China Explained by Rice Versus Wheat Agriculture [J]. Science, 344 (6184): 603-608.

经济资源之间存在交互作用。在气候恶劣且经济资源不足情况下，人们通过合作的方式获取资源，表现出更多集体主义；当气候恶劣且经济资源充足时，人们通过经济资源满足自己的需求，而气候恶劣又会使人们之间的交往降低，表现出更多个体主义倾向。

总之，不管是文化社会心理学研究者还是新兴社会生态心理学家，都逐渐拓宽视野，将研究兴趣集中在对更加宽泛的远端因素的关注上，使社会心理学的研究对象不仅仅局限在此时此刻近因式的社会情境中，也使社会心理学的研究摆脱解释力不够、过于琐碎、现实效度不够等困境。

专栏1-1　大米理论

小麦还是大米：祖先种什么，我们就成为什么样的人

过去的二十年中，心理学家们列出了长长的"东西方差异"的清单，诸如西方文化崇尚个人主义和分析性思考，东方人更偏好集体主义和整体性思考。为什么会存在这样的文化差异？

水稻种植与小麦种植对应着迥然不同的耕作体系，其中以灌溉方式和劳动力投入最为突出：稻田需要持续的供水，农民需要相互合作建设灌溉系统，并协调各人的用水与耕作日程，因此稻农倾向于建立基于互惠的紧密联系并避免冲突。相比之下，小麦的种植更简单：小麦基本不需精细灌溉，更轻的劳动任务也让麦农不需依靠他人就能自给自足。有鉴于此，弗吉尼亚大学心理学系的托马斯·托尔汉姆（Thomas Talhelm）与同事提出"大米理论"，指出水稻种植的历史可能使文化更倾向于相互依赖，而小麦种植的则使文化变得更加独立。

为了测试被试的整体性-分析性思维差异，研究者首先向被试呈现三个词语，如"火车""汽车""铁轨"，被试需要决定哪两个词语应该被分为一类——两个条目可以因为属于同一个抽象类别被分为同一类（如火车和汽车均属交通工具），也可以因为有功能性的关系而被分为一类（如火车在铁轨上）。结果发现，来自更高稻田比例省份的人群，更可能进行关系性的配对，提示他们更倾向整体性思考。

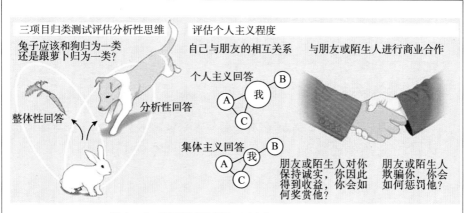

图1-6　实验设计过程　图片来源：P. Huey/Science

随后，为了检验大米理论是否会超越认知水平，在行为层面上造成影响，研究者对被试进行了社会关系测试。他们让被试画出自己的社会网络，用圆圈表明自己和他人，研究者测量代表自己的圈和代表朋友的圈的大小，从而得到对自我的隐性测量。

在以往的研究中，美国人笔下的"自己"平均比"他人"大6mm，英国人的"自己"平均比"他人"大3.5mm，而日本人的"自己"比"他人"更小。而在托尔汉姆的研究中，来自水稻种植区的人更可能把自己画得比他人小。总的来说，小麦种植区的人自我膨胀了1.5mm（接近欧洲人），水稻种植区的人则自我缩小了0.03mm（类似日本人）。同样地，疾病的流行程度和人均GDP则都不能预测自我膨胀情况。

最后，研究者评估了被试对待朋友和陌生人的区别程度。实验让被试假想与四类人打交道的商业情景：诚实的朋友、不诚实的朋友、诚实的陌生人、不诚实的陌生人。实验中，不诚实的人让被试在交易中损失金钱，而诚实的人则让被试赚取更多的钱。每个案例中，被试有机会用自己的钱奖赏或惩罚另一个人。托尔汉姆用被试奖赏朋友与惩罚朋友的金钱差值衡量被试对朋友的忠诚度，发现来自大米省份的人更可能对朋友表现忠诚。至于对待陌生人的态度，两组被试则并没有差异。之前的研究表明，新加坡人对朋友的奖赏比惩罚更多，而美国人更可能惩罚不守信的朋友。

为了检测文化差异是否会推广到更大的人群，研究者还收集了不同省份的离婚率和创新专利的数量。对1996年、2000年、2010年的中国离婚率数据进行分析，研究者发现主要种植水稻的省份有着更低的离婚率，这可能是由于大米文化强调避免冲突和维持关系的结果。现代化程度也确实能预测离婚率——更富裕的省份离婚率更高。疾病发生率则不能预测离婚率。而在控制了人均 GDP 之后，研究者指出种植大米省份比种植小麦省份拥有更少的创新。

这些结果共同说明了与来自小麦种植区的人相比，来自水稻种植区的人更加倾向于整体性思考、彼此依赖和表现出对朋友的忠诚。

作者　Faye 菲；来源 果壳网❶

（二）研究工具的革新：大型社会调查与大数据之辅助

社会心理学对远端文化及生态因素的探讨，常常需要超越时空以测量及监测较长时间段内人们的心理及行为指标，因此长期的追踪调查必不可少。在已有较为成功的文化与社会心理学研究中可以看到研究者对常年连续统计数据的娴熟使用，也能看到研究者对长期的大型调查的追踪。

以盖尔芬德对不同国家文化约束力严紧 - 松弛性调查为例，在这个研究中，作者使用了大量已有数据库资源对文化环境进行操作化，如考察不同国家的可利用土地数量、农田比例、食物匮乏、食物供应、粮食生产指标、蛋白供应、脂肪供应及安全饮用水使用情况、空气质量来衡量自然环境的约束，用已有的统计数据资源——人均警察配置量、无罪豁免率、死刑保留权、谋杀率、抢劫率、犯罪率来量化法律的约束。❷

另一方面，互联网技术的广泛应用也为社会心理学研究提供了便捷的大数据资源，人们在网络上留下的印记成为社会心理学家观察、预测心理行为的重要方式。大数据资源可以使研究者摆脱时空的限制，探讨较长时期的心理变化趋势，有助于研究文化与社会变迁、社会心态改变等课题，也为探讨心理现象的远端生态及文化因素提供便利。

心理学家 P. M. Greenfield 关于美国二百年的城市化历程与个体心理变化的研究就是一个极好的大数据社会心理学研究例证。Greenfield 曾使用 Google

---

❶　http：//www. guokr. com/article/438389/

❷　Gelfand, M. J., etc. Differences Between Tight and Loose Cultures：A 33 - Nation Study ［J］. Science, 2011, 332：1100 - 1104.

Books Ngram Viewer 工具（一款以不同年代出版书籍为基础的语料库词汇使用频率检索系统）定量分析了美国城市化进程中，文化变迁对个人心理反应的影响过程。该研究追溯了过去二百年间（1800—2000 年）的数据发现，伴随城市化进程，英语书籍中代表个人主义的词汇（如 self 和 individual）的使用频率呈增长趋势，代表集体主义的词汇（如 authority 和 obedience）的使用频率呈下降趋势。此外，与行动感知有关的"act"使用频率不断下降，与情感体验有关的"feel"使用频率不断上升（如图 1 - 7）。❶

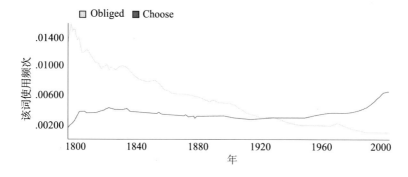

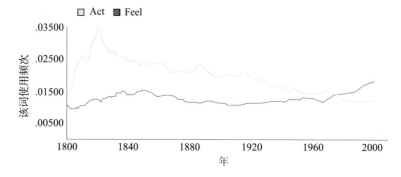

图 1 - 7　美国城市化过程与词汇使用频率趋势图

本书概览

√　第二章详细探讨文化与社会心理学的学科发展历程与研究方法。

√　第三章探讨文化与规范的相关研究，首先界定规范的涵义及功能，其次探讨规范形成的心理机制，最后讨论规范的文化整合功能。

√　第四章从三个方面探讨文化与价值观研究，跨文化心理学取向的价值

---

❶　Greenfield，P. M. The changing psychology of culture from 1800 through 2000 ［J］. Psychological Science，2013，24（9）：1722 - 1731.

观研究，本土心理学取向的价值观研究，对文化信念的价值取向。

√ 第五章从四部分聚焦文化与自我研究：自我在西方文化中的含义，跨文化心理学中的自我研究，中国本土心理学中的自我研究，自我构念的情境性。

√ 第六章从五个方面探讨文化与厌恶情绪的关系：厌恶情绪的文化属性；厌恶情绪的文化整合功能，包括厌恶评价机制、保护文化纯洁性功能、厌恶情绪决定道德判断等；最后还将讨论厌恶情绪的个体差异、习得过程以及神经生理机制等内容。

√ 第七章从三个方面探讨文化与认同的研究：社会认同理论，多种文化中的身份认同，现实情境中的认同。

√ 第八章从四个方面探讨了文化变迁心理过程：文化变迁的概念与研究主题，文化变迁模式，文化变迁的机制，人们对文化变迁的认知等。

√ 第九章从两个方面探讨文化混搭心理的研究进展：全球化与文化混搭现象，对文化混搭的排斥反应与融合反应等。

第二章　社会心理学如何研究文化

社会心理学关注文化的传统由来已久，直到 20 世纪 70 年代形成文化心理学、跨文化心理学、本土心理学三足鼎立的局面。随着心理测量和跨文化比较方法的不断发展，社会心理学逐步建立了描述文化差异的系统框架。20 世纪 90 年代，社会认知研究采用实验的方法（准实验）考察文化对认知的影响，引起了主流社会心理学研究文化的热潮，被称为心理学的"文化革命"。进入新世纪以来，全球化影响下的多元文化研究将文化看成动态建构的过程，通过文化启动的实验来考察不同文化在具有多元文化身份的人身上的转换方式。最近，在新技术发展和学科交叉的趋势下，又出现了文化神经科学、基于计算机和网络的内容分析、跨文化的元分析等新的研究心理学与文化的视角和方法。

第一节　社会心理学研究文化的范式

从最受主流社会心理学关注的角度看，社会心理学研究文化只有一种范式，那就是文化的实验研究范式。然而，从文化与社会心理学的整体互动历程看，则有文化心理学、跨文化心理学、本土心理学、文化与认知、多元文化研究等多种范式。即使同样采用实验方法的范式，也有一些重要的差别。正是这些多样的研究范式共同推动社会心理学建立了自己独特的研究文化的知识体系。

一、文化与社会心理学的互动历程

广义而言，社会心理学不仅是心理学的一个分支，也是一门融合心理学、社会学、人类学等多门学科的独立交叉学科。如果说心理学主要是个体的，那么文化更多的是社会的，社会心理则融合了个体心理与社会文化现象。因此，文化一直是社会心理学及其邻近学科的重要研究内容。然而，学界一直没有一个统一的术语来概括社会心理学对文化的研究，相关的术语有几种：文化心理学（cultural psychology）、心理学与文化（psychology and culture, culture and psychology）、关于文化的心理学（psychology of culture）、关于文化的社会心理学（social psychology of culture）、跨文化心理学（cross - cultural psychology）、跨文化社会心理学（social psychology across cultures）。一般而言，跨文化心理学和文化心理学是比较常用的说法，但是跨文化心理学聚焦于不同文化之间的比较，不能代表当前社会心理学用实验法研究文化的新趋势，而文化心理学在历史上专指以人类学视角和方法研究文化的传统。这里，我们将社会心理学的文化研究或者文化与社会心理学的交叉研究称为文化社会心理学。

文化社会心理学的早期发展要追溯到 20 世纪上半叶到 60 年代，以人类学为核心的文化与人格学派运用弗洛伊德精神分析的概念和方法分析国民性格（national character），产生了本尼迪克特（Benedict）《菊与刀》、许烺光《中国人与美国人》、费孝通《乡土中国》等一大批经典著述，后来这一学派更名为心理人类学。❶ 专栏 2 − 1 展现了心理人类学家许烺光通过观察和分析中国人和美国人住宅的建筑特征对两种文化差异的揭示。

专栏 2 – 1　建筑与文化❷

让我们从中国人和美国人的住宅谈起。美国人的住房通常都有个或大或小的院子。院子周围有些矮树，却很少有高大的院墙避免路人看到院内。大多数美国人的住宅既没有矮树也没有院墙，他们只是用窗帘或百叶窗把屋内同外界隔开，且一天当中仅有部分时间会放下窗帘或百叶窗。

大多数中国人的住宅都有高大的围墙，从院外只能看到屋顶，坚固的大门把院内同外界分开。另外，院墙外还有一层夹墙，在门后五英尺处放一四面木屏。夹墙用来把房内和房外隔开，当大门敞开时，木屏就用来避免过往行人的视线进入内院。

中国人和美国人的室内情形也完全相反。美国人的室内讲究个人活动空间，无论是浴室、卧室、起居室，甚至厨房，都有房门，私人空间是不容侵犯的。父母在孩子的房间毫无行为自由，而孩子同样也不能私自闯入父母的领地。在美国某些地方，这种私人权利延及到夫妻之间，夫妻各自有自己的卧室。

相反，在中国人家中，除非家中有未成婚的男孩和女孩，私人权利几乎不存在。中国孩子，即便家中房子很宽敞，也要同父母同用一寝室，直到进入青春期。不仅父母有权干涉子女，而且子女也有权动用父母的东西。如果孩子毁坏了父母的东西，他们会受到指责，但父母指责孩子是因为孩子太小而毁坏了东西，而不是因为孩子碰到了本不属于他们的东西。

美国儿童在家中的活动范围，是有严格的个人界限的，但家中与外界却并无分界。相反，在中国就完全不同。中国儿童在家中的活动范围并无界线，而高高的院墙和双重大门却把他们同外面世界隔绝了。

---

❶ 徐冰 . 文化心理学：跨学科的探索 [J]. 中国社会心理学评论，2010（5）：1 – 43.
❷ 赵志裕，康萤仪 . 文化社会心理学 [M]. 刘爽，译 . 北京：中国人民大学出版社，2011：137 – 138.

大约在 20 世纪 70 年代，跨文化心理学、文化心理学、本土心理学（indigenous psychology）相伴产生，形成三足鼎立之势。❶ 跨文化心理是以比较的方式运用普遍的文化维度对不同文化的心理与行为进行描述的科学。文化心理学关注生活在某一特定文化下的个体是否、何时以及怎样内化这一文化的品质。本土心理学是对本土的而不是从其他地区传递来的人类行为或意识的科学研究。相对而言，文化心理学与之前的文化与人格学派和心理人类学的关注点和研究方式比较接近。跨文化心理学则更多受到科学心理学的影响，重视用科学的心理测量进行跨文化的比较。本土心理学虽然反对跨文化心理学，但大多数本土心理学家受过严格的西方心理学训练，并得到了跨文化心理学家的帮助。三者共同建构了系统地描述文化差异的理论框架，尤其是个人主义 – 集体主义的文化框架受到广泛关注。

进入 20 世纪 90 年代，马库斯（Markus）和北山忍（Kitayama）将个人主义 – 集体主义这一价值观对比框架转化成独立我 – 依赖我的自我概念对比框架，并采用社会认知范式进行研究，引起了主流社会心理学对文化的重视，随后开启了文化与认知研究的热潮。❷ 这一时期，最有影响的研究是运用社会认知的实验法，聚焦于比较东亚和北美两种文化下的被试在注意、归因、认知风格、逻辑推理、思维方式、自尊、情绪、动机等方面的差异。这类研究比以往更深刻地揭示了不同文化之间的差异，以及文化对个体心理的塑造作用。

新世纪以来，全球化的趋势越来越明显。不仅不同文化之间的交流和互动越来越频繁，而且越来越多的人成为有两种或多种文化身份的多元文化人。2000 年前后，康萤仪（Hong）等将社会认知的实验启动方法运用到双元文化被试身上，发现双元文化人（如香港人）可以在不同文化启动下产生文化框架转换（cultural frame switching）的行为，提出了文化动态建构论。❸ 该理论将文化看作可供人们依据环境需求随时利用的知识资源，从而将文化从国家或地区这种地域性概念中解放出来，成为一种抽象的可被直接操弄的实验变量。最近，莫里斯（Morris）等人又提出文化会聚主义（ployculturalism）的文化研

❶ Greenfield PM. Three Approaches to the Psychology of Culture: Where Do They Come From? Where Can They Go [J]. Asian Journal of Social Psychology, 2000, 3 (3): 223 – 240.

❷ Markus H. R. , Kitayama S. Culture and Self: Implications for Cognition, Emotion, and Motivation [J]. Psychological Review, 1991, 98 (2): 224 – 253.

❸ Hong Y. , Morris M. W. , Chiu C. Multicultural Mind: A Dynamic Constructivist Approach to Culture and Cognition [J]. American Psychologist, 2000, 55 (7): 709 – 720.

究范式，认为个体与文化之间的关系不是类别化的关系（个体被文化归类），而是部分的和复数的（partial and plural）关系，彻底挑战了跨文化心理学等传统研究背后的文化本质论预设。❶

二、几种主要的文化研究范式

揭示和描述不同文化之间的差异一度被认为是文化社会心理学的主要任务。跨文化心理学、文化心理学、本土心理学三种传统范式在这方面作出了重要的贡献。虽然文化心理学和本土心理学也关注文化影响个体心理的过程，但只有到研究者发明双文化启动的实验范式，对文化过程的研究才能从方法上真正确定文化与心理的因果关系。

(一) 社会心理学研究文化的三种传统范式

在比较跨文化心理学、文化心理学和本土心理学三种范式之前，首先需要了解客位（etic）法与主位（emic）法两种研究策略。客位一词来自语音学，它是语言学的一门分支学科，科学地研究语言的发生。客位法指使用预先确立的范畴或概念来组织和解释文化数据的方法。主位一词来自音位学，它是语言学的另一门分支学科，涉及一门语言的音位的分类和分析。主位法指使用所研究的文化内部公认的范畴或概念来解释和组织数据。

虽然很多研究者会综合采用跨文化心理学、文化心理学和本土心理学等三种研究范式中的一种或多种范式研究文化，但几种范式在主位还是客位、重视沟通的背景还是内容、文化内在还是外在于个体、动态还是静态、研究真实情境还是人为情境、意义是研究的重点还是阻碍，以及研究者与研究对象的文化距离等方面存在很重要的区别（见表2－1）。❷

表2－1　三种研究范式的特点比较

	本土心理学	文化心理学	跨文化心理学
主位与客位	主位	介于中间	客位
重视沟通的背景还是内容	背景	背景	内容
文化内在还是外在于个体	内在	内在	外在

---

❶　Morris M. W., Chiu C. Y., Liu Z. Polycultural Psychology [J]. Annual Review of Psychology, 2015, 66: 631 – 659.

❷　Triandis HC. Dialectics between Cultural and Cross – Cultural Psychology [J]. Asian Journal of Social Psychology, 2000, 3 (3): 185 – 195.

	本土心理学	文化心理学	跨文化心理学
动态还是静态	动态	动态	静态
研究真实情境还是人为情境	真实情境	真实情境	介于中间
意义是研究的重点还是阻碍	重点 背景中的行动	重点 背景中的行动	阻碍 个体特质
研究者与研究对象的文化距离	文化距离近 关注单文化	文化距离远 关注单文化	文化距离近 关注文化比较

跨文化心理学家大多是在前英国殖民地工作和生活的欧美心理学家，受过良好的科学心理学训练，他们使用西方文化为背景下发展的心理学概念和测量工具对感兴趣的不同文化之间的差异进行研究，重点是寻找具有跨文化普遍性的心理维度或规律。因此，跨文化心理学将文化看作静态的实体，认为文化是影响个体的外在因素，重视沟通的内容而不是背景，采用客位法进行研究。由于关注文化比较，跨文化心理学聚焦于不同文化中个体的特质而不是行动，将文化对个体的意义看作研究的障碍。由于跨文化心理学比较的对象大都受到英国等西方国家的影响，所以研究者与研究对象的文化距离比较近（与文化心理学相比）。

文化心理学是对心理人类学的继承与发展，大多数文化心理学家都具有人类学背景，他们通常用民族志的方法到偏远的乡村对当地的文化进行田野调查。因此，研究者与研究对象的文化距离比较大，有时甚至要借助当地的助手才能与当地人进行沟通和接触，以致使用西方文化背景下发展的心理量表变得毫不现实。这种情况下，要了解当地人的文化，需站在当地人的视角，重点关注被研究者在真实情境中的行动及其背景和意义。在文化心理学看来，文化是内在于个体的，只有通过诠释文化的社会化过程才能了解个体与文化之间的互动关系，文化也被看作是动态的。

本土心理学强调将西方心理学的理论与方法暂且放到一边，从当地的社会历史文化背景中考察该文化中独特的心理与行为。本土心理学不重视不同文化之间的比较，在站在当地人视角进行研究这方面，很多研究方式和重点与文化心理学存在相似之处。然而，大多数本土心理学家都是受过西方心理学训练的非西方国家的心理学家（博士毕业后回到自己的国家），他们虽然声称以西方文化为中心的跨文化心理学客位法不能解释自己的文化，但在实际开展研究的过程中，他们的研究方式仍然受到自己所学习的西方心理学的深入影响，对客观的心理测量方法的使用要多于类似文化心理学田野调查方法的使用。

（二）从文化差异的比较到文化过程的科学研究

文化差异是心理学关于文化研究的重要基点，传统的跨文化心理学和文化与认知研究在这方面都做出了十分重要的工作，尤其是个人主义－集体主义和独立我－依赖我的文化差异比较框架，得到了广泛的认可和应用。尽管从具体研究的出发点看，文化心理学和本土心理学只关注解释单一文化对个体心理的影响，但是从更宏观的研究知识累积看，它们的研究与跨文化心理学最终聚合到一起，共同揭示和描述了不同文化之间的差异。❶ 在 1997 年出版的《跨文化心理学手册》（*Handbook of Cross - Cultural Psychology*）中，实际上涵盖了跨文化心理学、文化心理学和本土心理学三种范式下的共同成果。难怪有研究者主张将文化心理学和本土心理学整合到跨文化心理学的概念和范式当中。❷ 专栏 2 - 2 列出了提高跨文化心理学研究有效性的 11 项指南，这里所指的跨文化心理学即是这种整合意义上的概念，其最终目的是通过文化比较建立普适描述文化差异的框架。从这个专栏可以看出，高质量文化比较的研究工作着实不易，下节我们会详细介绍相关的重点。

专栏 2 - 2　提高跨文化心理学研究有效性的 11 项指南❸

指南 1：跨文化心理学家不应指望所有的相关研究都是用英文发表的。

指南 2：跨文化心理学家需要清楚地了解个体层面分析和文化层面分析之间的区别。

指南 3：如果我们希望探测跨文化差异，我们就要采用能够有效找出这些差异的测验。

指南 4：在进行跨文化研究时，必须小心地解释研究，以不对所得数据的有效性造成损害为前提。

---

❶ Greenfield P. M. Three Approaches to the Psychology of Culture：Where Do They Come From？Where Can They Go [J]. Asian Journal of Social Psychology, 2000, 3（3）：223 - 240.

❷ Berry J. W. Cross - Cultural Psychology：A Symbiosis of Cultural and Comparative Approaches [J]. Asian Journal of Social Psychology, 2000, 3（3）：197 - 205.

❸ 史密斯，彭迈克，库查巴莎. 跨文化社会心理学 [M]. 严文华，权大勇，等，译. 北京：人民邮电出版社，2009：13 - 34. 有超过一半的指南可以在下一节中找到对应的详细说明。

指南 5：跨文化研究需要确保刺激材料和测量在每个地区都可以得到可比较的理解。

指南 6：研究者要有证据表明其测量在每个新的文化设置中具有效度和信度。

指南 7：取样的总体应该具有可比性。

指南 8：普遍性规律的证据，更有可能从一系列在不同国家中完成的、用于探索一个概念的意义的多项平行研究中发现，而不是从直接对概念均值的跨国家比较中得出。

指南 9：一项好的研究会表明其吸收了来自主位和客位两方面的观点。

指南 10：一项好的研究是已考虑默认反应偏差可能性的研究，而默认反应偏差是通过平衡需正面回答或负面回答的各项目，或通过对偏见的评估和校正来加以控制。

指南 11：最有价值的研究是那些对文化怎样影响研究结果的相关理论予以检验的研究。

专栏 2-2 的指南 11 提到，最有价值的跨文化研究是那些对文化怎样影响研究结果的相关理论予以检验的研究，这似乎表明跨文化研究同样重视文化影响心理的过程。然而，跨文化比较的典型做法是：来自两种或两种以上目标文化的研究被试（通常是两个国家的人）进行同样的心理测试，该测试可能是对被试的价值观的调查，也可能要求他们对假定情景作出反应，还可能需要他们完成特定的认知任务（大多数文化与认知研究），然后再比较两组被试的反应差异。这个过程中存在很多方法论的问题，只有在充分建立不同文化之间的对等性基础上，不同文化才是可比较的（参阅下一节有关文化对等性的内容）。即使有了文化对等性，还有两个很重要的问题。一是如何从来自个体层面的分数差异去解释国家层面的分数差异（参阅下一节内容）。二是国家层面分数差异如何与文化相联系，毕竟不同国家除了有着不同的主流文化传统，还在政治稳定性、富裕水平和其他许多方面存在差别，这些因素都可能会影响到该国民众的态度和行为。如果在跨文化比较某种心理与行为的同时，还测量了文化价值观（如个人主义-集体主义），就可以通过在统计上做中介检验来解释跨文化比较是否因为两组被试的文化差异不同所导致。不过，中介检验终究不能像实验法那样直接检验因果关系。

也就是说，除非人为在实验室里操控文化本身（即把文化当作实验的自变量），否则很难研究真正的文化过程（参阅专栏 2 - 5）。双文化启动范式正是这样一种人为操控文化的方法，它通过给双文化人呈现两种文化的文化图符（cultural icon）来启动存储于被试大脑内的相应的文化知识网络，再考察被试在随后看似与文化无关的任务上是否表现出了与所启动文化相一致的典型特征，从而直接检验文化与心理行为之间的因果关系。主张这种文化过程研究的赵志裕和康萤仪认为❶：一种文化观念是一个知识结构，当相关情境线索出现时，这一结构能够独立地被激活（启动）；只要一个人能够获得某种文化观念，那么即使这种观念的长时可及性水平相对较低，相关情景线索的出现也能唤醒这一观念；研究者可以通过实验来激活特定文化观念，并观察这一观念的激活所产生的心理后果；由于在这种文化启动研究中，被试是被随机分配到实验条件下或控制条件下的，因此研究者可以更自信地根据研究得到的数据推断文化的因果影响。

第二节 心理测量与跨文化比较

在科学心理学关注文化之前，民族志和质性研究作为了解一种文化的最基本方法，在文化社会心理学的研究中存在了上百年。后来，跨文化心理学家使用比民族志和质性研究更客观的心理测量方法，对不同的文化进行跨文化比较。心理测量与跨文化比较就像一对孪生兄弟，对与两者相关的方法论问题，文化社会心理学家进行了深入的探讨。

一、跨文化心理学背景下的心理测量

（一）心理测量的基本原理

心理测量是对个体的知识、能力、态度、人格特质、价值观等心理过程进行量化评估的方法。不同于一般的社会调查使用松散和直观的问题对被试提问，心理测量使用更加结构化的量表，主要采用李克特量表这种相对固定的形式，通过多个角度的行为报告探测个体潜在的心理构念。所谓李克特量表，是

---

❶ 赵志裕，康萤仪. 文化社会心理学［M］. 刘爽，译. 北京：中国人民大学出版社，2011：332 - 354.

指让被试就某个对自己行为特征的陈述语句进行从完全同意到完全不同意程度的打分，每种程度对应一个分数，并假定不同分数代表的不同同意程度之间是等距的，因此可以进行比较复杂的统计分析。如果一个心理构念具有复杂的结构，通常会使用因素分析对被试反应中潜在的结构进行探测，这些潜在结构表明了不同项目会得到相似程度的回答，并因此可以聚类成"因素"来测试同一基础性构念。例如，第四章所讨论的文化社会心理学有关价值观的重要研究均离不开因素分析。

心理测量的客观性主要建立在它有一套质量评估量表的指标体系上。信度（reliability）指的是测量的可靠性或一致性。确定信度多采用相关法，以相关系数的大小表示信度的高低，有重测信度、复本信度、内部一致性信度等多种指标。效度（validity）指的是测量的有效性或正确性，即它所测量的是不是它所要测的东西。根据测量量表评估的目的，效度可区分为内容效度、结构效度、校标效度等。

如果一个心理量表要用于对被试的某个心理过程进行高与低或正常与异常的评断，通常要经过严格的标准化过程。所谓标准化是指控制无关因素对测量目的的影响，减少测量误差的过程。一个标准化的量表，不但内容、施测和评分要标准化，对分数的解释也必须标准化。对量表分数的高低判断，要依据标准化过程所建立的常模。常模是代表一般人同类行为的分数。建立常模的方法是，在将来要使用测验的全体对象中，选择有代表性的一部分人（称标准化样本），对此样本施测并将所得的分数加以统计整理，得出一个具有代表性的分数分布。标准化样本的平均数，即为该测验的常模。常模可因标准化时选取样本的不同而有不同的类别，如年龄常模、性别常模、地域常模、职业常模等。

（二）在跨文化比较中使用何种量表

当研究者进行文化比较时，他通常先有一个在某种文化下编制的量表，然后需要在另一个要比较的文化中也有一个测量同样构念的量表。如何获得这个新量表呢？研究者通常有三种选择：移用（adoption），直接把已有的量表按原意翻译过来使用；修订（adaption），在遵照已有量表原意的基础上作必要的改动；自编（assembly），编制一个新的量表。❶ 一般而言，自编量表跟已有量表差异较大，不适宜作跨文化比较。而直接移用已有量表会产生很多文化差异。

---

❶ He J., van de Vijver F. Bias and Equivalence in Cross – Cultural Research ［J］. Online Readings in Psychology and Culture, 2012, 2（2）. http：//dx. doi. org/10. 9707/2307 –0919. 1111.

因此，最常见的做法是修订已有量表。

修订量表实际上涉及对原有量表进行意义对等的翻译。为达此目的，最广为接受的方式是往返翻译法（translation – back – translation）。首先，双语者把量表从已有语言翻译到即将施测国家的语言。然后，第二个双语者在不看原始版本的情况下，把量表再翻译回最初的语言。最后，比较翻译版和最初版，发现有问题的翻译，通过两个译者之间的讨论产生一个改进版本。修订量表的翻译通常采用去中心化（decentering）翻译而不是直译。去中心化的翻译是指其所使用的术语不是精确的语言等价，而是运用翻译者的文化知识找到在两个文化间具有等价含义的短语。例如，英语说"I feel blue"，不能直译，应译为"我很不开心"。

二、跨文化比较的误差和文化对等性[1]

即使做了充分的翻译工作，跨文化比较中仍然可能存在很多误差。所谓误差（bias）是指危害测量工具在另一种文化中的应用有效性的干扰因素。对等性（equivalence）是指进行分数的跨文化比较时存在的不同层次的可比性。误差和对等性是提高跨文化比较有效性需要注意的非常重要的问题。

（一）误差的种类

误差涉及不同文化下测量特定构念的指标分数差异与不同文化下该构念本身差异的不能对应性。跨文化研究中的误差有构念误差（construct bias）、方法误差（method bias）和项目误差（item bias）。

1. 构念误差

构念误差是指在不同文化下测量了不同的构念。当不同文化下的构念在含义上只有部分重叠，以及每个文化中并非所有与构念相关的行为都得到关注时，就会产生构念误差。例如，西方文化认为幸福来自个体成就带来的积极情感体验，而东方文化认为幸福源自维持积极和消极情感平衡的人际关系联结。在建立适用于西方文化和东方文化的幸福构念时，如果不理解这种差异（如将西方文化对幸福的理解当作普适的构念直接应用于东方文化），就会产生构念误差。

2. 方法误差

方法误差包括样本误差（sample bias）、工具误差（instrument bias）、反应

---

❶　Smith P. B.，Fischer R.，Vignoles V. L.，et al. Understanding Social Psychology across Cultures：Engaging with Others in a Changing World［M］. Sage，2013：82 – 95.

风格（response styles）误差和施测误差（administration bias）。样本误差是指跨文化比较时使用了不同的样本，例如两个国家的样本由于发达程度不同从而在教育水平上也不一样。工具误差是指由工具特征产生的误差，例如不同文化群体对量表的熟悉程度不同。反应风格是指偏好给出某种特定答案的作答习惯。最常见的反应风格是默许反应，即总是给出肯定回答的倾向。施测误差是指施测过程带来的误差。如在一种文化群体中用纸笔作答，在另一种文化群体中用计算机作答。

3. 项目误差

项目误差（item bias）源自不同文化对同一项目有不同的理解。当来自另一文化的具有同一特质的被试在同一项目上会给出不同作答时，即表明存在项目误差。例如，由于对项目的翻译不准确造成另一文化的被试对同样的项目产生不同的理解。

所有的误差在跨文化背景中都可能变得更加敏感，却不易察觉。

（二）跨文化比较的文化对等性

对不同文化的人使用同一个量表去测量同一个构念，如果这个量表是在某个文化背景下发展的，就不能保证在另一个文化背景下具有同等的效用。

1. 构念对等性

构念对等性（construct equivalence）是指在不同文化中是否测量了同样的理论构念。构念对等性包括功能对等性（functional equivalence）和结构对等性（structural equivalence）。前者指不同文化下的相同测量得分所对应的潜在理论变量是否具有可比性，后者指在不同文化下可比较的理论变量是否可以用同样的量表题目去测量。功能对等性是比较抽象而很难建立的对等性。判断功能对等性需要对进行比较的每个文化有深入的了解，最好能分别做一些质性研究。例如，不同文化对智力的理解存在很大差异，建立智力的对等性需要学者进行大量的质性调研，而且由此得到的假设很难直接去检验。结构对等性需要研究者寻找对于不同文化的被测量者同样具有文化意义的表述、材料或情境。例如，同样的智力因素，必须寻找对不同文化的被试都能表现出该种智力因素的量表题目去测量。由于不同文化可能存在较大差异，跨文化比较在建立构念对等性的过程中，通常会寻找不同文化的共性，而损失某一文化对所研究构念理解的丰富性。

2. 测量对等性

测量对等性（measurement unit equivalence/metric equivalence）是指不同文

化群体在测量得分的模式上是否具有可比性。具有测量对等性,意味着不同文化群体的得分可以在本群体内进行比较,得分的相关模式可以在群体间进行比较。也就是说,具有测量对等性的量表在不同文化下所有题目的因素结构是一样的。说明测量对等性的一个形象例子是,不同国家可能会用不同里程单位来描述距离,有的用公里,有的用英里。都是用公里描述的距离可以直接比较远近,都是用英里描述的距离也可以直接比较远近。用公里描述的距离与用英里描述的距离不能直接比较远近,但是经过单位换算之后,就可以比较了。为了建立测量对等性,跨文化研究通常会删去量表中有问题的题目。

3. 整分对等性

整分对等性(full equivalence)也叫标量对等性(scalar equivalence),是指不同文化的量表得分是否可以直接比较。具有整分对等性,意味着量表在不同文化下测量的得分没有任何误差。整分对等性是最高等级的对等性。为了获得构念对等性,必须消除结构误差。方法误差和项目误差会损害测量对等性和整分对等性,但不会影响结构对等性。

在跨文化研究中最能体现文化对等性的过程,是那些结合了主位和客位两种视角,力图发展对某种心理构念进行跨文化整体性描述的基础性工作。专栏2-3展示了张妙清(Fanny Cheung)领导的从本土到跨文化的中国人人格量表的发展过程。

专栏2-3 中国人人格量表(CPAI):从本土开发到跨文化适用❶

　　中国的人格研究翻译修订西方量表的情况很常见,而这样得到的量表很可能不能很好地解释中国人自己的人格,因此很多时候需要开发本土的人格量表。中国人人格量表(Chinese Personality Assessment Inventory,CPAI)是中国本土人格量表的代表。从1990年开始,来自香港和中国大陆的研究团队合作,采用主位和客位相结合的方法,历经多年,开发了既包含西方人格研究发现的普遍人格构念(如领导、乐观与悲观、情绪性),又包含中国本土发现的人格构念(如家族导向、和谐、面子、节俭与奢侈、人情/关系导向和躯体化)的人格量表。

---

❶ Cheung F. M. , Cheung S. Measuring Personality and Values Across Cultures: ImportedVersus Indigenous Measures [J]. Online Readings in Psychology and Culture, 2003, 4 (4). http: //dx. doi. org/ 10. 9707/2307 - 919. 1042.

研究者首先在综述大量心理学文献和中文通俗文本，以及调查人们如何对中国人人格进行描述的基础上，获得了中国文化背景下的人格结构素材和量表题目。通过预研究，从中筛选出符合心理测量标准的量表题目，构成初步的量表。然后，研究者于1993年使用包括香港在内的来自全国各地的代表性大样本（N－2444）对量表进行标准化，形成了第1版正式量表（CPAI－1）。对 CPAI－1 的因素分析抽取了可靠性、领导性、个人性和人际关系性等四个人格因素（和两个临床因素）。

为了与西方人格理论进行比较，研究者将 CPAI－1 与大五人格量表（NEO－PI－R 版本）一起施测，进行联合因素分析，发现人际关系因素与大五人格的五个因素均不同（题目不能聚合），而大五人格中的开放性因子在 CPAI－1 中也是完全缺失（题目没有交叉）的。为了进一步检验中国人人格中是否存在开放性维度，研究者采用与开发 CPAI－1 类似的程序重新编制了单独的开放性量表，放入原有的量表中，形成了第2版量表（CPAI－2）。CPAI－2 于2001年进行了与 CPAI－1 类似的标准化过程，研究者从全国各地重新选取了代表性成人样本1991名，年龄从18到70岁。即使加入了新编的6个开放性题目，对 CPAI－2 的因素分析仍然抽取了跟 CPAI－1 类似的四个人格因子和两个临床因子。

研究者进一步将 CPAI－2 和大五人格量表（NEO－EFI）进行联合因素分析，仍然发现了独立的人际关系因素。因此，人际关系因素是西方大五人格五个因素所不能解释的一个独特因素，揭示了西方客位法人格研究所无法发现的属于中国人的独特性，其结构包括孝顺、信任、劝说技巧、群体沟通风格等几个子维度。那么，对中国人人格比较重要的人际关系因素是否在其他文化中也存在呢？研究者将 CPAI－2 翻译成英语、韩语、日语等其他语言，对美国白人、亚裔美国人、韩国人、日本人施测，在不同文化下验证了它的因素结构。至此，综合与大五人格兼容的五个因素和大五人格所没有的人际关系因素，CPAI－2 将人格结构扩展至六因素，成为更全面的具有跨文化适用性的人格测量工具。

三、个体层面与国家层面的分数解释

跨文化心理学将文化作为本领域的核心概念。然而，文化是群体成员对意义的共享，并不属于个体现象。跨文化心理学的一个主要任务是通过在宏观上对世界上以国家为载体的文化进行分类，并运用这些分类说明不同文化如何影响个体的行为。然而，要完成这一任务，必须将个体层面的分数与国家层面相联系。❶

霍夫斯塔德（Hofstede）最早开创了对国家层面进行分析的传统。❷ 面对53 个国家 117000 名 IBM 员工的价值观调查数据，他对每一个国家所有人在每个项目上的得分进行了平均，得到了每个项目在国家层面的分数（即表 2 - 2 国家层面均值），然后再作因素分析，得到了国家层面的价值观（具体内容参阅第四章）。需要注意的是，很多跨文化研究直接将每个国家在所有项目上的得分平均，这样得到的分数是总体均值（如表 2 - 2 所示），并不具有国家层面的意义，本质上只具有个体层面的含义。

表 2 - 2　比较不同国家而创造出的测量方法❸

测量类型	何为一个案例	如何计算	运用/缺陷
总体均值	一个个体	对组成量表的题目进行平均处理，然后对均值进行比较，对在不同样本中这些项目的结构是否相同不作检验	跨国家的比较可能是无效的
国民均值（个体或心理层面）	一个国家	对个体施测的每一个量表中的项目在每一个国家分别进行因素分析。如果因素是稳定的，比较不同国家的均值	可以为每一个国家提供一个单一的分值，用于描述每一个国家中的平均被试
国家层面均值（文化或生态层面）	一个国家	分别对每一个项目计算出一个国家均值，然后再对不同国家的项目均值进行因素分析	总结个体所在的国家背景

区分个体层面分数与国家层面分数的一个必要性在于，很多时候个体层面分数的结构和含义与国家层面分数的结构和含义可能是不一样的。有研究发现，以国家为分析单位，越富裕的国家，幸福感水平越高。但是，如果将富裕

---

❶ Smith P. B. Levels of Analysis in Cross - Cultural Psychology［J］. Online Readings in Psychology and Culture，2002，2（2）. http：//dx. doi. org/10. 9707/2307 - 0919. 1018.

❷ Hofstede G. Culture's Consequeces：International Differences in Work - related Values［M］. Beverly Hills，CA：Sage，1980.

❸ 史密斯，彭迈克，库查巴莎. 跨文化社会心理学［M］. 严文华，权大勇，等，译. 北京：人民邮电出版社，2009：61.

的国家和贫穷的国家分开来看，进行个体层面的分析，在富裕的国家，不同个体的幸福感水平主要受家庭生活满意度的影响；而在贫穷的国家，不同个体的幸福感水平主要受财富多少的影响。❶ 专栏2-4给出了个体层面和国家层面数据结构不一致的数学说明。鉴于个体层面和国家层面的非同构性，研究者将仅仅因为发现一种关系在国家层面上是真实的，就推论这种关系在个体层面上也是正确的，称为生态谬误（ecological fallacy）。而因为在个体层面发现一种关系是真实的，就推论认为这种关系在国家层面上也是正确的，称为反向生态谬误。

专栏2-4　个体层面与国家层面数据的非同构图示❷

从数学上来说，任何一个跨文化研究样本中的相关可以分成两个部分：群组内（国家内）和群组间（国家间）。这种划分与研究方法和统计教材中将方差分析的变异来源分成两个部分是一个道理，为理解群组内和群组间的变异和相关提供了更进一步的信息。从技术上来说，很可能会发生群组内和群组间在数据结构和相关模式不一致的情况，产生非同构和非同源的问题。图2-1的数据模式图展示了这种情况。我们可以看到，四个群组内都是正相关，但由于四个群组的平均数不一样，群组平均数的相关（国家层面的相关）却是负的。

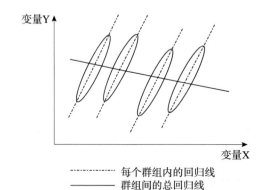

图2-1　个人层面分数相关与国家层面分数相关的模式差异

---

❶ Smith P. B. Levels of Analysis in Cross-Cultural Psychology [J]. Online Readings in Psychology and Culture, 2002, 2 (2). http://dx. doi. org/10.9707/2307-0919.1018.

❷ Smith P. B. , Fischer R, Vignoles VL, et al. Understanding Social Psychology across Cultures: Engaging with Others in a Changing World [M]. Sage, 2013: 101.

施瓦兹（Schwartz）提供了另一种国家层面的分析方法。❶ 他在自己主持的多国家大型价值观调查中，首先在每个国家内作分析，得到一个价值观的结构，然后比较不同国家得到的价值观结构是否一致。在 20 个国家样本之中，他发现每个国家样本中有 75% 的个人价值观可纳入其他国家样本中所发现的同样价值观类型之中（具体内容参阅第四章）。在扩充国家数量之后，他发现反映在最初的 56 个项目中有 44 个具有充分的文化对等含义。在具有结构对等性的基础上，他计算了每个国家的均值，称为国民均值（如表 2 - 2 所示）。

只有数据是从国家的大范围多样性样本中得出时，国民均值才是有用的。国民均值可以让我们估计出是否在一个给定的总体中有相当可观的人数具有一种特定的心理属性。较高的均值意味着该属性为相当多的人所共有。使用国家层面均值，研究者先对如价值观这样的心理结构进行测量，再将所得到的反应进行平均，然后对所得的结果进行因素分析，由此创造出非心理学的更高阶的国家分类。由于这种方法在一定程度上回避了在个体层面建立测量等值的要求，使得国家层面的分析被许多社会科学家采用。

第三节　实验法与文化过程研究

传统的跨文化心理学研究追求用普遍的心理维度来描述文化差异，心理测量具有探测文化结构的优势，是合适的方法。当重视实验方法的社会心理学家开始在研究中重视文化时，他们很自然地将跨文化的比较带到实验情境。然而，不同实验组的被试是来自不同的国家（文化）还是同一批被试随机分配，在方法上有重要的差别。前者是准实验的方法，后者是真正的实验。

一、重复实验与准实验

实验法将被试随机分配到不同的实验情境中，通过情境的变化，发现被试在情绪、动机、行为等方面的变化。在实验中，被控制的变量称为自变量，期待在自变量的影响下有所变化的称为因变量。一般认为实验法能够清晰地揭示

---

❶ Schwartz S. H. Universals in the Content and Structure of Values: Theoretical Advances and Empirical Tests in 20 Countries [J]. Advances in Experimental Social Psychology, 1992, 25: 1 - 65.

出自变量与因变量之间的因果关系，因此内部效度较高。但是由于实验情境是经过操纵的人为环境，绝大多数真实环境中的因素都被控制了，因此实验研究的外部效度相对较低。

文化社会心理学最早采用实验法，主要的动机来自美国研究者与世界各国的学者合作，试图复制他们在美国得到的结果。本土心理学的早期也经历过非西方学者将西方的经典实验移植到本国进行重复验证的阶段。然而，即使在同一个国家里，一项研究的结果也不总是能被重复证明，更何况在不同的国家里去重复。社会心理学中一个最广泛重复的实验是阿希（Asch）的从众实验。邦德（Bond）和史密斯（Smith）对134项已发表的阿希从众效应研究进行了元分析。❶ 在这些研究中，有97个是以美国人为被试的，而其余的研究以来自世界上16个其他国家的人为被试。结果表明，群体对从众反应的影响在欧洲要比在美国小，但在世界其他各国的从众反应要比美国高。可见，在不同文化背景下对经典实验进行重复，是研究不同文化差异的一种方式。

文化社会心理学家当然不会满足重复已有的实验。在文化与认知的研究兴起后，越来越多的研究将跨文化比较放在实验的背景下。起初，典型的做法，表面上仅仅是将跨文化心理学的心理量表变成了实验任务（被试也更多地是大学生）。也就是说，研究者选择两个不同国家的人作为被试，然后让他们完成同样的实验任务（主要是归因、注意、记忆等认知任务），最后比较两组人在实验任务上的反应差异。如果存在差异，就使用文化来解释这种差异。有时，在实验过程中，也会测量被试的文化价值观（如个人主义-集体主义），将这种价值观作为中介变量来处理。不难发现，这个跨文化比较过程在获得扎实的文化差异结论时，必须要解决上一节所讲的文化对等性问题。因为它不是一个真正的实验，而是一个准实验。与以往相比，它将不同文化的被试分配到了不同的实验条件下，向解释文化的过程推进了一步，但只有当同样的被试被随机分配到不同的实验条件下时，才会产生真正的文化社会心理学实验。专栏2-5通过一个文化与认知研究的经典任务展示了文化社会心理学从准实验转换到真实验的故事。

---

❶ Bond R.，Smith P. B. Culture and Conformity: A Meta - Analysis of Studies Using Asch's（1952b，1956）Line Judgment Task［J］. Psychological Bulletin, 1996, 119（1）: 111 - 137.

专栏2-5 文化与归因的准实验与真实验：不仅是被试的变化❶

文化与认知研究范式中有许多经典认知任务被多个研究重复采用，但是没有哪一个任务像"鱼的运动归因"任务这样让人着迷，因为它不仅大有来头，受到归因理论的先驱海德（Heider）早年以动画形式向被试呈现几何图形运动来研究归因的影响。而且，这里讲的两次被重复使用，都伴随着文化社会心理学理论和研究范式的重要发展。

1994年，莫里斯和彭凯平（Peng Kai-ping）发表了一篇文化与归因的文章，其中一个研究，招募了中国人和美国人两组不同文化的被试，然后让他们观看鱼的动画。图2-2是该实验任务的一个简单示意图。被试看到：一群鱼游向一条鱼，停下来，然后这条鱼开始往前游。被试需要判断这条鱼的运动在多大程度上是由其内在因素影响的，即进行归因判断。结果发现，美国人比中国人对这条鱼的运动作出更多的内归因。

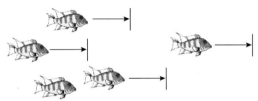

图2-2 文化与归因研究的经典实验任务示意图

1997年，康萤仪等人同样采用这一归因任务，不过她们招募的是具有双文化身份的香港人。在被试执行归因任务之前，被随机分到三种实验条件：美国文化启动，观看自由女神像、白宫等象征美国的图片并回答相关问题；中国文化启动，观看长城、龙等象征中国的图片并回答相关问题；控制组，观看风景图片并回答问题。结果发现，同一批被试，被随机分到美国文化启动下比被随机分到中国文化启动下对鱼的运动进行了更多的内归因。

❶ Morris M. W., Peng K. Culture and Cause: American and Chinese Attributions for Social and Physical Events [J]. Journal of Personality and Social Psychology, 1994, 67 (6): 949-971. Hong Y., Chiu C., Kung TM. Bring Culture out in Front: Effects of Cultural Meaning System Activation on Social Cognition [G] // K. Leung, Y. Kashima, U. Kim, et al. Progress in Asian Social Psychology. Singapore: Wiley, 1997: 135-146. Benet-Martínez V., Leu J., Lee F., et al. Negotiating Biculturalism: Cultural Frame Switching in Biculturals with Oppositional versus Compatible Cultural Identities [J]. Journal of Cross-Cultural Psychology, 2002, 33 (5): 492-516.

2002 年，贝尼特－马丁内斯（Benet－Martinez）等人再次采用这一任务，还是选择双文化被试（美国华人）进行类似的文化启动，只不过增加了一个叫作双元文化认同融合（Bicultural Identity Integration，BII）的测量（还测了一些其他变量）。所谓 BII 是指一个双文化人（如亚裔美国人）同时认同两种文化，但在对待两种文化认同的关系上，存在兼容还是对立的个体差异。结果发现，在美国文化启动下比中国文化启动下对鱼的运动作出内归因的倾向，在那些 BII 比较高的人身上更加明显。

以上三个研究，从表面的程序来看，似乎变动不太大，但背后体现了文化社会心理学从准实验到真实验的转变，每一步都加强了对多元文化经验的重视，折射出新世纪以来多元文化研究热潮的早期风采（参阅第八章）。

二、文化启动

跨文化数据说明的是文化有何差异，但无法说明文化为何出现差异。在跨文化比较中，研究者从不同的文化群体中选取被试，让他们代表各自的文化。这种对自然群体进行比较的研究被称为准实验。不管对被试使用心理量表还是让被试操作认知任务，只要是对两组文化的人进行跨文化比较，就都不是真正的实验法。真正的实验源于对文化的直接操控，即文化启动。

（一）自我构念启动

跨文化比较的研究总是假定一个人只有一种文化，但这一假定随着研究积累慢慢受到质疑。北山忍等人的研究发现，在美国学习的日本学生感到，他们在美国人所写的情景中自尊水平会提高，在日本人所写的情景中自尊水平会降低。这一研究结果表明，那些同时拥有东西方文化经验的个体既能获得独立我，又能获得依赖我。❶ 如果自我构念是通过文化经验获得的，那么即使在美国（或日本）文化内部，人们也可以同时获得独立的和依赖的两种自我构念。因此，文化差异并没有绝对的文化实体边界。

如果自我构念确实是习得的认知表征，那么环境线索应该能够唤醒相对不易提取的自我构念。依照这种观点，研究者在一些控制实验中使用环境线索来激活独立我或依赖我，形成了早期文化启动的研究（更准确地说，应是自我

---

❶ Kitayama S., Markus H. R., Matsumoto H., et al. Individual and Collective Processes of Self－Esteem Management: Self－Enhancement in the United States and Self－Depreciation in Japan [J]. Journal of Personality and Social Psychology, 1997, 72 (6): 1245－1267.

构念启动，自我构念虽然属于文化的核心成分，但似乎不能与文化划等号）。最早的自我概念启动实验来自特拉菲莫（Trafimow）及其同事，他们要求参与者描述自己与家人或朋友的不同或相似之处，描述不同组启动了独立我，而描述相似组启动了依赖我。❶ 随后，研究者要求所有被试对自己进行描述。与在依赖我条件下相比，美国被试和中国被试在独立我条件下都更多地提到个人特质，更少地提到集体特质。另一个研究中，研究者通过让被试读一段文字并圈出其中的第一人称单数或复数来启动独立我或依赖我，发现独立我条件下，欧裔美国人和中国香港人坚持个人主义价值观的程度都比坚持集体主义价值观的程度更高，在依赖我的条件下，欧裔美国人和中国香港人坚持集体主义价值观的程度都比坚持个人主义价值观的程度更高。❷

（二）双文化启动

自我构念启动的研究虽然假定了一个人既可以具有独立我又可以具有依赖我（代表多元文化经验），但大多数研究还是在实验中比较来自不同文化的两组人。也许跨文化研究基于如下原因没有重视个体的多元文化经验。❸ 首先，方法论取向影响了研究者题目的选择，采用临床与人格研究者区分人之类型的方法来评价，文化首先被作为个体差异来看待。在跨文化方法依赖于揭示文化群体之间的差异（通常以国家为指标）的背景下，多元文化对个体的影响仅仅是产生一些误差变异而已。其次，在一个更为微妙的层面上，主导跨文化研究的理论假设已经阻碍了对同一心灵中多元文化动力作用的分析。这种努力意在获取文化群体之间（而不是之内）的知识，它所产生的结果是，对文化知识的概念化采用的是非常宽泛的构念。文化知识被概念化后就像一副隐形眼镜，每时每刻都在影响着个体对视觉刺激的知觉。也就是说，跨文化心理学的研究方法与假设没有培育关于个体如何内化一个以上文化的分析。

与此不同，文化动态建构论从双元文化个体所具有的文化框架转换经验出发对文化过程进行考察。❹ 所谓框架转换是指个体在根植于不同文化的阐释框

❶　Trafimow D. , Triandis HC, Goto S. Some Tests of the Distinction between the Private Self and the Collective Self [J]. Journal of Personality and Social Psychology, 1991, 60 (5): 649 – 655.

❷　Gardner W. L. , Gabriel S. , Lee A. "I" Value Freedom, but "We" Value Relationships: Self – construal Priming Mirrors Cultural Difference in Judgment [J]. Psychological Science, 1999, 10 (4): 321 – 326.

❸　Hong Y. , Morris M. W. , Chiu C. Multicultural Mind: A Dynamic Constructivist Approach to Culture and Cognition [J]. American Psychologist, 2000, 55 (7): 709 – 720.

❹　Hong Y. , Morris M. W. , Chiu C. Multicultural Mind: A Dynamic Constructivist Approach to Culture and Cognition [J]. American Psychologist, 2000, 55 (7): 709 – 720.

架之间进行变换，以对社会环境中的线索进行反应。为了把握二元文化个体是如何在文化透镜之间进行转换的，该理论的提出者将个体内化的文化看作一个由分离的、具体的构念连成的网络，它只有在进入个体心灵的前台时，才能指引认知。文化动态建构论者借用认知启动技术将个体头脑中内化的文化推到前台，称为文化启动。文化启动与上述自我构念启动的重要区别是，启动材料必须能够激活特定文化网络的核心构念，但同随后的解释任务又无直接联系，这样被试就不会有意识地将启动与任务刺激联系起来。基于这一考虑，文化启动选择了图像化的文化图符作为启动材料。文化图符是那些能够将文化知识体系中的众多不同元素联络起来的文化图片，例如美国国旗、白宫和林肯图片对于美国文化，龙、天安门和孔子图片对于中国文化，都具有这样的作用。为了验证文化动态建构论的研究假设，研究者首先想到了跨文化心理学所发现的不同文化在归因上的文化差异。正如专栏 2 - 5 所描述的，在以文化图符对双文化个体启动不同的文化之后，让被试对鱼的运动进行归因，这种情况下被试并没意识到他们观看的文化图符所引起的文化过程与对鱼的行为归因之间的意义联系。就这样，文化动态建构论通过双文化启动实验证实了自己的观点。

三、文化演化的模拟实验

文化是一个不断演化的过程，文化不断地被再生产和重塑。为了捕捉到与文化再生产和文化转换有关的动态过程，一些研究者试图用人际交流来模拟文化观念的再生产。在这方面比较有影响的范式有：文化再生产的联结论模型、动态社会影响论、共享现实的协同建构理论。他们共同的特点是通过考察群体中的人际互动和沟通过程来探讨文化如何超出个体之外向社会传播，以及在文化传播的过程中会有哪些变化。这方面的研究从研究过程来看，属于群体心理学的范式。随着群体心理发展趋势的转变，在实验室中让人与人面对面互动的研究越来越少，更多的研究转向群际认知与群际关系的研究。❶ 这可能是文化演化的模拟实验并没有受到足够重视的一个在学科发展背景上的原因。

嘉志摩佳久（Kashima）等人提出的文化再生产的联结论模型❷假定，那些可以从文化中获得的知识和观念并非均匀地分布在所有群体成员身上。群体

---

❶ 韦庆旺，谢天. 群体心理研究：群际关系为核心的变革 ［J］. 黑龙江社会科学，2012，（3）：96 - 100.

❷ Kashima Y. Maintaining Cultural Stereotypes in the Serial Reproduction of Narratives ［J］. Personality and Social Psychology Bulletin，2000，26（5）：594 - 604.

中的个体就像一个个简单处理单元，构成了一个网络，这些个体从其他成员那里获得信息，并通过这一网络再生产信息。随着连续性再生产的进行，联结网络得到更新。由于存在记忆衰退和图式驱动偏差，信息再生产过程中出现了错误。经过自我组织过程，群体成员广泛共享的文化知识（如刻板印象知识和传统知识）极有可能在交流过程中被再生产和巩固。在几项研究中，研究者为被试提供了几个故事，这些故事包含一些与刻板印象一致或不一致的信息。他要求每一位听到故事的被试再把这个故事讲给下一位被试听，并依次传递下去。随着这些故事在一个连续的链条中不断被再生产，一些信息保留了下来，而另一些则没有。有趣的是，在链条的开端部分，与那些和文化刻板印象一致的信息相比，和文化刻板印象不一致的信息被保留的概率更大。然而，随着生产链条的推进，不一致信息被保留的概率急剧下降。最后，再生产过程完全由一致性信息所控制。

动态社会影响论认为，通过交流，之前互无关联的价值观和观念变得彼此相关，且一套价值观和观念在空间上变得分散（或进行聚类），那些能够聚类的传统知识得到再生产。专栏 2–6 展示了动态社会影响论进行实验模拟的过程。共享现实的协同建构理论在第三章有详细介绍。

专栏 2–6　动态社会影响论实验模拟❶

一般而言，交流机会随着物理接近性的增大而增多。人们与同一个小区或同一个工作单位的人进行交流的可能性比与那些住得较远的人进行交流的可能性更大。动态社会影响论认为，人们会影响与他们最接近的交流者，并会受这些人影响。面 2–3 的左图示意的是在一个假想社区中，16个人的空间分布情况。其中一些人（A1、A3、B2、B4、C3、D1、D4）对平权措施持积极态度，而另一些人（A2、A4、B1、B3、C1、C2、C4、D2、D3）持消极态度。在这个社区中，某些成员的影响力比其他成员大。例如，在平权措施的支持者群体中，B4 是意见领袖，而在平权措施的反对者群体中，C2 是意见领袖。与社区中其他人相比，这两个人的影响力更大。

---

❶ 赵志裕，康萤仪 . 文化社会心理学 ［M］. 刘爽，译 . 北京：中国人民大学出版社，2011：260–263.

初始情况				最终情况1				最终情况2			
	A	B	C	D		A	B	C	D		A	B	C	D
1	☺	☹	☹	☺	1	☹	☹	☹	☹	1	☺	☹	☹	☹
2	☹	☺	☹	☹	2	☹	☹	☹	☹	2	☺	☹	☹	☹
3	☺	☹	☹	☹	3	☺	☹	☹	☹	3	☺	☺	☺	☹
4	☹	☺	☹	☺	4	☺	☺	☺	☹	4	☺	☺	☺	☺

图2-3　动态社会影响论的文化交流演变图

我们假定社会影响的链条首先从平权措施的反对者开始。由于人们会影响与他们最接近的交往者，并且会受到这些人影响，因此，被平权措施反对者包围的A1、B2、C3、D1和D4有可能改变他们的态度，转而反对平权措施。同时，被一位支持平权措施的意见领袖和其他平权措施支持者包围的A4有可能形成支持平权措施的态度。如上面的中图所示，这一动态过程的结果便是态度的空间聚类。聚类使得少数人群体中的个体（A3、A4、B4）避免受多数人群体影响，由此确保差异延续。如果平权措施的支持者首先开始影响他们周围的人，上述结论依然成立。在这种情况下，如上面的右图所示，A2、A4、B3和C4会被他们周围的人影响，形成支持平权措施的态度，而D1会形成反对平权措施的态度。态度的空间聚类再次出现，差异的延续也再次得到保证。

除了造成态度的空间聚类，人际交流还会使原来互无关联的态度和价值观变得彼此相关。例如，支持平权措施的人一开始可能会坚持其他自由主义价值观（如堕胎自由），也可能不坚持这些价值观。然而，通过双向的交流，原先互无关联的态度和价值观可能会越来越多地整合为连贯一致的自由主义价值观体系。同样地，原先互无关联的保守主义价值观和观念可能会越来越多地整合为连贯一致的保守主义价值观体系。

拉塔内（Latane）和他的同事用一系列通过电脑完成的交流游戏模拟了这种动态过程，这些游戏使用的是电子邮件系统。在这些研究中，研究者让被试每24人分为一组，并告诉这些被试大多数人的意见是什么。每名被试只能与一定数量的人（接近现实生活中的自然限制）进行交流，在被试通过电子邮件进行了几次交流之后，群体边界内出现了意见聚类。在每个交流群体内部，成员的意见比之前更一致，且之前互无关联的问题也变得彼此相关。但是直到研究的最后，尽管持不同观点的人有接受大多数人意见的动机，少数的不同观点仍然存在。

第四节　社会心理学研究文化的新方法

近年来社会心理学在研究文化的方法上有几个新的发展趋势。文化社会心理学和认知神经科学结合产生了文化神经科学。心理信息学的发展推动了基于计算机和网络的内容分析方法的发展。元分析在文化社会心理学的研究得到越来越多的应用。

一、文化神经科学方法

文化神经科学是研究文化和大脑功能之间关系的交叉科学。文化通过建构社会价值规范以及对社会事件赋予意义，为社会交往提供了框架。文化环境的多样性可能使人类大脑发展出适应特定文化环境的神经机制，使得人类能在特定文化环境下开展有效的社会交往。近年的研究发现了越来越多的脑功能成像证据，表明社会环境对某些社会认知过程及神经机制有显著影响。这些跨文化脑成像研究催生了一门新的学科，即文化神经科学。文化神经科学研究文化价值观、社会实践等与人类大脑功能的交互作用，试图从一个新的视角理解人脑与社会认知相关的功能组织。[1] 文化神经科学主要使用功能磁共振（fMRI）技术，通过测量与特定任务相关的大脑血氧信号的变化，观察在脑组织水平大脑特定脑区以及不同脑区之间的功能连接与特定认知加工的关系。

在文化认知神经科学的研究方面，我国学者的研究水平处于国际前列。专栏 2 - 7 展示了朱滢最早将文化社会心理学有关独立我 - 依赖我的概念与自我参照效应相结合，并进一步进行认知神经科学研究的过程和方法。2010 年，伍锡洪和韩世辉在《亚洲社会心理学》（*Asian Journal of Social Psychology*）期刊上组织了一个专刊讨论文化神经科学。2013 年，韩世辉创办了《文化与脑》（*Culture and Brain*）国际期刊。同年，他以第一作者身份在享有盛誉的《心理学年鉴》（*Annual Review of Psychology*）期刊上发表论文《文化神经科学：研究人类大脑生物社会属性的新视角》一文，综述了该领域近年的发展，其中

---

[1]　韩世辉，张逸凡. 社会认知、文化与大脑：文化神经科学研究［J］. 中国科学院院刊，2012（27）（增刊）：66 - 77.

他自己团队的研究成果就有二十多项。❶ 这些研究成果既通过脑机制的文化差异支持了以往文化社会心理学关于跨文化比较的研究发现，又通过文化启动对脑的可塑性的影响，给文化动态建构论提供了重要的证据。

专栏 2-7　自我参照效应的文化差异：从行为到大脑❷

以自我为参照的编码效应（self-referential encoding effect）是记忆研究中的一个经典发现。进行以自我为参照的编码研究时，在每一组实验组块当中，电脑屏幕上都会显示一个与人格有关的形容词。在一组条件下，被试被要求判断该形容词是否是对自己的描述，这一条件引导他们参照自己对形容词进行编码。在另外两组条件下，被试被要求判断该形容词是否是对自己的母亲或是对一位公众人物的描述，这两种条件分别引导他们参照母亲或参照公众人物对该形容词进行编码。随后，被试需要进行一项再认测试。被试之前看到的形容词与一些新的形容词混在一起，他们需要找出原来的形容词。当西方被试进行这一测试时，如果他们以自己为参照对形容词进行编码，那么与参照母亲或参照公众人物进行编码时相比，他们识别出原来的形容词的准确性往往更高。

朱滢和他的同事发现，当中国被试在同样的测试中以自己为参照对形容词进行编码时，与参照公众人物进行编码时相比，他们的记忆同样会更准确。但有意思的是，当他们以自己的母亲为参照对形容词进行编码时，与参照公众人物进行编码时相比，他们的记忆也会更准确。以自我为参照的编码效应与以母亲为参照的编码效应效果相当。此外，若北京的中国被试在完成编码任务之前被中国文化符码启动，那么以母亲为参照的编码效应会很突出；若这些被试之前被美国文化符码启动，这一效应则会完全消失。这些数据说明了文化如何形塑了记忆过程，中国人将自己与母亲置于同一个社会心理空间中，而将公众人物置于另一个心理空间中。相反，美国人将自己与他人（包括母亲）分别置于不同的社会心理空间中。

以自我为参照的编码效应可能定位在大脑内侧前额叶皮质区域。不同文化成员在进行以自我为参照的编码和以母亲为参照的编码时存在着差异，

---

❶ Han S., Northoff G., Vogeley K., et al. A Cultural Neuroscience Approach to the Biosocial Nature of the Human Brain [J]. Annual Review of Psychology, 64: 335-359.

❷ 赵志裕，康萤仪. 文化社会心理学 [M]. 刘爽，译. 北京：中国人民大学出版社，2011：349-350.

为了追踪这些文化差异的神经解剖学轨迹，在实验中的编码阶段，朱滢用功能性磁共振成像技术获得了中国被试和西方被试的大脑扫描图像。西方被试在以自我为参照条件下的内侧前额叶皮质活动比在以公众人物为参照条件下更活跃。然而，在以母亲为参照的条件下，被试的内侧前额叶皮质活动并不比在以公众人物为参照条件下更活跃。中国被试在以自我为参照条件下的内侧前额叶皮质活动比在以陌生人为参照条件下更活跃。此外，在以母亲为参照的条件下，被试的内侧前额叶皮质活动比在以公众人物为参照条件下更活跃。简而言之，中国被试在对与自己和母亲有关的信息进行编码时，会表现出类似的大脑活动，而西方被试对这两类信息进行编码时则表现出不同的大脑活动模式。

朱滢的研究提供了有力的证据，证明了文化与社会信息处理之间存在着关联。他的研究还证明了使用多种方法（跨文化比较、文化启动和神经解剖学）研究动态文化差异的效用。

二、基于计算机和网络的内容分析

内容分析是一种社会科学的实证方法，该方法是从文本（或其他意义体）到它们的使用环境进行可重复、有效推论的研究方法。内容分析的内容包括报纸、杂志、书籍、演讲、访谈等任何文字、语音或视频材料。通过内容分析，研究者通常回答谁、说了什么、通过什么渠道、对谁、产生了什么影响。内容分析可以进行单纯描述研究和比较研究。

在莫里斯和彭凯平比较中国人和美国人归因差异的经典研究中（研究3），使用内容分析的方法，分析了来自美国的中文杂志和英文杂志在 1991 年 11 月 1 日至 12 月 31 日期间分别对两个谋杀犯（一个中国人和一个美国人）的新闻报道。❶ 研究者以句子为分析单位（共有 130625 个句子），让不了解研究目的的编码者根据编码说明和编码表将每一个句子的信息进行编码，判断是特质归因、情境归因，还是两者都不是。编码者由两个美国人和两个中国人组成（彭凯平作为第 5 个编码者也参与了编码），在正式编码前，根据研究者拟好的编码说明进行了两个小时的培训和练习，练习的材料与正式编码的材料不一

---

❶　Morris M. W., Peng K. Culture and Cause: American and Chinese Attributions for Social and Physical Events [J]. Journal of Personality and Social Psychology, 1994, 67 (6): 949 –971.

样。编码完成之后，研究者计算不同编码者之间的评分一致性，即评分者信度。最后，研究者根据编码结果比较两份杂志报道对谋杀犯归因的差异，发现对中国谋杀犯和美国谋杀犯，英文杂志都比中文杂志进行了更多的个人特质归因。

这一内容分析的步骤严谨科学，但是类似这样的分析往往需要数名编码者逐一阅读义字并评分，不但耗费时间精力，而且容易碰到评分者信度不高的情况。面对该问题，潘尼贝克（Pennebaker）等人于1990年开始着手进行语词计量分析的计算机程序开发，最终开发出"语言探索与字词计数"软件（Linguistic Inquiry and Word Count，LIWC）。经过二十多年的发展，由于良好的信效度，LIWC被心理学研究者广泛应用到各个方面。该软件分为程序主体和词典，程序主体可以从网上购买，词典也已经有学者进行修订，形成了中文版本。专栏2-8对LIWC进行了详细介绍。

专栏2-8　LIWC：一种基于语词计量的文本分析工具❶

LIWC是一个旨在用电脑程序取代专业评分者来对各种文本进行分析的软件程序。LIWC是自然语言处理技术（Nature Language Processing，NLP）中的一种，它可以对文本内容进行量化分析并将导入的文本文件的不同类别的词语（尤其是心理学类词语）加以计算，如因果词、情绪词、认知词等心理词类在整个文本中的使用百分比。LIWC经过十余年的发展、修改与扩充，日益稳定，历经LIWC、LIWC2001，至目前的LIWC2007。LIWC主要包括两个部分：程序主体和词典。其中，核心为词典，词典定义了词语归属的类别名称以及字词列表，程序通过导入词典和文本将文本中的词语与词典进行一一比对，并输出各类词语的词频结果。目前的LIWC包含4个一般描述性类别（总词数、每句词数、超过六字母字词、抓取率），22个语言特性类别（如人称代词、助动词、连词、介词），32个心理特性类别（如社会过程词、情感过程词、认知过程词、生理过程词等），7个个人化类别（如工作、休闲、家庭、金钱等），3个副语言学类别（如应和词、停顿赘词、填充赘词等），以及12个标点符号类别（如句号、逗号、冒号、分号等），总计拥有80个字词类别、约4500个字词。

---

❶ 张信勇. LIWC：一种基于语词计量的文本分析工具 [J]. 西南民族大学学报, 2015, (4): 101-104.

　　台湾学者黄金兰等人在 LIWC 创始人潘尼贝克的授权下开始进行繁体中文版 LIWC 的修订，简称 TC - LIWC，并将其研究成果及进展发布在网站上（具体请参见如下网址：http：//cliwc. weebly. com/）。TC - LIWC 是以 LIWC2007 词典作为蓝本，先删去不适用于中文特点的类别（例如冠词类、各种动词时态类别），对保留下来的所有类别词逐一进行翻译并进行同义词的增添；之后再经过多次 3～6 人的研究小组讨论，逐字确认类别；同时参考台湾各词库与语词分类系统等，经由小组讨论共同决定加入一些中文特有类别（如数量单位词、语尾助词、时态指称词等），加入字词及逐字确认其所属类别；最后再进行断词确认、类别从属关系确认以及最后的整体再确认等步骤。研究团队历时半年多经由上述步骤，以及信效度检验，完成了中文 LIWC 词典，其中包含了 30 个语言特性、42 个心理特性共 72 个类别，共计 6862 个字词。目前 TC - LIWC 对于一般的书写文本大约已有八成以上的检测率。在 TC - LIWC 建立完成后，研究团队经过相关研究与更广泛的文本测试，又对 TC - LIWC 词典作了微幅修正，于 2013 年发布了 TC - LIWC - v1. 1 版本。考虑到中文的简繁体差别，黄金兰等人将 TC - LI-WC 经过三个步骤转换以建立 SC - LIWC（具体请参见网站）。首先，他们通过 Microsoft Word2010 版本繁体中文转换为简体中文的功能将 TC - LIWC 直接进行转换。其次，检查一繁对多简与一简对多繁的问题。最后，再根据两地用语差异对照表进行比对与转换。经此三步骤建立简体中文版的 LI-WC 词典。SC - LIWC 维持 TC - LIWC 的类别架构与词典内容，保有原始 71 个类别，共计有 7444 个词汇。研究结果表明 SC＿LIWC 对简体文本的检测率已与繁体版对繁体文本的检测率相当。

　　随着信息科学的发展，利用信息技术获取、存储并分析网络世界中海量个体数据的计算社会科学，立足于社会科学理论视角，通过引进新的方法和技术探索新时代背景个体或群体间的合作与竞争关系、社会网络结构及其演化博弈等社科核心问题，越来越成为常态。❶ 在这样的背景下，一些新的基于网络的内容分析也受到了文化社会心理学家的青睐。格林菲尔德（Greenfield）借助

---

❶ 薛婷，陈浩，赖凯声，董颖红，乐国安. 心理信息学：网络信息时代下的心理学新发展 [J]. 心理科学进展，2015，23（2）：325 - 337.

谷歌图书数据库，分析了美国从1800—2000年间出版的100多万本书中与价值观有关的代表词汇。❶ 结果发现：在200年间，个体、自我、独特等与个人主义价值观有关的词汇出现的频次逐渐增多，而服从、权威、归属等与集体主义有关的词汇出现的频次逐渐减少，支持了个人主义价值观在200年间不断提高的假设。这种研究与通过纵向追踪进行的文化变迁研究相比，具有时间跨度长、不存在抽样误差等优点。

三、文化社会心理研究的元分析

随着文化社会心理学的研究数量越来越多，同一研究主题的研究结果也会出现结果不一致的情况。一种称为元分析（meta – analysis）的统计方法可以让文化心理学家对大量的同主题研究数据进行分析整合。简单来说，元分析就是对分析的分析（通常称为联合检验），通过收集大量单独的研究，赋予各不相同的数据以意义。这一方法的诱人之处在于它能够基于统计公式计算效果量，并包含了大量研究结果，而不只是那些"好的"和"有趣"的结果。元分析的结果常常是个体研究不能实现的，能够对长期有争议的研究提供有说服力的分析。不过，元分析也有一些缺点，它试图比较许多定义不同的变量。此外，元分析依赖于公开发表的显著的发现，不显著的发现就被忽视或忽略了，这可能会使样本选择出现偏差。

在文化社会心理学领域进行的令人瞩目的元分析要数奥伊兹曼（Oyserman）和同事做的两个关于个人主义 – 集体主义研究的元分析。他们2002年的元分析针对1980年到1990年间发表和未发表的有关个人主义 – 集体主义的跨文化比较，包含运用价值观量表和直接比较不同国家被试的研究，以及个人主义 – 集体主义影响自我概念和认知等后果的研究（共253项）。❷ 从定性的角度，奥伊兹曼发现以往测量个人主义 – 集体主义价值观的问卷内容多样，不同研究之间存在很大差异，很难发现同一个测量问卷被多个研究使用的情况。她发现7个个体主义成分：独立、目标导向、了解自我、独特性、重视隐私、直接沟通、强调竞争；8个集体主义成分：看重责任、重视人际关系、寻求他人建议、注重和谐、群体为重、归属感、关注情境、等级观念。从定量的角

---

❶ Greenfield P. M. The Changing Psychology of Culture from 1800 through 2000 [J]. Psychological Science, 2013, 24 (9): 1722 – 1731.

❷ Oyserman D., Coon H., Kemmelmeier M. Rethinking Individualism and Collectivism: Evaluation of Theoretical Assumptions and Meta – Analyses [J]. Psychological Bulletin, 2002, 128 (1): 3 – 72.

度，奥伊兹曼发现欧裔美国人在总体上比其他国家的人有更高的个人主义水平和更少的集体主义水平。然而，从美国内部来看，欧裔美国人并不比非洲裔美国人和拉丁裔美国人的个人主义水平高，也不比日裔美国人和韩裔美国人的集体主义水平高，只有华裔美国人明显地比欧裔美国人有更高的集体主义水平和更低的个人主义水平。就文化的效应而言，文化影响归因和认知风格的效应量较大，而在影响自我概念和人际关系性方面只有中等的效应量。

考虑到跨国比较的文化研究不能清晰地揭示文化过程的因果关系，奥伊兹曼和同事针对 67 项 2005 年 1 月以前发表的同时启动个人主义和集体主义价值观及其对人际关系性、自我概念、幸福感和认知影响的研究进行了元分析。[1]结果发现，个人主义 – 集体主义的启动研究尽管使用的启动方法不同，因变量指标也不同，但总体上在文化影响人际关系性和认知方面的效应量中等，文化影响自我概念和价值观的效应量较小。这一元分析支持了文化动态建构论，文化差异不是静态的，而是可以短时根据情境激活的。可见，这两个元分析通过将文化社会心理学在个人主义 – 集体主义方面的众多研究进行量化的总体分析，增强了对文化社会心理学核心概念、核心范式和核心理论的进一步认识。鉴于元分析有很多吸引人的优点，文化社会心理学家最近作了很多类似的元分析。[2]

---

[1] Oyserman D. , Lee S. Does Culture Influence What and How We Think? Effects of Priming Individualism and Collectivism [J]. Psychological Bulletin, 2008, 134 (2): 311 – 342.

[2] Morling B. , Lamoreaux M. Measuring Culture outside the Head: A meta – Analysis of Individualism – Collectivism in Cultural Products [J]. Personality and Social Psychology Review, 2008, 12 (3): 199 – 221. Twenge J. M. , Konrath S. , Foster J. D. , et al. Egos Inflating over Time: A Cross – Temporal Meta – Analysis of the Narcissistic Personality Inventory [J]. Journal of Personality, 2008, 76 (4): 875 – 903.

第三章　文化与规范

第一节　规范的定义

数字包含的文化禁忌

在天津瑞吉酒店的电梯里，当时正处于数字敏感期的四岁儿子问："妈妈，这个电梯为什么没有 13 层和 14 层？"我仔细看了看，这个酒店大厦果然没有 13 层和 14 层。原来，瑞吉酒店是一家国际连锁酒店，住店客人有中国人，也有外国人，酒店周到地考虑了中国人与外国人的文化禁忌，避开中国人不喜欢的"14"和外国人不喜欢的"13"。数字中的文化意义一时无法对儿子讲清楚，不过，从中可以看到不同文化均有自己的规范与禁忌。

"13"这个数字是被西方人忌讳的，这一禁忌来自于基督教中的传说。据说耶稣受害前和弟子们共进了一次晚餐。参加晚餐的第 13 个人是耶酥的弟子犹大。就是这个犹大为了 30 块银元，把耶稣出卖给犹太教当局，致使耶稣受尽折磨。参加最后晚餐的是 13 个人，晚餐的日期恰逢 13 日，"13"带给耶稣苦难和不幸，从此，被认为是不幸的象征，也是背叛和出卖的同义词。

因为忌讳，西方人千方百计避免和"13"接触。在荷兰，人们很难找到 13 号楼和 13 号的门牌。他们用"12A"取代了 13 号。在英国的剧场，你找不到 13 排和 13 座。法国人聪明，剧场的 12 排和 14 排之间通常是人行通道。此外，人们还忌讳 13 日出游，更忌讳 13 人同席就餐，13 道菜更是不能接受了。在国际交流频繁的当下，以西方人为营销对象的中国企业也会考虑到西方这一特殊的文化禁忌，例如华丽的北京饭店没有 13 层，电梯载客过了 12 层便是 14 层。

对于中国人来说，14 谐音"要死"，在中国文化中也是不吉利的数字。在南方某些城市的新型住宅小区中找不到"14"层和"14"号楼。很多人在选择车牌号码时，也尽量避免选择"14"这个数字。

近年来"13""14"放在一起被网络成就为吉利的数字，谐音"一生一世"。正因如此，2013 年 1 月 4 日因谐音"爱你一生一世"，被年轻人认为是一个绝世难逢、适合结婚的良辰吉日。据媒体报道，当日在北京市民政局登记结婚的人数突破 1 万对，有人头一天的午后就到婚姻登记处排队，熬夜换班，甚至请家里老人来帮忙排队。被记者采访的老人中，有人表示对这一现象无法理解。

由以上故事的解读可以看到。

- 每个文化中都有自己的禁忌规范，这些规范约束个人行为。

- 同一数字在不同文化中的意义不同，这意味着禁忌与规范是随情境被建构出来的，规范作为影响个人态度、认知、价值观，约束个人行为的主观内容，与其他文化内容一样是人们行动与实践的产出，并非固定不变的。

- 规范是以群体为边界的，不同群体有自己独特的规范。如同不同文化、不同群体的人们对数字"13"和"14"的不同解读，对于被年轻人追捧的"201314"这一良辰吉日，老人们并不能完全理解。

一、规范的含义

规范是指群体确立的行为标准，包括正式的规则与规定，也包括非正式的、约定俗成的习俗规则。

例如电梯里悬挂的"乘梯守则"是正式的规范，规定不要在电梯里打闹、蹦跳，不要大声喧哗，乘梯时要衣着得体等。电梯里也有非正式的规范。你可能有这样的经验：当你刚刚走进电梯背对电梯门站着，这时发现其他乘客都面向电梯门站着，你会转过身，和其他人一致同样面朝电梯门，躲开其他不认识的乘梯人面对面的尴尬。你转身的这一行为，是你知觉到电梯内悄悄形成的非正式规范后，行为发生的转变。

为了对规范进行更清晰的理解，首先要区分以下几组概念。

（一）正式制度与非正式规范

组织、群体、社会和国家等不同层面的单位内都存在着正式制度与非正式规范，正式制度包括公司里的合同、团队成员守则、国家法律等，非正式规范是指某群体内的成员经过长期协商、构念而成的约定俗成的行为标准。例如有的公司要求穿工作服、按时打卡上班，有的公司员工不约而同穿 T 恤和牛仔裤，工作时间较为弹性。非正式规范也可以称为文化，并不写下来挂在墙上，但是成员却都要遵守的。

正式制度与非正式规范的研究在社会学中较为常见，例如社会学家格雷夫（Greif）曾分析了欧洲社会早期正式制度的萌芽型态：

中世纪的欧洲热那亚是一个城邦，它继承了个人主义的文化信念。热那亚商人要牟取长途贸易的利润，就必须雇佣海外代理商，但雇佣海外代理商风险很大，因为那些代理商会席卷侵吞热那亚人的资本。经过周折，热那亚人建立以"政体"作为第三方执法人的、非个人的合同执行机制。这种以政体为基础的执法机制虽然会花费很高的筹建成本，但一旦建立，就能够超越种族与宗教群体的界限，支持贸易扩张。这样几个世纪过后，西方世界的发展远远超过了集体主义文化的穆斯林世界。❶

另外，即使在信奉制度至上的国家也同样存在非正式规范对个人行为进行约束，例如美国这样的国家。在一个对加州中部沙县（Shasta County）牧场主之间的越界纠纷研究中可以看到，法理社会中人们对非正式规范的遵守。

对于牧场中的牲畜越界，沙县有一套相当复杂的越界权利和义务的法律条文，但是绝大多数牧场主既不明白，也从来不用这些法律条文，他们只知道一个简单的规范，即牧场主应该看好自己家的牛，不要让他们跑进邻居的草场，当越界发生时，受害一方很少要求赔偿。相反，沙县牧场主会恪守"好邻居"

---

❶ 彭玉生. 当正式制度与非正式制度发生冲突：计划生育与宗族网络［J］. 社会，2009（1）：7.

的规范，为走失的牲畜提供食宿，知道方便的时候才寻回或返还失主。这些乡村居民的互动是重复的、多方面的，长期来看，"人情"账户是平衡的，显然这种"公利最大化的规范"的有效性是由紧密的邻里关系网络来支撑的。❶

社会学家彭玉生❷认为，规范对个人行为的约束分为三类，即鼓励、禁止与中性。个人行为可能会同时受正式制度与非正式规范的约束，两种规范的约束效果有9种结果（见表3-1）。这9种结果可以概括为5类：（1）法理主义，即正式制度主导，非正式规范缺失；（2）规范主义，即正式制度缺失，非正式规范主导；（3）两种规范诉求一致；（4）两种规范诉求相冲突；（5）自由主义，即个人行为既不受制度制约，也不受非正式规范影响。

表3-1　正式制度与非正式制度之间的关系分类

		鼓励	非正式规范禁止	中性
	鼓励	一致	冲突	法理主义
正式制度	禁止	冲突	一致	法理主义
	中性	规范主义	规范主义	自由主义

参见彭玉生（2009），《当正式制度与非正式制度发生冲突：计划生育与宗族网络》一文。

（二）描述性规范与命令性规范

心理学家 Cialdini 等人❸将规范分为描述性规范（descriptive norms）与命令性规范（injunctive norms）。描述性规范是指个人知觉到的大多数人的行为选择，类似"大多数人怎样做，我就怎样做"，是社会规范的"实然（is）"层面；命令性规范是指符合群体文化中赞成或反对的行为标准，常常与社会评价联系起来，是社会规范的"应然（ought）"层面。描述性规范对个人行为的影响是无意识的，人们不自觉地接受大多数人的"行为"影响，不管行为的好坏；命令性规范通过强调行为的"好坏"引导个人做出好行为，避免坏行为。❹

---

❶ 彭玉生. 当正式制度与非正式制度发生冲突：计划生育与宗族网络 [J]. 社会, 2009 (1)：8.

❷ 同上，第4页。

❸ Cialdini, R. B., Reno, R. R., &Kallgren, C. A. (1990). A focus theory of normative conduct：Recycling the concept of norms to reduce littering in public places. Journal of Personality and Social Psychology, 58：1015-1026.

❹ 韦庆旺，孙健敏. 对环保行为的心理学解读：规范焦点理论述评 [J]. 心理科学进展, 2013 (4) 21：751-760.

心理学家 Morris 等人❶进一步指出，在不确定情境中，描述性规范常常被人自动作为其行为选择的参照系，对描述性规范的遵从并不需要花费太多心理资源，呈现自动化过程，所以研究者又用"社会自动驾驶仪"（social autopilot）来隐喻描述性规范对个人行为的无意识性影响。另一方面，命令性规范定位精准，有明确的价值导向，需要个体花费心理资源努力做到才能遵守，所以，研究者将之比喻成"社会雷达"（social radar）。关于这一分类，在本章第二节的规范心理研究中将详细介绍。

（三）习俗、道德与价值观

规范在不同的语境中有不同的称谓，以组织为单位的可以叫作规则、守则，以地域为单位的规范可以称为习俗，例如数字中蕴含的文化禁忌，中国传统社区中的生儿偏好、"养儿防老"等生育规范，人类社会中普遍存在的互惠规范等。习俗更像是人类行动中建构与创造出来的客观存在，常见于外群体成员的认识与描述中。

道德是规范的一种。如果按照重要性将某个单位的规范画个同心圆排列出来，道德是靠近圆心的部分。道德对群体成员来说是核心的、不能轻易违反的规范。例如每一职业团体中有自己的职业道德，教师需要遵守"师德"，对官员而言"廉洁"是其职业道德。不同社会在不同历史时期又有其独特的社会道德，例如在中国古代社会"三纲五常"是儒家伦理文化中的道德规范，"君为臣纲，父为子纲，夫为妻纲"，"仁、义、礼、智、信"为处理君臣、父子、夫妻、上尊下卑关系的法则，"春生化万物而成仁，秋刚正利收而为义，礼是形式，智为思想，信是保证"。

价值观与规范有关联，但却有本质区别。价值观是指个体的认知、判断与观念，属于主观的心理过程，规范相比是较为客观的因素。在社会心理学家的眼中，规范属于情境性（context）因素，而价值观更偏向于特质性（characteristic）因素。❷然而价值观正是在特定规范限制中形成的，亦可以看作是对规范的内化过程（internalization）。

---

❶ Morris, M. W., Hong, Y – y., Chiu, C – y. &Liu. Z. Normology: Integrating insights about social norms to understand cultural dynamics ［J］. Organizational Behavior and Human Decision Processes, 2015, 129: 1 – 13.

❷ Morris, M. W., Hong, Y – y., Chiu, C – y. &Liu. Z. Normology: Integrating insights about social norms to understand cultural dynamics ［J］. Organizational Behavior and Human Decision Processes, 2015, 129: 1 – 13.

专栏 3 - 1　社会转型中制度与文化对中国女性生育选择的影响

2015 年 10 月 28 日，中共十八届五中全会宣告，中国生育制度进行改革，在全国范围内放开二胎限制，每对夫妇可以生两个孩子。这一政策可看作是中国实施近四十年的生育政策的巨大变化——意味着中国人口结构老龄化的现状可能得到改善；也意味着个人和家庭将有更多的生育选择。多年计划生育政策的实施影响和改变了很多家庭的生育选择，对生育主体——女性个体的影响最大。

事实上，在计划生育制度实施的近四十年中，中国传统生育规范的"男孩偏好""多子多福""养儿防老"的诉求，与中国计划生育政策中的"少生、晚生""独生子女光荣"的规范诉求是矛盾的，作为女性个体，其生育过程是一个"非自愿"选择，受计生政策影响，也受中国传宗接代生育文化影响，而两种规范诉求又相矛盾。

笔者曾在一篇文章❶中，列举了不同时期、不同社区中女性的生育选择，分析制度与文化作为正式规范与非正式规范影响个人行为决策的具体过程。根据生育制度与传统生育文化作用力的强弱，将二者对女性生育选择的影响分为四类。

（1）制度强 - 文化强的社区环境，简称强强类型，现实中对应的是近年来中国出现的"村改居"社区类型。"村改居"社区是城市化进程中被动城镇化的结果，社区居民户籍身份、生存空间、生计模式发生改变，然而其生活方式、规范和意识的转变却表现迟滞。村民生育受制于"一胎化"的城市计划生育制度，而"男孩偏好"的传统生育文化观念仍然固守于心。在访谈的"村改居"社区中发现大多数女性没有固定职业，在经济上依附家庭，处于弱势地位，养老制度并不完善，使这些女性"养儿"还是为了"防老"，计划生育制度限制生育数量但并未发展出完善的满足个体养老需求的配套制度。对这类社区的被访女性而言，"生儿子"的传统文化与个人的实际诉求相契合。当外来的制度与内生的文化诉求相冲突时，个人必然会选择遵从社区文化，不惜违反制度规范。同时，文化作为人们行动实践中建构出的规范，具有满足其成员需求的功能性作用，当个人对

---

❶　吴莹，杨宜音，卫小将等. 谁来决定生儿子——社会转型中制度与文化对女性生育决策的影响 [J]. 社会学研究，2016（3）：170 - 192.

未来选择不知所措、处于不确定状态（uncertainty）时，文化可能为个人选择提供行为与决策选择的参照系与标准。

（2）制度强－文化弱的社区，简称为强弱类型，对应的是1980年后的中国"单位制"社区类型。在单位社区中计划生育制度影响力较强，通过行政干预、政策宣传、福利制度辅助、鼓励女性的职业卷入、树立先进典型等辅助性制度强化计划生育政策的执行力度，同时传统生育文化规范被弱化，建构出一种"争当先进、少生、优生"的新生育文化规范。在实际访谈的内蒙古某单位社区中，生育文化规范发生由"儿女双全"转变为"独生子女光荣"，与制度要求相一致，女性在两种规范的限制中，大多数都选择只生一个孩子。

（3）制度弱－文化强的社区类型，简称为弱强类型，对应的是近几年来外出务工潮中，劳动力外流严重，呈现"空壳化"的农村社区。一方面，计划生育制度在农村实施过程中逐步式弱，对农民生育需求进行让步，满足农民生子愿望的"生育底线"，包括"间隔二胎"政策推行，对超生现象进行象征性罚款等。同时，大规模的社会流动也使计划生育政策的执行力较差，对外出务工人员的约束相对减弱。另一方面，由于农村养老制度不完善、对劳动力的需求、个人家庭经济水平的提升使得传统"多子多福"生育文化规范延续。在制度约束弱、文化约束力增强的社区环境中，女性生育选择基本服从文化规范要求，表现出"男孩偏好"的倾向。

（4）制度弱－文化弱，简称弱弱类型。这是一种未来理想类型，将会出现在生育限制政策取消，女性不受传宗接代文化影响的城市社区。

二、规范的功能

（一）减少不确定性

1936年，心理学家谢里夫（M. Sherif）借用游动错觉的原理对群体规范形成过程进行验证。游动错觉是指在黑暗的环境中，神经系统会自动对光线进行补偿，对静止的光点产生移动错觉的过程。由于人们一般没有游动错觉的知识，谢里夫利用这点在实验的开始告诉被试黑暗中光点是可以移动的，将被试安排在一间暗室中，实验任务是判断光点"移动"的距离，结果发现被试的估计差异很大，有被试认为光点仅仅移动几英寸，有人则认为移动了几十英寸。经过几次判断过程，被试形成了自己认为的光点移动范围，例如有被试认为他们的范围在 12～15 英寸间。

接下来，谢里夫将被试分组，让他们在判断后公开报告自己的判断范围，结果发现，当由 2～3 人被试组成小组报告自己判断的移动范围时，他们会相互影响。例如有两个被试在单独判断中分别报告的范围是 5～8 英寸和 18～25 英寸，而经过 9 次实验后，他们报告范围非常接近。这种在小组中形成的判断范围会被个体内化接受，作为后面单独判断的标准。在实验最后，谢里夫接着又让小组被试各自分开，单独进行光点游动范围判断，结果发现个体仍然沿用在小组中形成的判断范围。在随后的研究中，有人重复谢里夫的这个实验，并让参与过的被试在一年后重复进行这个实验，结果发现，个体对游动光点距离的判断仍然与一年前小组判断距离接近。

以上实验中可以看到，由于没有参照标准，在模糊的、不确定情境中人们的认知结果迥异；当有同伴在身旁时，个人的判断相互影响成为彼此的判断依据。这一实验不仅是在抽象、简单的实验室情境中还原了规范的形成过程，同时也可以看到，人们在模糊情境中具有减少不确定性的动机和对标准与规范的渴求。类推到复杂的社会环境中，也能发现同样的过程。Hogg 等人心理学研究表明，在不确定情境中，人们更偏向于认同规范清晰、行为规则严格的极端、激进群体，而对规范模糊的温和群体的认同有所减弱。[1] 在不确定性环境中，人们渴望寻找行为的标准、参照性的规范，从中获得安全感。Hogg 及同事也发现，人们在不确定情境中，倾向于支持权威性、专制型领导权威，这里专制型领导在个人眼中是群体规范与原型（prototypes）的化身。[2] 总之，从个人行为动机的角度来看，寻找规范、遵从规范是个人减少不确定感、获得意义及安全感的过程，这是规范在微观心理层面的重要功能。

（二）进行社会管理

"不以规矩不能成方圆"，这句格言被人们用来强调规范的重要性，然而较少人知道其出处与本意。这句话出自于《孟子》的《离娄章句上》，是孟子向当政者推广自己社会治理思想，要求当政者实施"仁政"的鼓吹。原文如下：

---

❶ Hogg, M. A., & Adelman, J. Uncertainty - identity theory: Extreme groups, radical behavior, and authoritarian leadership [J]. Journal of Social Issues, 2013, 69: 436 - 454.

❷ Rast, D. E. III, Gaffney, A. M., Hogg, M. A., & Crisp, R. J. Leadership under uncertainty: When leaders who are non - prototypical group members can gain support [J]. Journal of Experimental Social Psychology, 2012, 48: 646 - 653.

孟子曰："离娄之明、公输子之巧，不以规矩，不能成方圆；师旷之聪，不以六律，不能正五音；尧舜之道，不以仁政，不能平治天下。今有仁心仁闻而民不被其泽，不可法于后世者，不行先王之道也。故曰，徒善不足以为政，徒法不能以自行。"

在社会治理中执政者依赖规范进行管理和组织，使管辖中的民众不至于成为"乌合之众"；另一方面在人们日常行为实践中也会产生不同层面的规范，以便保持社会正常运行，维护社会团结（social coherence）。例如人类学家莫斯在《礼物》一书中指出，从礼物交换可以看到人类社会中互惠性规范的存在，这种互惠性规范保证人们社会活动的进行及起到维护当下社会秩序的作用。类似的"诚实""公正""平等""自由""权威"等也是同样的规范，存在于不同社会中，是教育及社会化的内容。

除了遵从规范，不同社会还会通过教育实现规范的传播与继承。如果对不同时代的教育内容进行内容分析，可以看到特定时代及文化提倡的社会规范。《弟子规》是清末学人为启蒙儿童所写的教材，与《三字经》《千字文》一起是儿童开蒙前所必须背诵的读物。《弟子规》的总序中概括了该读物的内容："弟子规、圣人训、首孝悌、次谨信、泛爱众、而亲仁、有余力、则学文。"以"入则孝"为例，其中提倡"父母呼、勿应缓，父母命、行勿懒。父母教、须静听，父母责、须顺承"，可见当时"孝道"规范非常强调"顺从"的方面，很有当时的时代特点。对比现代城市中产阶级家庭教育发现，中产阶级家庭比较重视自然、游戏、动手能力、玩乐等玩耍方式，"快乐""个性""平等"等社会规范，与清朝倡导的社会规范完全不同。❶

（三）提升组织效率

随着社会分工的细化，分工、职位与层级分明的组织形式成为现代社会的基本形式。德国社会学家马克斯·韦伯将之称为官僚制。在官僚制的组织内，正式规范是管理整个组织使之顺利运行的重要方式。这种组织有正式规章、明确的分工、权力分层，人员之间呈现公务关系，使用任命考核获得任职资格。正式规范大大提升组织的运作效率，也是人们应对生产力高速发展、社会分工精细、社会组织机构庞大无法有效管理的方式，这种官僚制的组织形式也可以看作现代社会具有的现代性的体现。官僚制的规范管理，体现在经济活动中，

---

❶ 吴莹，张艳宁．"玩耍"中的阶层区隔——不同阶层父母的家庭教育观念，待发表文稿．

辅助公司和企业连续、精确地以更大的成本效益和更快的速度处理它的业务；体现在国家治理上，政府可以将这种科层制的管理形式，应用在军事、司法和行政管理中，使其中的工作人员雇员化。

第二节 规范形成的认知机制

相比社会学、人类学、政治学等邻近学科对规范本身的研究，社会心理学的研究焦点更集中在研究规范如何被个人接受、内化的过程，对这一过程的研究有较为成熟的理论和研究范式，例如主体间共识理论研究、共享现实理论研究、规范焦点理论研究等，总体看来这些已有研究倾向于从认知角度来探讨规范形成的过程。

一、主体间共识理论（intersubjective consensus theory）

传统社会心理学认为规范影响人们的行为，在特定社会环境的社会规范将导致特定的行为反应，例如从众、服从等试验研究，然而传统社会心理学很少讨论社群规范影响个人行为的中间机制，Ching Wan 和赵志裕等人[1]提出的主体间共识理论弥补了这一空白。在这里，主体间共识是指个人对社群中其他人观念的认知，可以形象表述为"我眼中他人对我/某种事物的看法"或"我认为他人对我/某种事物持有的观点"。这种知觉到的群体规范，也即是主体间共享的规范或价值观（intersubjective values）对人们行为的预测作用大于传统研究中统计意义上的价值观（statistical values）。[2] 例如一项关于普林斯顿大学学生酒精消费的研究发现，大多数学生担心庆祝活动中的过量饮酒可能导致死亡和对身体的伤害，但他们又因为害怕受到群体拒绝而去参加各种庆祝活动。[3] 在这

---

[1] Wan, C., Chiu, C., Tam, K., Lee, V. S., Lau, I. Y., & Peng, S., Perceived cultural importance and actual self – importance of values in cultural identification [J]. Journal of Personality and Social Psychology, 2007, 92: 337 – 354.

[2] 统计的价值观是指人们在价值观量表的得分计算出的价值偏好，主体间价值观是指个人对群体其他成员价值观的认知和表征，后者更能预测个人对群体价值观的认同。即主体间价值观与群体价值观越一致，表明个体越认同群体价值观或规范。

[3] Wan, C., Chiu, C, Y. An Intersubjective Consensus Approach to Culture: The Role of Intersubjective Norms Versus Cultural Self in Cultural Processes [M] //Understanding Culture: Theory, Research, and Application, Wyer, R, S, . Chiu, C, Y. Hong, Y, Y. (eds), New York, London: Psychology Press, 2009.

里，多数学生内化的个人观念（过量饮酒是危险的）并不能预测个人行为，而对群体或他人观念的认知（认为过量饮酒并非危险行为）却是预测他们行为的主要因素。这种对社群中他人价值观的认知即是主体间共识，这种主体间共识可以作为中介变量影响个体对社群文化的认同，从而影响个体行为。❶

Wan 和 Chiu 曾详尽阐述主体间共识这一心理机制在个人水平、人际水平、文化认同、多元文化经验及文化间水平上对个人行为的影响与预测。例如在个体水平上，经典的文化归因偏好研究中，Morris 和彭凯平曾指出对模糊事件的归因，美国人倾向于个体特质归因，而中国人倾向于情境性的归因，然而最近的研究却发现，经典的文化归因偏好实际源自于主体间规范（intersubjective norms）的中介作用，也即是美国人认为大部分美国人倾向于做特质归因才导致自己随后对事件的特质归因，中国被试认为大部分中国人倾向于情境归因才导致自己随后对事件做情境归因。

同样，Ching Wan 和赵志裕等人❷用四个实验证明了主体间共识对文化认同的预测作用。

研究1用来验证假设，即主体间规范性价值不同于统计规范性价值，两者之间没有完全的重叠。具体操作是以美国白人和香港人作为被试，让他们分别在9个个体主义价值观和9个集体主义价值观中选择10个他们认同的价值观，然后再让美国被试和香港被试分别评价美国人和香港人每个题目被选中作为10个最认同价值观的百分比。结果证明了研究假设，主体间规范价值与统计规范性价值是不同的，并且美国被试倾向于认为美国人更赞同个体主义价值观，香港人认为香港被试更赞同集体主义价值取向。有意思的是，在个人选择上，美国被试并不比香港被试更偏好个体主义价值观，香港被试也没有显著的集体主义价值倾向。

研究2用 Schwartz 56 个价值观作为研究材料，让被试选出10个对自己重要的价值观和10个对学校一般学生重要的价值观，结果发现两者有5个重叠，并且在对56个价值观的评价中，个人赞同的价值观与知觉到的同龄群价值观相关为0.68。另外本研究还发现自我价值观与主体间价值观之间相关越高，

——————

❶ Wan, C., Tam, K. P., Chiu, C, Y. Intersubjective Cultural Representations Predicting Behaviour: The case of political culture and voting [J]. Asia Journal of Social Psychology, 2010, 13: 260 –273.

❷ Wan, C., Chiu, C., Tam, K., Lee, V. S., Lau, I. Y., & Peng, S., Perceived cultural importance and actual self – importance of values in cultural identification [J]. Journal of Personality and Social Psychology, 2007, 92: 337 –354.

对文化认同的预测力越强，而自我价值观与统计上总体价值相关并不能预测个人的文化认同。

研究 3 用发展的视角看主体间价值观与文化认同的关系。以大一学生作为被试，在第一学期初和第一学期末分别测量他们的主体间价值观和统计价值观及其文化认同。用分层回归对结果进行分析发现，仅仅在学期初的主体间价值观能够预测被试的文化认同，统计价值观与学期初认同都没有预测效果。

研究 4 测量在内群体主体间共识被威胁的情境下，对内群体文化认同和偏好是否会提升。在预实验中发现对美国人来说"享受生活"和"真正友谊"是美国人主体间共识中重要的两个价值观，而"谦虚""依附"是美国人主体间共识最不重要的价值观。接着操纵实验情境，让被试做反对"享受生活"和"真正友谊"价值的演讲，分别测量演讲前和演讲后的文化认同，以及在研究后测量文化偏好。结果发现，在做反对主体间共识的演讲后，即主体间价值规范被威胁的情况会启动被试的补偿机制，使内群体文化认同和内群体文化偏好增强。

总之，这一研究验证了在对文化认同的预测上，主体间价值观不同于统计性价值观，更具有预测功能。与统计上价值观相比，主体间价值观是预测人们态度和行为反应的重要指标。

Wan❶ 等人又在前期研究的基础上，探讨主体间共识理论在政治领域的应用，即讨论主体间共识机制对选举行为的预测。这一研究用两个实验分别以香港人的选举与美国人的选举为例，探讨个人政治价值选择、个人与政党候选人主体间价值的相关程度，以及文化认同这三个变量对个人选举行为的影响。结果发现，个人价值观选择与个人对政党候选人价值观选择的判断的相关决定个人选举行为，而其中个人对某一政党的认同中介（mediate）以上两者关系。

主体间共识为探讨社会环境与个人相互作用的中间机制提供一个可操作化的研究路径，在这里社群中主体间共识被操作化为"我眼中他人的看法"，这保证了主体间共识这种中间性心理机制具有可测量性。另外主体间共识与个人价值取向的相关程度还能够预测个人的态度和行为，例如对上述研究中提到的内群体的认同和选举行为和结果等。从这个意义上来说，主体间共识理论对社会心态的研究具有一定的启发意义。社会心态具有的分享性和情绪上的传染

❶　Wan, C., Tam, K. P., Chiu, C, Y. Intersubjective Cultural Representations Predicting Behaviour: The case of political culture and voting [J]. Asia Journal of Social Psychology, 2010, 13: 260 –273.

性，决定社会心态是社群成员观念相互分享、传播和感染的结果，这种"我眼中他人的看法"的主体间共识更能决定社会或社群成员的态度偏好和行为判断，因而在实际的研究中主体间共识可以作为测量社会心态的一个操作化指标。

二、共享现实理论（shared reality theory）

共享现实理论是由认知心理学家希金斯（Higgins）❶ 及同事和学生通过系列实验提出的，用来讨论在模糊情境中人们如何形成共有的认知及规范。对于共享观念的定义，Echterhoff 和 Higgins 及其同事❷曾作过详细的解释。共享现实性是指人们与他人在共同的动机下，体验关于世界的内在状态（inner state）。其中存在四种分享状态：第一，对于传递者将要传递信息这件事是与传递者共同意识到的；第二，信息是由交流者共同建构的，因此这种分享具有合作的性质；第三，人们具有一致的观点，即共享相同的观念；第四，交流者们确实知觉到他们的内在状态是一致的。

所谓"现实"，Echterhoff 等人认为：是人们对于现实和真实的主观感知，而不用借助外显的（科学的）方式来证明这种现实和真实。❸ 而共享现实就是人们期望去寻求一种与他人所共有的内在状态的产物，而这种内在状态是关于这个世界的。包括四个方面：第一，内在状态（inner state）——人们要共享的是一种内在的心理状态；第二，这种共享现实是有目标参照物的（target referent），例如，他人的感受、信仰等；第三，不能脱离共享的过程，这一过程包括建立共同的内在状态的动机；第四，有过与他人共享的经历。

（一）"言即信"（saying – is – believing）实验研究范式

为了证明共享现实理论，Higgins 及其同事采用了"言即信"（saying – is – believing）范式。在最初的范式中，研究者邀请被试（大部分是大学生）来参与实验，在这个实验中，被试首先阅读一份材料，这份材料是对于一名大学生的描述，我们称被描述的大学生为目标人物。阅读之后，被试将给另一位大学

---

❶ Higgins, E. T., Achieving "shared reality" in the communication game: A social action that creation meaning [J]. Journal of Language and Social Psychology, 1992, 11: 107 – 131.

❷ Echterhoff. G., Higgins, T., Levine, J. M., Shared Reality: Experiencing Commonality With Others' Inner States About the World [J]. Psychological Science, 2009, 4 (5): 496 – 521.

❸ Echterhoff. G., Higgins, T., Levine, J. M., Shared Reality: Experiencing Commonality With Others' Inner States About the World [J]. Psychological Science, 2009, 4 (5): 496 – 521.

生描述这份材料中描述的对象，这名大学生作为听众，目标人物是他的朋友之一。研究者创造两种条件：被试得知听众讨厌目标人物，或者被试得知听众喜欢目标人物。然后让被试对听众描述材料中涉及大学生的性格特征。

研究结果发现，如果被试得知这是听众讨厌的目标人物，那么在向听众描述目标人物时，他/她就会更多使用一些消极词和贬义词；而如果被试得知这是听众喜欢的目标人物，向听众进行描述时，就会更多使用积极词和褒义词。更有趣的是，在任务完成一段时间后，请被试回忆他/她在材料上阅读到的对目标人物的描述，请他们尽可能准确地回忆并写下最初的描述。结果发现，此时，相对于真正的原描述而言，被试对于目标人物的回忆与他们对听众进行的描述更加接近，即听众一致记忆偏差。此后的研究则是在改变上面范式中的某一部分来证明共享现实存在的某一条件。

Higgins 曾提出，交流不是单一的以传递者为主导的行为，相反，人们会根据听众对目标的态度和认知调整自己的沟通方式和信息内容。沟通的过程实际上是信息传递者和听众一起对信息的加工，根据信息内容建立共同的意义，即建构共享的现实（意义）。更重要的是，无论信息传递者在之前保持着怎样的对信息的解读，在沟通之后，传递者都会以沟通时的解读作为他所认同的解读，并坚持认为这就是他一开始的解读。交流中形成的与听众共享的现实会反过来影响传递者的记忆和理解，即"言即信"（saying is believing）的现象。如果在与前面的人交流之后对意义没有疑问，达成了共享的现实之后，再与后面的听众交流时，会采用之前使用过的交流方式，而不再在意后面的听众是否与之前的听众的特征是否一样。

由此，Higgins 提出："共享现实"来自交流的目的，是人们寻求意义的结果。"言即信"的研究发现，人们面对新的认知物时或处于不明确的认知情境时，人们的认知动机遵循着两大原则，即认知性和关联性。在模糊认知中，人们迫切需要对认知物进行一个判断，而不管这一判断是否符合客观事实；另外，在模糊的认知中，保持与他人一致的认知结果会让人们有一定的安全感。

（二）共享现实理论对规范研究的意义

Echterhoff、Higgins[1] 等人将信任、内外群体及信息是否被确认等因素引入"言即信"的研究模式，发现当评价信息在听众中被确认，且听众的身份为内

---

[1] Echterhoff, G., Higgins, E. T., &Groll, S., Audience - tuning effects on memory：The role of shared reality [J]. Journal of Personality and Social Psychology, 2005, 89：257 - 276.

群体成员时，听众评价对人们记忆结果的改变更加显著。另外，当人们对听众的判断更加信任时，他们的记忆结果也会被明显改变，这时表现出共享现实通过信任的中介作用改变人们的观念及判断。这一研究更加明确地阐释了共享现实产生的条件，即可信性（对内群体成员身份的信任）和有效性（对特定认知判断的共享和确认）的满足。该本研究还引入了信任概念，将共享现实的"言即信"实验心理学研究范式与现实社会问题进一步结合起来。Higgins 和 Echterhoff❶ 等人在接下来的研究中，将听众由单个个体变成三人组成的听众群，结果发现人们对模糊信息的回忆受听众群的影响显著高于受单个听众的影响，人们对听众群的信任高于对单个听众的信任。由此可见，共享现实需要满足可信性和有效性两个前提条件，即建立在分享和沟通基础上的对其他社群成员判断的信任和对他人判断的确认。

共享现实理论使用"言即信"的实验研究范式再现了规范的形成过程，从认知心理学的角度验证了人们在不确定情境中对规范的需求以及规范具有的两种功能性作用，即保证人们认知的确定性及提供与群体的关联性。总之，共享现实研究探讨了规范形成的认知基础，为规范形成的研究提供了心理学依据。

三、规范焦点理论

（一）理论介绍

美国亚利桑那州的石化林国家公园是一座漂亮的石化森林公园，生长在 2.25 亿年前的三叠纪时期。然而近年来这座公园的化石屡屡被盗，游客会将小块的石化林化石偷偷带走，每月被偷走的化石有 1 吨多，该公园已经成为全美面临濒危的 10 个国家公园之一。为了防止游客偷走化石，公园里有这样的标语："你们的遗产正在因盗窃而消失，由游客一小块一小块地将化石带出公园造成的损失，每年达 14 吨之多。"

然而这样的宣传标语并未奏效，化石被盗现象仍然屡禁不绝。心理学家 Cialdini 等人在石化林公园做了一个现场实验，探索规范如何表达才能被人们接受。研究者在石化林公园的游客通道上放了一些失窃追回的小化石，在旁边呈现不同类型的宣传标语，这些标语被分为四类。

（1）否定语气的命令性规范信息："请不要从公园拿走石化木化石"，旁

❶ Higgins. E. T. , Echterhoff. G. , Crespillo, R. , Effects of Communication on Social Knowledge: Sharing Reality with Individual versus Group Audiences [J]. Japanese Psychological Research, 2007, 2: 89 – 99.

边附上 1 名游客正在偷化石的图案，在游客手部印上大大的红色禁止标示；

（2）肯定语气的命令性规范信息："请将石化木化石留在公园内"，并附上 1 名游客正在欣赏拍照的图片；

（3）否定语气的描述性规范信息："许多游客拿走了石化木化石，影响了石化木的面貌"，并附上三名游客拿走化石的图画；

（4）肯定语气的描述性规范信息："大多数游客将石化木化石留在公园里，保持了石化林的面貌"。

结果显示，游客在情境 1 "否定语气的命令规范信息" 条件下，偷窃率是 1.67%，在情境 3 "否定性语气呈现的描述性规范信息" 条件下，偷窃率是 7.92%。对照公园真实失窃率 5%，发现呈现消极行为的描述性规范在控制人们行为中具有反向效果。❶❷

心理学家 Cialdini 等人早在 1990 年就提出了规范焦点理论，清晰地将社会规范区分为描述性规范与命令性规范（参见本章第一节），并指出二者存在不同的认知机制，对个人行为影响也具有各自不同的效果。第一，描述性规范对行为的影响常常是无意识的，人们不自觉地要受到"大多数其他人"行为的影响；而个人接受命令性规范的约束通常需要有意识地注意，需要消耗一定的心理资源。第二，在信息模糊与不确定情境中，人们遵从描述性规范的可能性更高，这在社会心理学经典从众实验中可以看出。第三，描述性规范与命令性规范发生冲突时，人们遵从描述性规范的概率更大，例如在动物园里很多地方都有禁止给动物喂食物的标示牌，但是当很多人都在给动物喂食物时，个人很容易忽视禁止喂食的提示牌，也会毫无压力地给动物们投喂食物。

（二）规范焦点理论在环境保护中的应用

相关研究发现，描述性规范将影响个人保护环境的行为。心理学家 Cialdini 等人的现场实验发现，在满地垃圾的环境中被试倾向于乱丢垃圾，在整洁的环境中被试倾向于保护环境的整洁。❸ 另一项规范焦点理论的应用研究也非常

---

❶ 韦庆旺，孙健敏. 对环保行为的心理学解读：规范焦点理论述评［J］. 心理科学进展，2013，21（4）：751–760.

❷ Cialdini, R. B., Demaine, L., Sagarin, B. J., Barrett, D. W., Rhoads, K. L., &Winter, P. L. Managing social norms for persuasive impact［J］. Social Influence, 2006, 1：3–15.

❸ Cialdini, R. B., Reno, R. R., &Kallgren, C. A. A focus theory of normative conduct：Recycling the concept of norms to reduce littering in public places［J］. Journal of Personality and Social Psychology, 1990, 58：1015–1026.

有趣。

研究者 Schultz 为了探讨社会规范对垃圾回收行为的影响，在加州选取 605 个家庭，并给每个家庭发放了垃圾分类回收箱，以便观察每家垃圾分类的情况。研究者将这些家庭分为 5 组，并在 4 周内对他们进行垃圾回收的测量与信息干预，例如将印有信息的卡片挂在每家门把手上，然后在干预后的 4 周内继续进行垃圾回收的检测。这 5 组家庭分类标准是：（1）个体反馈组，干预信息为被试家庭过去一周、当前周和累积的垃圾回收参与率及正确垃圾回收量；（2）群体反馈组（描述性规范组），干预信息为该家庭所在社区过去一周、当前周和累积的垃圾回收参与率及每户平均正确垃圾回收量；（3）信息组，干预信息为垃圾分类知识；（4）倡导组，倡导垃圾分类的标语；（5）控制组。结果发现，与控制组相比，个人反馈组和群体反馈组的垃圾回收参与率和正确的垃圾回收量在干预期内和干预 4 周之后都比基线值有明显的提高。例如，在群体反馈组，基线垃圾回收参与率为 42%，干预期内为 46%，干预后更是提高到 50%。该研究表明，只要将描述性规范信息反馈给人们，就能促进他们的垃圾回收行为。来自于意大利的问卷调查研究也发现描述性规范对垃圾回收的行为意图有显著的预测作用，并且这种预测作用比命令性规范更大❶。

多数规范与环境保护的心理学研究有同样的共识，即描述性规范对人们的环保行为影响较大。心理学家 Nolan 等人在对人们节能行为的研究中进一步发现，虽然描述性规范对个人行为影响较大，但这种影响常常是无意识的。调查者给予被试之所以节能的四个理由——省钱、保护环境、对社会有益、受别人的节能行为影响中，被试认为最重要的是保护环境，最不重要的是受别人节能行为的影响。在系列问题的提问后，研究者发现被试报告的节能行为与小区其他居民的节能行为相关度最高（0.45），与节能是否有益于社会发展相关度次之（0.23），与能否保护环境及为家庭省钱几乎没有相关（分别是 0.06 和 0.03）。❷❸

心理学家也发现，认知状态对描述性规范的影响力有一定的影响，当人们

❶ Schultz, P. W. Changing behavior with normative feedback interventions: A field experiment on curbside recycling [J]. Basic and Applied Social Psychology, 1999, 21: 25 – 36.

❷ 韦庆旺，孙健敏. 对环保行为的心理学解读：规范焦点理论述评 [J]. 心理科学进展, 2013, 21 (4): 751 – 760.

❸ Nolan, J. M., Schultz, P. W., Cialdini, R. B., Griskevicius, V., & Goldstein, N. Normative social influence is underdetected [J]. Personality and Social Psychology Bulletin, 2008, 34: 913 – 923.

有意识地对信息进行深入加工时,描述性规范对个人行为的影响力将被削弱。Gockeritz 等人的研究验证这一过程,当个人卷入程度较高时,描述性规范对节能行为的影响力降低。他们用量表测量了以下几个变量,并对之进行统计计算,包括对邻居们的节能行为认知(描述性规范,例如你觉得邻居们的节能行为有多经常)、个人卷入程度(例如,你觉得自己对节能行为多在乎)和节能行为(你经常尝试节能吗)。结果发现,当个人卷入程度高时,邻居们的节能行为与个人节能行为的相关度不高。❶

总的来看,主体间共识理论、共享现实理论与规范焦点理论有相同的理论共识:规范对个人行为的影响是通过个人对大多数人行为的知觉来完成的,换句话说,应然的"命令性规范"及社会价值观对个人行为的预测效果,弱于实然的"描述性规范"和人们对社会现状的感知对个人行为的预测效果。

专栏 3 - 2 "应然"与"实然"的社会文化价值规范研究

在一项关于社会文化价值规范与人们对这些规范的现实感知的调查中,高文珺、杨宜音与赵志裕的研究发现,不同经济发展水平地区,人们的社会文化价值规范与对现实的感知存在非常显著的差异,这种差异不仅仅表现在地域差异上,也表现在不同地区中人们对"应然"规范与"实然"规范的认知差异上。

该研究在深圳市、哈尔滨市和黑龙江农垦区选取被试,使用跨文化价值观调查中的四个变量对被试进行测试。(1)集体主义:社会制度鼓励和奖励集体分配资源和集体活动的程度,以及人们在组织或家庭中表现出的自豪、忠诚和凝聚力的程度;(2)权力距离:权力分层与集中的程度,分数越高表示被试越认可权力等级的存在;(3)人文取向:社会孤立或奖励人们对待他人公平、利他、友好、宽容和亲切的程度;(4)未来取向:社会成员参与未来取向的行为程度,包括为未来计划、投入、延迟个人或集体满足等。研究数据显示,人们认为应该的社会价值规范与实际感知的价值规范存在显著差异,体现在不同地区、不同维度上(见表 3 -2)。

---

❶ Gockeritz, S., Schultz, P. W., Rendon, T., Cialdini, R. B., Goldstein, N. J., &Griskevicius, V. Descriptive normative beliefs and conservation behavior: The moderating roles of personal involvement and injunctive normative beliefs [J]. European Journal of Social Psychology, 2010, 40: 514 - 523.

表3-2　不同地区人们的社会价值规范与现实感知差异（N=1917）

价值观	集体主义		权力距离		未来取向		人文取向	
	现实知觉	价值观	现实知觉	价值观	现实知觉	价值观	现实知觉	价值观
深圳	4.638	4.889	2.814	4.904	5.387	5.207	4.176	2.713
哈尔滨	4.857	4.937	3.035	4.864	5.129	4.789	4.144	2.686
垦区	5.056	4.975	2.930	4.730	5.179	4.857	4.507	2.936
认同主效应	F=11.02　p=.001		F=1619.93　p<.001		F=54.69　p<.001		F=1523.78　p<.001	
地区主效应	F=16.64　p<.001		F=2.42.　p=.09		F=11.53　p<.001		F=18.76　p=.0019	

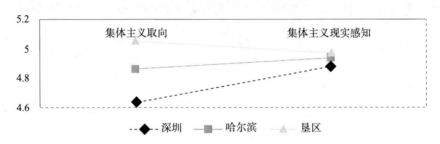

图3-1　不同地区集体主义价值规范与现实感知差异

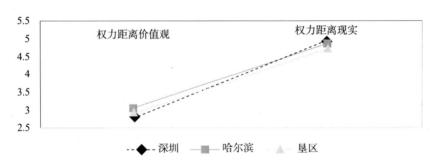

图3-2　不同地区权力距离规范与现实感知差异

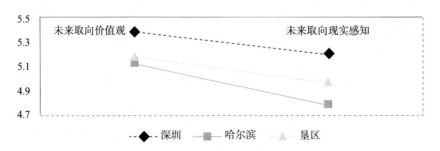

图3-3　不同地区未来取向规范与现实感知差异

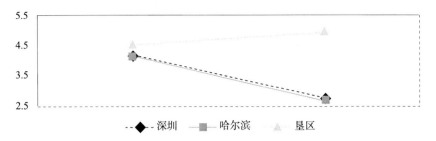

图3－4 不同地区人文价值规范与现实感知差异

第三节 规范的文化整合功能

1897年法国社会学家埃米尔·涂尔干（Emile Durkheim）出版专著《自杀论》，在这部宏篇巨著中，涂尔干详细讨论了社会整合与个人自杀行为的关系。根据社会对个人行为控制的严密程度，将人们的自杀行为分为四类：利己性自杀、利他性自杀、失范型自杀和宿命型自杀。其中失范型自杀是指在社会转型或社会急剧变化（如经济危机时期）时，社会规范约束骤然松弛，将会导致个人生活发生变化，例如欲望膨胀、受挫感增加、生活意义丧失，从而使人们以自杀了结生命。在这本著作中，涂尔干从宏观视角俯瞰社会规范对个人行为的功能性作用及其产生的后果，对社会心理学家研究情境与个人行为关系具有重要启发。该书在社会学的学科历史中占有重要地位，被认为是开创社会学实证研究传统的经典之作。

规范具有整合作用。如第一节所讲，规范在宏观层面上具有社会控制的功能，从中观的组织、群体层面看，规范具有提升群体凝聚力与组织管理效率的功能，规范对于个人又具有提供安全感、减弱不确定性的作用。从广义上看，规范的含义等同文化；从狭义区分，规范是诸多文化内容的其中之一。本节取规范的狭义意义将之作为文化内容之一进行讨论。近些年也有较多社会心理学家开始探讨文化、规范与个人三者的关联及内在机制，他们的研究成果既丰富了文化社会心理学的内容，也使人们逐渐了解规范的文化整合作用在心理学上的意义，下面将一一介绍。

一、规范的"社会自动驾驶仪"与"社会雷达"功能

社会心理学家米歇尔·W. 莫里斯（Micheal. W. Morris）、康莹仪、赵志裕

和刘志❶在一篇名为《规范学：整合社会规范理论以了解文化的动力性》（*Normology: Integrating Insights About Social Norms to Understand Cultural Dynamics*）的文章中提出，规范作为社会整合、联结社会与个人的重要中间机制，渐渐成为文化社会心理学领域中聚焦的内容。在传统文化心理学的跨文化的价值观研究中，文化更多被看作是静止的、特质性变量，其动力性、情境性与建构性往往被忽略；相比较，规范形成于组织、群体、特定社会或文化中，是文化单元中成员所共享的观念与认识，体现各文化单元的特性。规范约束个人行为，但与个人性格特质、价值取向并不等同；个体扮演多重角色，拥有多重身份，个人在日常行动的情境变化中接受规范制约，在规范心理学研究中更倾向于还原文化原本的特性，将之作为建构于组织单元中的动态性变量。

莫里斯等人❷在该文中进一步强调，规范具有文化整合的功能，不同类型的规范发挥的文化整合功能并不相同。他们沿用西奥迪尼（R. B. Cialdini）等人在规范焦点理论中对规范的分类，仍然使用描述性规范与命令性规范的概念，并从文化整合的角度进一步区分两个概念，他们用社会自动驾驶仪（social autopilot）与社会雷达（social radar）来隐喻描述性规范与命令性规范在文化整合中所起的不同作用。

莫里斯等人认为，描述性规范犹如一台自动驾驶仪，使个体如同航行在大海中的轮船，在进入陌生环境、进行文化适应的初期，借助描述性规范减少面临的不确定性，尽快完成文化适应的过程。个人在认知资源不充分、自我损耗、有存在上的不安全感时，往往遵从知觉到的描述性规范，更多效仿周围大多数人的行为，这种遵从行为并不需要更多心理资源，也较多是在无意识状态下完成的。同样，认知闭合性需求（need for cognitive closure）高的个体往往更容易有不确定感的体验，对环境不确定性的敏感度较强，因此这类个体通常比一般人更容易遵从描述性规范。有研究表明，高认知闭合性需求的移民比普通人更容易接纳移入国的文化。❸

描述性规范还会通过大众传媒、公开大众态度调查结果等形式影响个人行

---

❶ Morris, M. W., Hong, Y - y., Chiu, C - y. &Liu. Z. Normology: Integrating insights about social norms to understand cultural dynamics [J]. Organizational Behavior and Human Decision Processes, 2015, 129: 1 - 13.

❷ 同上。

❸ Kosic, A., Kruglanski, A. W., Pierro, A., &Mannetti, L. The social cognition of immigrants' acculturation: Effects of the need for closure and the reference group at entry [J]. Journal of Personality and Social Psychology, 2004, 86 (6): 796 - 813.

为，倡导文化观念，进而引发更大规模的文化革新与变迁。在特定社会转型期，政府或单位组织通常会通过媒介宣传、树立榜样的方式，宣传新政策，推行新制度，使新制度成为人们知觉到的"多数人都遵守"的规范，从而达到人们主动效仿、自动遵守、完成制度转型的目的。

另一方面，命令性规范犹如航行驾驶中的雷达，发射信号提供反馈，指引人们行为的航向不偏离规范的航线。人们对命令性规范的遵守是一个耗费心理资源、进行理性选择的过程，不同于对描述性规范的遵从，命令性规范对人们的引导作用是跨情境的，并非仅仅对特定情境有效力。对命令性规范的遵从也常常与个人所认同的群体身份紧密联系，例如人们常常采纳那些能够标榜群体身份的生活方式，常常模仿或追随那些能够代表其认同群体的灵魂人物的行为。❶

二、"严紧－宽松"文化类型（tight and loose culture）

1989 年，著名文化社会心理学家特里安迪斯（H. C. Triandis）在其论文中提出，不同社会文化对个人约束力存在严紧与宽松的差异。在文化约束力严紧的社会中，个体认同并依赖于单一的群体，从群体那里能够得到多重满足，文化更强调群体内部的和谐与合作，个体违反群体规范受到的惩罚较为严厉。文化约束力宽松的社会中，个人认同的群体具有多样性，个人遵从的群体规范更具有情境性，文化规范对个人失范行为的容忍度较大。❷

2011 年，另一位文化社会心理学家米歇尔·J. 盖尔芬德（Michele J. Gelfand）（是特里安迪斯的学生）在《科学》杂志（Science）上发表论文，继续沿用文化严紧－宽松类型的概念，在 33 个国家中进行问卷调查，区分不同文化中规范对个人约束力的强弱。根据文化规范的强弱程度与文化对失范行为容忍度，该文将文化严紧－宽松概念操作化，在不同国家中进行比较，并与之前研究成果进行比较。盖尔芬德等在这一研究中指出，文化的严紧－宽松是多种因素整合的结果，其中包括远端的（distal）生态或历史因素，例如高人口密度、资源匮乏、边疆冲突的历史、疾病与环境威胁等，也包括社会制度整

---

❶ Morris, M. W., Hong, Y－y., Chiu, C－y. &Liu. Z. Normology: Integrating insights about social norms to understand cultural dynamics［J］. Organizational Behavior and Human Decision Processes, 2015, 129: 1－13.

❷ Triandis, H. C. The self and social behavior in differing cultural contexts［J］. Psychological Review. 1989, 96（3）: 506－520.

合程度，例如独裁制度或媒体的规范，还包括日常反复出现的状况以及微观心理机制的共同作用，例如防范性自我指导（prevention self‑guides）、更小心地避免犯错、强调责任、较高控制冲动的能力及认知闭合需求（need for cognitive closure）与自我管理的能力等。❶

在此基础上，盖尔芬德等人编制了严紧‑宽松系统模型（如图3‑5），测量个人对文化规范的约束力及社会文化对失范行为容忍度的主观知觉。这一系统包括以下6个题目：

- 在我们国家中，有很多人们必须遵守的社会规范
- 在我们国家中，多数情况下人们如何行事都有清晰的规定
- 在我们国家中，哪些行为妥当与不妥，大部分情况下人们都有共识
- 在我们国家中，多数情况下人们有很大自由决定自己想做什么
- 在我们国家中，如果有人行为失当，会受其他人的强烈谴责
- 在我们国家中，大部分人通常遵守社会规范

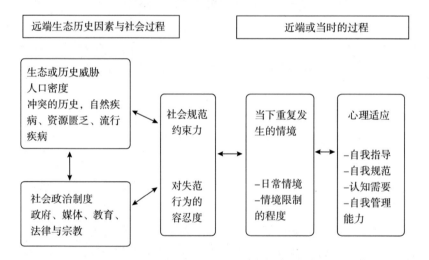

图3‑5 严紧‑宽松系统模型（Gelfand et. al, 2011）

该研究的研究方法富有新意。除了上述使用系统测量个人对社会规范约束力的知觉，也使用已有大型社会调查数据作为宏观层面变量，内容详尽丰富，其中包括人口密度与人口压力（1500年人口密度、人口密度、农业人口密度、

---

❶ Gelfand，M. J. ，etc. Differences Between Tight and Loose Cultures：A 33 ‑ Nation Study［J］. Science，2011，332：1100 ‑1104.

2050 年人口压力），自然资源（可利用土地、农田比例、食物匮乏、食物供应、粮食生产指标、蛋白供应、脂肪供应、安全饮用水使用情况、空气质量等），边疆冲突历史（1918—2001 年的领土受到威胁的次数），环境与健康的缺陷（疾病隐患、病毒流行的历史、传染病死亡人数、结核病感染率、婴儿死亡率、5 岁以下儿童死亡率），政府与媒介的控制力（专制政体、媒体开放性、传媒受到的法律与制度束缚、传媒面临的政治压力与控制、数字技术普及率），政治及公民自由（政治权力、公民自由），刑事司法（人均警察配置量、无罪豁免率、死刑保留权、谋杀率、抢劫率、犯罪率等），宗教（上帝重要程度、每周参加的宗教活动），对制度的挑战（被作为宽松型文化的指标——包括参与群体性事件的比例、请愿签字、联合抵制、参与示威游行、参加罢工、占领建筑等）。

除此之外，研究者让被试对 15 种场所进行评判，测量被试在日常情境中所受到的规范约束状况，包括银行、医生办公室、工作面试场所、图书馆、葬礼现场、教室、餐馆、公共停车场、公共汽车、自己的卧室、人行道、聚会场所、电梯、电影院、工作场所等，并且让被试对 14 种行为是否符合社会规范进行评定，包括在电梯吃东西、图书馆大声聊天、工作场所骂人、教室里大声笑、葬礼上调情、工作面试时与人争辩、餐馆里用耳机听音乐、在医生办公室哭泣、在公园里看报纸、在卧室里骂人、在人行道上唱歌、在公共汽车上大声说笑、在餐馆里亲吻、在电影院进行交易（货物或服务）。

这一研究在 33 个国家中的 6823 人中收集丰富数据，在对文化严紧类型测量中发现，人们知觉到的文化严紧性从高到低的排序依次为（高于平均值的）：巴基斯坦、马来西亚、印度、新加坡、韩国、挪威、土耳其、日本、中国、葡萄牙、德国（前东德地区）、墨西哥、英国、奥地利与意大利并列、德国（前西德地区）等。盖尔芬德等人在此研究中使用多阶结构方程模型分析各层变量（宏观、中层与微观变量）之间的联系，发现个体知觉到的社会规范约束力、对失范行为宽容度，与宏观的历史、生态和社会变量呈现显著相关性；在规范严紧的社会中，日常情境对个人的束缚较强。在高情境环境限制下，人们有相应的心理反应，例如更谨慎、更有责任心、对个人冲动控制越严密、较高认知需求与较高的自我管制。这一研究巧妙将宏观层面的生态、历史与社会变量与对规范知觉及个人心理特点等宏观、中观和微观层面的变量结合起来，从规范这一中间机制入手，探讨文化对个人行为的整合作用。

第四章　文化与价值观

文化价值观的跨文化心理学取向
  Triandis 的研究
  Hofstede 的研究
  Schwartz 的研究
  Inglehart - Welzel 的文化地图
  House 的 GLOBE 项目
文化价值观的本土心理学取向
  何友晖等人的关系取向理论
  杨中芳的中庸理论
对文化信念的价值取向
  文化色盲主义
  多元文化主义
  文化本质主义
  文化会聚主义
  不同文化理念的实验操控与测量

  在一次聚会中，华裔员工许大同 5 岁的儿子丹尼斯打了美国老板的儿子保罗，美国老板认为这只是小孩子之间的普通玩闹，并无大碍，但许大同（为了"尊重"他老板，给他"面子"）却坚持命令儿子向保罗道歉，并在儿子拒绝道歉时打了他。晚上回到家里，丹尼斯不理爸爸，说："打小孩的爸爸不是好爸爸。"而爷爷过来相劝："还能跟爸爸记仇啊？打是亲骂是爱，不打不骂不成材。"

  这是被誉为反映中西方文化差异最成功的电影之一《刮痧》里面的开场情

节。影片一开始便抛出一个普遍存在的中西方文化价值观差异。在中国，父子关系被认为是"天伦"，父亲爱儿子那是"天经地义"，是不需要证明的事情。哪怕一时父母打骂了孩子，也都不会影响到这种天经地义的关系。所以当大同因为丹尼斯背后的刮痧印记被美国儿童福利局指控可能涉及"虐童"重罪时，大同完全不能理解美国人的逻辑，能对父子天伦产生疑问"这无比荒唐"。

影片里面还多处涉及"说谎"的情节。第一，为丹尼斯刮痧的本是他爷爷，但大同为了不影响父亲申办美国绿卡而当庭说了谎，把刮痧的事揽在了自己身上。第二，为了不给父亲添烦恼，大同将官司的事情一直隐瞒着不告诉他；而当妻子简宁忍受不了如此大的压力，最后还是向父亲全盘托出时，大同朝她大发雷霆。第三，大同的美国好友昆兰作为控诉方的证人出庭，指认大同的确曾当众打过孩子，这让大同对昆兰的友情彻底绝望了，"我把你当朋友你却出卖我！"这几处情节都反映了在中国人的价值观里，凡事要以"人伦人情"优先，为了朋友都可以两肋插刀，撒个谎简直就是小事一桩。而在美国人的价值观里，人在任何时候都不应该说谎，在法庭上说谎那更是犯罪。

而与影片相类似的情节在现实中也屡见不鲜。2016 年 2 月 17 日，广受关注的在美中国留学生欺凌案经过近一年的审理于加州波莫纳最高法庭正式宣判，三名主要涉案未成年人以绑架、殴打罪名分别获刑 6 年、10 年以及 13 年。该案件因涉案情节残忍，施暴者年龄偏小且都为在美留学生，在当地华人社会以及国内都引起了剧烈反响。而这起留学生涉嫌绑架案在审理期间还传出案外案，6 名被告留学生当中的一名学生家长因涉嫌贿赂证人而被抓，又一次上演中国人为了亲人罔顾法律、铤而走险的丑闻。

世界是什么样子？它从哪里来？我又是谁？我为什么会存在？我需要做什么？我同世界是一种什么关系？关于这些问题，尽管每个人的回答可能千差万别，但同属一个文化群体的成员却存在着某些共识。这些共识虽然不一定更为"正确"，但如果一个文化体系的特点就是具有共同的价值观和共同信念，那么文化对于一个稳定社会在观念体系方面所需要担负的主要功能便是为其成员对这些问题提供某种程度的解答。

关于个体或社会价值观，大部分学者比较认同早期人类学家克拉克洪所下的定义："一个个体或一个群体，内含或外显的，对什么是值得做的、应该做的一种构想。这种构想影响了个体或群体的行动方式、途径和目的的选择。"不仅如此，克拉克洪还认为这些具体价值观背后还有一套"价值导向"（value orientation），是"影响行为的一套相当普遍性的、有组织的构念体系。这套构念体系包括有关对大自然的看法、人在大自然的位置的看法、人与人之间关系的看法及对在处理人与人以及人与其环境的关系时的一些值得做的和不值得做的看法。同样的环境与食物，由于不同文化的人对它们存在的看法不同，而致使我们对它们持有不同的价值观。"尽管许多学科，例如哲学、教育学、伦理学和社会心理学等会从个体或社会的层面对价值观加以分析，将之看成是个体的心理现象或社会心理现象，但价值观也可以作为某一文化类型的特征加以研究，可以看作是引导个体/社会价值观的一套"价值导向"。虽然个体在具体的行为及意向中，可能会与所处文化的价值观存在差异甚或冲突，但是这些价值导向始终存在，并对人们发生着影响。

回到章节开始的例子，打孩子可以看成是对子女的爱吗？要解答这一问题，首先需要了解这一表面行为背后隐藏着什么样的价值观，这种价值观是普世存在的，还是只在特殊文化中才有？当我们掌握了一种文化的价值观特征时，就有如提纲挈领般，哪怕再遭遇到不同文化下貌似莫名其妙的行为，我们也能对此理解一二了。

由于文化心理学的研究取向各有不同的侧重，因此本章将从影响广泛的跨文化心理学取向以及本土心理学取向两种不同的视角出发，来逐一梳理学者们在文化价值观领域已取得的重要理论与研究成果。最后，对文化的信念、看法本身也可以看作是一类特殊的文化价值观，因此在本章第三节，我们还将介绍几种典型的文化理念，包括其思想来源、特征以及测量等内容。

第一节 文化价值观的跨文化心理学取向

易中天教授曾在一次讲座上讲了这样一件趣事：

"有一天我代表系里请老外吃饭，最后一道菜是炖全鸡。在80年代，一只鸡还是很贵的啊！于是我按照中国人的传统，就把那鸡腿卸下来，放在他的盘子里，以表示对他的尊敬。另外下了一只鸡腿，放在我们系年纪最大的一位老先生盘子里。我们那位老先生愉快地吃下去了。老外始终没有动那只鸡腿，看得我好心疼。这么好的鸡腿，就想把它拿过来吃。那个时候不懂，但是我看他又自己到那个碗里去弄鸡肉吃，他又不是不吃鸡呀！看来，他就是认为我把自己的意志强加于他，他不能接受，不能容忍。"

从这个例子很容易看出中美文化的一个差异，正如易中天所总结的"西方人尤其是美国人，他绝对是自己点菜自己吃，他绝对不会帮别人点菜。我一旦帮你点菜，就意味着我把我的意志强加于你。而中国是刚好相反的，我一定要替你点菜，以表现我对你的关爱"。

对于跨文化心理学家而言，描绘出诸如以上例子这类不同社会与地区的文化差异是非常重要的课题。而在成千上万种可能的行为差异中，跨文化心理学家最关心的可能就是文化成员所共同持有的价值观，因为只要掌握了这样一套有组织的观念框架，就不难对各自文化下的具体行为加以解释了。因此，在跨文化心理学的研究中，关于文化价值观的研究不在少数，且都获得了重要的成果。

一、Triandis 的研究

凡提及文化价值观差异，集体主义（collectivism）与个体主义（individualism）可能是最经常被提到的一对概念。许志超和 Triandis 最早通过考察来自不同文化的成员在 6 种人际关系（夫妻、父母、亲戚、邻里、朋友、同事/同学）和 7 种假设情境（对自己为他人所作的决定或对行为本质的考虑、分享物质财富、分享非物质财富、对社会影响的敏感性、自我表现与面子、分享成果、对他人生活的情感介入）下的行为反应，明确了东西方文化下人们的价值观存在明显的差异，东方人相对处于集体主义的一端，西方人相对处于个体主义的另一端。●

具体而言，集体主义被认为是个体之间彼此联系紧密的一种群体模式。其成员具有以下特征：

①认同自己从属于一个或多个集体（如家庭、同事、族群、国家）；
②主要遵从所在集体的社会规范和责任；
③认为集体的目标优先于个体目标；
④强调与集体其他成员之间的联系。

相对应，个体主义就是个体之间彼此联系松散的一种群体模式。其成员具有以下特征：

①认为自己独立于所属集体；
②主要遵从自己的喜好、需要、权利和与他人建立的契约；

● Hui C. H., Triandis H C. Individualism – collectivism a study of cross – cultural researchers ［J］. Journal of cross – cultural psychology, 1986, 17（2）: 225 – 248.

③个人的目标优先于其他人的目标；

④与他人关系的利与弊需要进行理性分析。

围绕着集体主义与个体主义，Triandis 继而提出文化综合征（cultural syndromes）这一概念，认为文化是一个复杂的综合体，要理解不同文化之间的差异首先有必要先确定出可以代表文化综合征的各要素。❶ 所谓"文化综合征"是指在特定地理区域和一定历史时期下，使用共同语言的人们所共享的一套态度、信念、类别、自我定义、规范、角色定义和价值的综合模式，它是组织各种社会和心理过程的中心概念。

根据前人的研究，除了集体主义与个体主义之外，Triandis 又总结出几种重要的文化表征要素。

文化紧密性（tightness）：指对文化变异的容忍程度，紧密程度高的文化会更加严厉地要求成员对文化规范保持一致的遵守。

文化复杂性（cultural complexity）：指文化中成员角色的多样性，复杂性高的文化拥有更多宗教、政治、经济等文化分层与类型。

主动 - 被动性（active - passive）：文化强调竞争和自我实现这类主动性，抑或强调对他人的服从和合作性。

垂直性关系与水平性关系（vertical and horizontal relationships）：指有些文化下垂直的等级关系更为重要，组内的权威决定了大多数社会行为；而有些文化下关系则更为平等。

这些文化表征彼此之间有着较高程度的相关，因此可以视为一个综合体。比如一个更加紧密、被动、简单的文化很可能倾向集体主义；而一个松散、主动、复杂的文化更可能倾向于个体主义。举个例子，现在众所周知中国文化相对而言属于集体主义文化，也就是说，对于中国人而言，所属集体（比如家庭）的目标会优先于个体目标。这点不难理解，因为自古以来中国传统文化便极度宣扬并赞赏"大禹治水三过家门而不入""木兰替父从军"等行为。而这种集体主义又同更紧密、更单一、更被动的文化特征联系在一起。也就是说，这种集体主义文化务必会要求人们的行为保持更多的一致性，而为了实现这一目的，繁文缛节便在所难免。正如门多萨所言："世界上任何一个国家，只要不太野蛮的话，总有交往礼节的，但中国人在这方面是世界之冠。"❷ 对

---

❶ Triandis H. C. Collectivism and individualism as cultural syndromes［J］. Cross - cultural research, 1993，27（3 - 4）：155 - 180.

❷ 吴孟雪. 明清时期欧洲人眼中的中国［M］. 台北：中华书局，2000：284 - 285.

于其他文化而言，要说服人们都遵守这么多规矩、礼节或许并不容易，但作为配套设置，中国人还具有明显被动的国民性格。我们习惯于"听话"（尤其长辈或领导），这不仅体现在易中天提到的点菜、夹菜等礼节习惯上，甚至还体现在对小孩子"把尿"之类的养育方式。所以，从小到大中国人便被培养为一个被动、顺从、规矩的人，而其核心目的都是为了实现集体的利益与目标。

Triandis 的研究开启了中西方心理特征差异的大讨论，毫无疑问，今天集体主义/个体主义已经成为对比东亚与北美文化时最经常使用的维度。不仅如此，在这一对概念及理论框架的启发下，学者们还对中西方的自我概念、认知方式、情绪特点、主观幸福感、选择方式和与他人关系等问题展开了跨文化比较的研究，并且都获得了相当有趣的发现。

二、Hofstede 的研究

在文化价值观的跨文化研究中，另外一项非常具影响力的研究当推荷兰社会心理学家 Hofstede 开展的一项研究。❶❷ 自 20 世纪 60 年代晚期至 20 世纪 70 年代早期，Hofstede 所在的研究团队为美国 IBM 公司在 70 多个国家的雇员展开了一项全球性的工作士气调查，根据这项研究，最终累积成拥有 116000 名被试的巨大数据库。Hofstede 对这些数据展开大量分析，并在此基础上，于 1980 年出版了他的经典著作——《文化的结果》（*Culture's Consequences*）。

Hofstede 希望通过这项研究可以甄别出关键的文化维度，使得不同国家的特征有所区分，就像地理学确定用来标定地理位置的经度和纬度一样。最终 Hofstede 确定出四个文化价值观的潜在维度，并将之分别命名为权力距离、不确定性规避、个体主义与集体主义、男性气质与女性气质。

权力距离（Power Distance）维度，代表在某特定文化下，人们多大程度上会接受不同职务在权力上的不平等，并将之视为社会等级的一个自然属性。权力距离高的文化里，职位高的人被正当赋予更高的决策权；相反，在权力距离低的文化里，无论职务高低，大家都有相对平等的决策权。Hofstede 的研究表明，在这一维度得分最高的国家是马来西亚、斯洛伐克、危地马拉、巴拿马、菲律宾、俄罗斯，得分最低的国家是奥地利、以色列、丹麦、新西兰和爱

❶ Hofstede G. Culture's consequences: International differences in work – related values ［M］. sage, 1984.

❷ Hofstede G. What did GLOBE really measure? Researchers' minds versus respondents' minds ［J］. Journal of international business studies, 2006, 37（6）: 882 – 896.

尔兰。

第二个维度是不确定性规避（uncertainty avoidance）。根据 Hofstede 的定义，不确定性规避反映了某具体文化中成员对陌生或者模糊情境的容忍程度，也一定程度上代表了一个社会试图掌控一切不可控事物的程度。不确定性规避高的文化，不能忍受杂乱无章的状态，他们鼓励结构化，不确定性规避低的文化，却更容易接受风险、未知与模糊。Hofstede 的研究中，不确定性规避水平高的国家有希腊、葡萄牙、危地马拉、乌拉圭、马尔塔，不确定性规避水平低的国家和地区有新加坡、牙买加、丹麦、瑞士和中国香港。

第三个维度是个体主义与集体主义（individualism – collectivism）。个体主义文化被定义为那些其成员认为他们具有相对独立身份的文化，而集体主义文化是指那些成员更多以与群体的关系来定义身份的文化。这同前面刚刚提及的个体主义与集体主义并非完全一致。在 Hofstede 的调查中，代表个体主义的题目有个人时间、自由和挑战，而代表集体主义的题目有技能的发挥、良好的物质条件和培训机会。根据 Hofstede 的数据，最具个体主义特点的国家有美国、澳大利亚、英国、荷兰和加拿大，最具集体主义特点的国家有危地马拉、厄瓜多尔、巴拿马、委内瑞拉和哥伦比亚。

Hofstede 的最后一个维度被命名为男性气质与女性气质（masculinity – femininity）。代表男性气质的题目有对高薪、工作表现、升职和挑战的重视，代表女性气质的题目包括对良好关系、与人合作、舒适的生活空间及工作保障。数据得到的最具男性气质的国家有斯洛伐克、匈牙利、日本、奥地利和委内瑞拉，最具女性气质的国家有瑞典、挪威、荷兰、丹麦和哥斯达黎加。

Hofstede 的研究在全球范围内都引起了广泛关注。加拿大学者彭迈克❶，遵照同样的研究程序，以中国文化的重要价值观为考察内容，对来自 21 个国家的大学生样本进行施测，再进行国家层面的因素分析。得到的四个维度中，权力距离、个体主义与集体主义、男性气质与女性气质三个维度重复验证了 Hofstede 的文化维度，而不确定性规避这一维度却没有得到重复验证，反而得到彭迈克称之为"儒家工作动力"（cnfucian work dynamism）的维度，这一维度多是代表中国文化的传统价值观，比如恒心、节俭等。Hofstede 肯定了这个新维度，并将之纳入到原四维结构中，成为第五个维度，将之命名为长期导向

❶ Bond M. H. Finding universal dimensions of individual variation in multicultural studies of values: The Rokeach and Chinese value surveys [J]. Journal of personality and social psychology, 1988, 55 (6): 1009.

（long term orientation）与短期导向（short term orientation）。❶

Hofstede 的研究可以称得上是首个在全球范围内描述不同国家与地区文化特征的研究，他所确定的文化价值五维度得到学者的普遍接受，并广泛应用于各个领域。比如，在工作领域，有研究表明在权力距离高的文化下（比如中国），员工对工作中没有机会提建议这事不会感到不满；而在权力距离低的文化下（比如美国），如果不给员工提建议的机会，则会被认为是一种程序不公平，从而影响员工的工作态度和积极性。

三、Schwartz 的研究

如果说 Hofstede 的文化价值观研究主要是为了确定文化的经纬度，那么以色列学者 Schwartz 则希望可以用统一的标准描绘出一副世界范围的价值观地形图，并将每种文化标识在相对的位置上。Schwartz 认为对国家层面的文化价值的了解，必须基于对个体所持价值观结构的了解。因此，Schwartz 以 Rokeach 的"价值观调查"（Rokeach Value Survey）❷ 为基础，对来自 20 多个国家的学生和老师，进行了多达 57 项价值观的调查。❸

在个体层面上，Schwartz 根据因素分析鉴别出 10 种不同的价值观类型。(1) 自我定向（self‑direction），指思想和行为的独立，例如创造性、好奇、自由、独立、选择自己的目标。(2) 刺激（stimulation），指生活中的激动人心、新奇和挑战性，例如冒险、变化的和刺激的生活。(3) 享乐主义（hedonism），指个人的快乐或感官上的满足，例如愉快、享受生活。(4) 成就（achievement），指根据社会的标准，通过实际的竞争所获得的个人成功，例如成功的、有能力的、有抱负的、有影响力的。(5) 权力（power），指社会地位与声望、对他人以及资源的控制和统治，例如社会权力、财富、权威。(6) 安全（security），指安全、和谐、社会的稳定、关系的稳定和自我的稳定，例如家庭安全、国家安全、社会秩序、清洁、互惠互利。(7) 遵从（conformity），指对行为、喜好和伤害他人或违背社会期望的倾向加以限制，例如服从、自律、礼貌、给父母和他人带来荣耀。(8) 传统（tradition），指尊重、赞成和接受文化或宗教的习

---

❶ Hofstede G. H., Hofstede G. Culture's consequences: Comparing values, behaviors, institutions and organizations across nations [M]. Sage, 2001.

❷ Rokeach M. The nature of human values [M]. New York: Free press, 1973.

❸ Schwartz S. H. Universals in the content and structure of values: Theoretical advances and empirical tests in 20 countries [J]. Advances in experimental social psychology, 1992, 25: 1–65.

俗和理念，例如接受生活的命运安排、奉献、尊重传统、谦卑、节制。（9）普世性（universalism），指为了所有人类和自然的福祉而理解、欣赏、忍耐、保护，例如社会公正、心胸开阔、世界和平、智慧、美好的世界、与自然和谐一体、保护环境、公平。（10）慈善（benevolence），指维护和提高那些自己熟识的人们的福利，例如帮助、原谅、忠诚、诚实、真诚的友谊。Schwartz 认为这一结果反映了三种普遍的人类需求：生理需求、社会协调需求、群体福利和群体维护的需求。

另一方面，在国家层面，Schwartz 通过对每个国家的数据采取最小空间分析（smallest space analysis）的方法，鉴别出 7 种国家层面的价值类型，这 7 种类型又可以归纳为三个两极化维度：自主性—依附性，等级性—平等性，掌控—和谐。各维度所含内容具体如图 4-1 所示。从得到的二维图中还可以看出每一种价值观与其他价值观的接近程度。

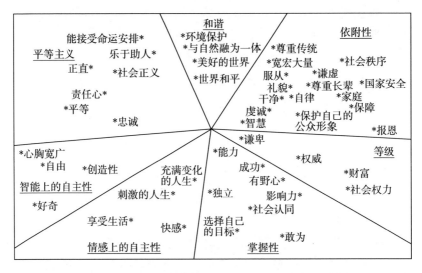

图 4-1 Schwartz 的研究结果：国家层面价值观结构图

资料来源：史密斯、彭迈克、库查巴莎著，严少华、权大勇等译，《跨文化社会心理学》，2009，p. 51。

Schwartz 将研究数据中的 67 个国家在这 7 种文化类型上进行了排列，结果如图 4-2 所示。如果一个国家对某特定价值观的赞同程度与另一个国家相似，那么就可以认为这两个国家的文化价值观比较接近。从图 4-2 中我们可以找到中国文化所位于的位置：在三个维度上分别偏向依附性、等级性和掌控性，特别是中国（内地）在个人掌控力与社会等级性上得分普遍高于其他国家与地区。

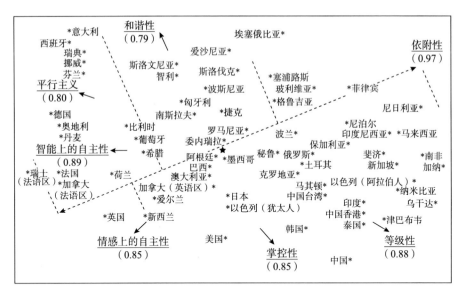

图 4 – 2 Schwartz 的研究结果：7 种文化维度上 67 个国家或地区的分布图

资料来源：史密斯、彭迈克、库查巴莎著，严少华、权大勇等译，《跨文化社会心理学》，2009，p.51。

四、Inglehart – Welzel 的文化地图

"世界价值观调查"（World Values Survey，WVS）是一项始于欧洲、并逐渐覆盖大量国家的民意调查。该调查设计之初，其目的是为了考察经济与技术变革是否会带来工业社会的基本价值观与动机的转变。因此，1981 年首次在欧洲开展时只包含了 22 个发达国家。后来调查规模不断扩大，目前此调查已吸收 100 多个国家、几百位学者共同参与，每隔几年就重复施测，成为全世界最著名的一项纵向调查研究。不仅如此，由于这一项目的许多原始数据共享于互联网，免费提供给其他研究者（具体网址 http://www.worldvaluessurvey.org），因此近几年来得到越来越多世界各地研究者的关注。根据 WVS 网站提供的数据，目前利用 WVS 数据资料发表的各类论文已超过 1000 篇，涉及 20 多种语言。

美国政治学家、密歇根大学的 Ronald Inglehart 教授作为这一项目的领军人物，根据这一系列调查数据，对全世界范围内文化价值观的变迁进行了不少分析。通过对国家层面涉及的题项进行因素分析之后，Inglehart 与合作者 Christian Welzel 发现了体现国家价值差异的两个重要维度，即自我表达与生存价值

（self – expression vs. survival values）、理性合法与传统权威（rational – legal au-thority vs. traditional authority），后一维度近期又更名为世俗 – 理性与传统价值（secular – rational vs. traditional values）。❶

其中生存价值关注人身与经济安全，它与种族中心主义、大男子主义有一定相关，例题有"工作收入好比有成就感或者与喜欢的人共事更重要""休闲对于人生不重要"。而这一维度的另一端自我表达的价值，则会优先考虑诸如环境保护、对外来人口的接纳、认可同性恋、呼吁性别平等，以及要求广泛参与经济政治决策之类的社会问题。Inglehart 认为，这对维度所反映的文化含义其实与 Hofstede 和 Triandis 的集体主义 – 个体主义及 Schwartz 的自主性 – 依附性是同一簇的文化表征。

第二个维度的一端传统价值会强调宗教、父子纽带、依从权威以及传统家庭价值的重要性。传统价值观强的个体会拒绝离婚、堕胎、安乐死和自杀。而世俗 – 理性价值与传统价值刚好相反，可以看作是现代性的体现。

如图 4 – 3 所示，根据以上两个维度，Inglehart 描述出一张全球文化地图。其中纵轴方向，自下而上分别代表传统价值和安全 – 理性价值，横轴方向，自左向右为生存价值与自我表达价值，各个国家与地区根据在这两个维度上的得分分布在地图上的不同位置。

传统与生存价值得分较高的国家有津巴布韦、摩洛哥、约旦、孟加拉国；传统与自我表达价值得分较高的国家有美国、大部分拉丁美洲国家和爱尔兰；世俗 – 理性与生存价值得分较高的国家有俄罗斯、保加利亚、乌克兰、爱沙尼亚；世俗 – 理性与自我表达价值得分较高的国家有瑞典、挪威、日本、比荷卢经济联盟、德国、法国、瑞士、捷克、斯洛文尼亚和一些英语国家。

Inglehart 等学者感兴趣的另一个问题是，随着经济的发展，世界文化价值观会发生怎样的发展变化趋势。根据多次调查的纵向数据，Inglehart 发现，普遍而言，每个国家在全球文化地图上都有从左下方朝着右上方移动的趋势。可参考图 4 – 3 与 4 – 4 的差异，其中图 4 – 3 为第 5 轮 2008 年的数据，图 4 – 4 为最新一轮第 6 轮 2010—2014 年的数据。这说明随着工业化与经济的发展，价值观在以上两个维度上都会发生一定程度上的转变，即由生存转向自我表达，由传统转向世俗 – 理性。

❶ Inglehart R., Welzel C. Modernization, cultural change, and democracy: The human development se-quence ［M］. Cambridge University Press, 2005.

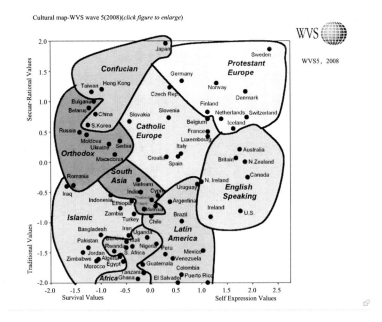

图 4 - 3　基于 WVS - 5 数据绘制的文化地图

资料来源：http：//www. worldvaluessurvey. org/WVSContents. jsp

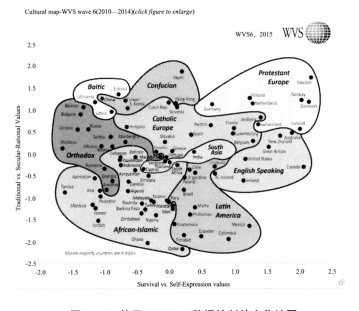

图 4 - 4　基于 WVS - 6 数据绘制的文化地图

资料来源：http：//www. worldvaluessurvey. org/WVSContents. jsp

除此之外，Inglehart 还根据这一系列调查结果提出"后现代"价值观这一概念，他称之为"后物质主义"（post – materialist）。Inglehart 认为那些否定生存这一端价值的项目，就代表了后物质主义。❶例如，"认可同性恋的正当性""信任他人""有在请愿书上签名的经历""把自我表达和生活质量放在经济与人身安全之前优先考虑"等。数据显示，那些经济有充分保障、政局十分稳定的国家，才会出现后物质主义价值观。比如国家人均 GDP 与世俗 – 理性的相关为 +0.60，与自我表达相关为 +0.78；后物质主义价值观得分越高的国家，国民的主观幸福感也越高。在对 1990 年和 1981 年的数据进行比较时，Inglehart 发现，21 个国家中有 19 个国家赞同后物质主义价值观的人口百分数出现了上升。

五、House 的 GLOBE 项目

在为文化价值观下定义时，还有一类比较有影响的观点，是将文化价值观看成是一种共享的知识体系。比如社会学家 Parsons 把价值观视为社会成员共享的符号系统（shared symbolic system）。❷Schwartz 也指出，不同社会中的成员在有意无意的价值社会化（value socialization）中表露出来的共同性（commonalitics），就是一个社会文化中的"文化价值观"。❸但在前面所介绍的研究中，无论研究者以国家为分析单位，还是以个体为分析单位，测量的都是受测者对价值观的直接反馈，并非是对受测者意识中的"共享知识"进行测量，方法上的改进直到最近十几年才出现，其中比较有代表性的大型研究当属 House 等人领导的 GLOBE 项目。

GLOBE 项目（Global Leadership and Organizational Behavior Effectiveness，全球领导力与组织行为有效性项目），同属 20 世纪 90 年代全球四大跨文化研究项目之一（除此之外，还有前面介绍过的 WVS 和 Schwartz 的研究，以及 Smith 等人主持的事件管理［event management］项目）。❹GLOBE 项目起于

---

❶ Inglehart R., Baker W. E. Modernization, cultural change, and the persistence of traditional values ［J］. American sociological review, 2000: 19 – 51.

❷ Parsons T. The Social System New York ［J］. 1951.

❸ Schwartz S. H. Beyond individualism/collectivism: New cultural dimensions of values ［M］. Sage Publications, Inc, 1994.

❹ Smith P. B., Peterson M. F, Schwartz S. H. Cultural values, sources of guidance, and their relevance to managerial behavior a 47 – nation study ［J］. Journal of cross – cultural Psychology, 2002, 33 （2）: 188 – 208.

1991 年，是一个遍及全球范围、颇具影响力的一系列多阶段多方法研究。该项目起初只关心领导力的问题，后来逐渐扩展到对不同社会文化、组织文化以及组织领导力之间关系的考察。1994—1997 年期间，GLOBE 的研究者们调查了来自 62 个国家或地区、三类单一企业（食品加工、金融服务与电话通讯服务）共 17000 多名管理人员与领导力有关的行为。研究者设计的题目主要以 Hofstede 提出的五大维度为蓝本改为 9 个维度，又加入了人性取向（humane orientation）与绩效取向（performance orientation）两维度以及其他六个反应领导力的维度。在问题设计上，该项目有一个非常重要的创新是，除了请求受测者在量表上记录他们自己的评定之外，还要求就他们国家里的其他人如何反应作出评定。这项评定的测量便可以看作是受测者就文化内典型行为的描述，而这种典型性从概念上更接近文化价值观作为共享知识体系的定义。

举一个例子，对于测量"不确定性规避"这一维度，有这样的一道例题，受测者要求就文化现实（实然，as is）与文化价值（应然，should be）分别进行回答。

在这个组织里，"组织须知"会详细地列出，这样雇员才能明白他们要做什么。（文化现实）

"组织须知"应该被详细列出，这样雇员才能明白他们要做什么。（文化价值）

对这类配对问题的结果分析，得到了非常有趣也令研究者感到困惑的结果。他们发现，文化现实与文化价值这对数据在国家层面上居然呈现出一定程度的负相关。❶ 比如，不确定性规避这一维度，对于"应然"的回答与 Hofstede 的研究存在微弱正相关（$r = 0.35$，$p < 0.05$）；但对"实然"的回答则与 Hofstede 的研究存在负相关（$r = -0.62$，$p < 0.01$）。但只要稍作思考就很容易理解，在 Hofstede 的研究里，测量的是个人重视的价值，这些价值很可能就是其成员所在文化所重视的价值，因此个人价值观与文化价值呈现正相关；而这种理想状态的文化价值，并不一定就能在现实中得以实现，还可能会出现"缺啥喊啥"情况，成员对现实中实际所缺乏的价值观会格外看重。

❶ Hofstede G. What did GLOBE really measure? Researchers' minds versus respondents' minds [J]. Journal of international business studies, 2006, 37（6）: 882 – 896.

而这一领域另一个代表性的研究是赵志裕等学者完成的。❶ 为了解答究竟是个人重视的价值对个体更重要，还是所共享的文化价值对个体更重要这个问题，赵志裕等人通过五个研究发现，首先，个人感知的重要文化价值观与实际情况并不一定相符，比如美国人被试对自主性（autonomy）这一价值在美国文化范围内重要性的平均估计值为46.2%（即被试认为大概有46.2%的美国人会重视这一价值），而实际上只有19.7%的美国人被试重视这一价值。其次，个体所感知的对于所在文化普遍更为重要的价值观，相对比个体自己认为的重要的价值观更能预测被试的文化认同。

以上这些研究为未来文化价值观的研究开辟了一个崭新的思路。随着文化交流与互动的日益广泛，人们逐渐熟悉和了解各国各地的文化特点，描绘文化价值观地图这类的问题也会逐渐不再显得那么有吸引力。但随之而来的新课题将会是日益加剧的文化交流与互动会为各地文化价值观的变迁与发展带来何等影响。将文化理解为一个共享的知识系统，也就承认了文化与成员之间的互动关系，从以上研究我们也得以浅知所谓文化的力量或许就存在于这种假设的"共享现实"。从这一角度出发，媒体、传播、教育等具有打造共享现实的平台或许对文化价值观的发展有更重要的影响，值得未来研究者的关注。

第二节　文化价值观的本土心理学取向

"给我妈洗脚的时候，我妈笑着说俺儿终于懂事了，没白养。我抬头看见我妈的眼圈红了，还含着泪水。虽然我妈在流泪，我知道他们内心是开心的，因为自己的孩子懂事了。看到了父母欣慰的笑容及眼角的泪花，我内心很温暖，作为儿子的我让爸妈心里有了安全感。"唯创集团来自无锡的员工车清远动情地说。在唯创集团董事长王振的号召下，过年回家的车清远特地为爸妈洗了一次脚。

为了将孝文化发扬光大，大年初三，在唯创集团董事长王振的大力倡导下，集团7000多名员工参与了"我为父母洗脚"的孝老活动，活动期间涌现出了许多孝感父母、催人泪下的感人事迹。由此，每年的大年初三成为唯创集

❶ Wan C., Chiu C., Tam K., et al. Perceived cultural importance and actual self - importance of values in cultural identification [J]. Journal of personality and social psychology, 2007, 92 (2): 337.

团"我为父母洗脚"日，也是唯创集团的"孝老日"。

在王振看来，洗脚文化是唯创集团企业文化建设的重要组成部分，具有非常重要的意义。"唯创集团的愿景是打造世界上赡养老人最多的机构。要员工赡养老人，就要先从员工孝敬父母开始。我们要做的不只是倡导、提倡孝文化，更是督促员工将孝敬父母、赡养老人落到实处。一次洗脚活动是远远不够的，为父母洗脚是唯创人每年春节回乡省亲要做到的事。只有这样，才能让员工孝敬父母成为一种习惯，继而在公司内部形成一种风气，最终形成一种文化。"

图 4 – 5　"我为父母洗脚"

资料来源：中青在线 – 中国青年报《唯创集团春节举行"我为父母洗脚"大型孝老活动》，http://news.163.com/15/0227/22/AJGABUK000014SEH.html

孝道是中国古代思想中关于个人品行和道德的一个重要规范。按照《说文解字》的解释："孝，善事父母者。从老省，从子，子承老也。"儒家经典文献中，关于孝道的论述很多，尤以《二十四孝》等为代表，以教化故事的方式在大众中传承延续。很多学者认为"孝"是中国传统文化的核心精神之一，保留孝道也就成为继承与发展中国传统文化的重要方式。

但如果你足够细心或许不难发现，"孝"这一中国文化中的重要价值观，在前一节我们介绍世界文化价值观内容时，却从未出现过。那是不是说明这一价值观只是适合于有限的群体或区域？这些无法进入到西方主流理论论述视野的价值观是不是就不重要，不需要展开研究了？答案显然是不。

在文化研究领域经常会区分两种不同的研究思路：主位法（emic）与客位法（etic）。这两个词语最初来自语言学，分别代表对音位（phonemic）和音素（phonetic）的研究，音位是从人类语言的语音区分意义上划分出来的研究单位，反映的是语音的社会属性；而音素是从语音的声学角度划分出来的研究单位，反映的是语音的物理属性。这对概念经由美国著名语言学家派克（Kennth Pike）以及文化人类学家哈里斯（Marvin Harris），后来被引入到文化心理学领域，用来代表两种研究取向。若从旁观者的角度去观察人们的思想和行为，这类研究被称为客位法；若研究者从当事人的角度来理解人们的思想与行为，则属于主位法。以杨国枢、杨中芳等为代表的本土心理学家主张心理学的研究应从强加式的通则性客位研究（imposed etic approach）转向本土化的特则性主位研究（indigenous emic approach），在理论架构上要突破对西方研究的照搬照抄。在这种认识下，不少华人学者开始从中国文化本身出发探究中国文化价值观的特点。本节我们将介绍两个有代表性的重要学者与理论。

一、何友晖等人的关系取向理论

何友晖等学者从中国传统儒家思想入手，提出中国人以关系为导向的价值观特征。● 他们认为儒家思想首先是一种制约人类关系的伦理，无论是所谓的"五伦"（君臣、父子、夫妻、兄弟、朋友），还是儒家所强调的礼节，其实都是在规范这些人际关系。而中国人在儒家思想千百年的渗透下，也内化了这种关系取向的价值观。这种关系取向（relational orientation）在心理学里还有其他不同却类似的表述，比如关系性自我（relational self）、杨国枢的社会取向（social orientation）、许烺光的情境中心（situation – centered），它们都反映了中国文化中对人际关系的重视，关系在中国社会里对于人们的社会行为具有压倒性影响，以至于人们在具体行为时习惯于从关系的角度而非个体的角度来感知世界、思考问题。

只要抓住这一概念，就不难解释中国社会的许多"怪"现象，例如媚权、孝顺、婆媳关系、送礼、酒桌文化等等。在本章第一节中我们也介绍了许多西方理论及研究结果，也都验证了这一观点。中国人在 Triandis 理论中的垂直性

● 何友晖，彭泗清，赵志裕. 世道人心：对中国人心理的探索［M］. 北京：北京大学出版社，2007：196.

关系，Hofstede 的权力距离，Schwartz 的依附性、等级性等维度上都比其他文化特征显著，甚至许多学者认为中国文化的价值导向具有"权威性格"（authoritarian personality）的特征。但如果以关系取向这一概念来解释的话，这些现象可能只是为了维系等级上下关系的一种行为策略。

此外这一概念也能解释其他学者提出的中国价值观特点。比如，钱穆曾明确指出，中国文化及中国人的性格是"和合性"的，目的是保持天人及人与人的自然和谐状态。余英时也提出，中国人的宇宙观是"人与天地万物的一体"，社会观是与万物保持"和""安""均"的状态，个人的自我修养过程就是通过"礼"、以人际的五伦为出发点，逐渐扩散及提升到宇宙万物，最终达到"在人伦秩序与宇宙秩序中的和谐"。这些也可以理解为是中国人以人与自然以及人与人关系为核心的价值观体现。

同时，何友晖还认为相比而言，"集体主义"这一概念并不能完全描述中国文化的价值体系。他指出："关系取向和集体取向也有差别，前者的重心在关系而不在集体利益。在集体中因私人关系而对某人效忠，不但可能违背，甚至会破坏集体利益。"❶ 那么中国人到底是不是"集体主义"呢？请阅读本章专栏。

专栏 4–1　中国人真是"集体主义"的吗？

自从 Traindis 提出"集体主义/个体主义"这一概念之后，这一概念经常被用来作为分辨中西文化差异的主要指标。然而同时，这一概念也受到许多学者的批评和研究的挑战。❷ 一方面，从概念提出的逻辑基础上，有学者认为，集体主义只不过是西方学者用来给予任何异于自己"个体主义"文化的一个标签，对这一标签具体包括什么行为、有哪些影响并不了解。另外，"集体主义/个体主义"这一概念是从跨文化比较的研究中抽取出来的，然而，这却并不一定是最能全面描述各自文化特点的概念。

此外，中国文化环境下的实际行为表现也经常与集体主义的价值观背道而驰。比如，杜维明曾指出："严格地说起来，儒家学说的出发点是自我

---

❶ 杨中芳. 如何理解中国人 [M]. 重庆：重庆大学出版社，2009：270.

❷ 杨中芳. 中国人真是"集体主义"的吗？[M] //杨宜音. 中国社会心理学评论：第一辑. 北京：社会科学文献出版社，2005.

修养，而不是社会责任。"[1] 杨国枢也坦言，中国人的"集体主义"是以"家"为单位的，超出"家"或"家族"的范围，中国人就变得没有什么集体主义可言了。[2] 赵志裕在一篇论文中，分析了中国传统谚语，发现褒扬集体主义和个体主义的谚语，数目差不多。[3] Oyserman 等人使用元分析的方法，也发现集体主义与个体主义在行为上的差异相当微弱、不显著，甚至与原设想方向相反，比如韩国人与美国人在集体主义的程度上没有显著差异，而且美国人甚至比日本人在得分上显得更加集体主义。[4]

针对以上争论，有学者建议在讨论"集体主义/个体主义"时，至少需要注意两方面问题。[5] 第一，这一概念更多反应的是国家层面上的差异，并不能代表个体水平上的差异。比如 Kitayama 等人调查了"集体主义/个体主义"以及另外五个相关联变量[6]——气质偏差（dispositional bias）、聚焦式/整体式注意（focused vs. holistic attention）、情绪（experience of disengaging and engaging emotions）、个体/社会幸福（personalvs. social happiness）、自我大小（relative self – size），它们在美国、英国、德国和日本四个国家的不同程度，结果发现如果将所有变量整合在一起，的确在国家层面美国人的个体主义得分最高，日本最低；然而，如果只考虑个体层面，那么这五个变量之间甚至毫不相关。也就是说，在个体层面，一个愿意顺从集体的人在注意方式上不一定就是整体式注意。但在更高的国家层面上，还是能够发现来自集体主义与个体主义国家的群体在注意方式上有明显区别。

---

❶ 杜维明. 宋明儒学的"人"的概念 [M]. 杜维明著，人性与自我修养，北京：和平出版社，1988：65 – 75.

❷ 杨国枢. 中国人的社会取向 [M] //第二届"中国人的心理与行为研讨会"论文集. 台北：远流出版公司，1992.

❸ 赵志裕. 从中国俗谚看中国文化的个人集体取向. 尚未发表之论文.

❹ Oyserman D. , Coon H. M. , Kemmelmeier M. Rethinking individualism and collectivism：evaluation of theoretical assumptions and meta – analyses [J]. Psychological bulletin, 2002, 128（1）：3.

❺ Hamamura T. Are cultures becoming individualistic? A cross – temporal comparison of individualism – collectivism in the United States and Japan [J]. Personality and Social Psychology Review, 2012, 16（1）：3 – 24.

❻ Kitayama S. , Park H. , Sevincer A. T. , et al. A cultural task analysis of implicit independence：comparing North America, Western Europe, and East Asia [J]. Journal of personality and social psychology, 2009, 97（2）：236.

　　另外，"集体主义/个体主义"这对概念代表了广泛意义上文化价值观差异的综合体，但如果对任何文化差异都简单地只是用集体主义或个体主义来解释，便可能会失去深入探究文化差异深层原因的机会。❶❷ 因此，学者们建议在理解这对概念时，不要仅停留在这一表层加以解释，还要深究其内在的个体心理机制。例如，Kitayama 等人用独立 vs. 互依自我建构（independence vs. interdependence self-construct）的概念反应不同文化下个体自我建构的不同方式；Elliot 等人用趋近动机与回避动机来解释不同文化下个体行为动机的差异。近些年，更多学者开始探究为什么不同文化下会出现集体主义与个体主义这样的差异，并开始考察宏观领域上各要素比如经济发展❸、病原菌流行❹、居住流动性❺、语言❻和主动移民❼等对文化的影响。

二、杨中芳的中庸理论

　　国内社会心理学家杨宜音在对中国人的"自我"进行研究时，❽ 提出中国文化价值观可以从"个体-社会"与"终级-工具"两大维度来考察。在"个体-社会"维度上，中国人的自我由于有各种角色，如"家我""关系我""社会我""角色我""身份我"，因此与西方人相比不够那么"个体化"。而在"终级-工具"维度上，中国人的自我虽然具有实用性、世俗性的倾向，

---

❶ Triandis H. C. The psychological measurement of cultural syndromes ［J］. American psychologist, 1996, 51 (4): 407.

❷ 杨中芳. 中国人真是"集体主义"的吗？［M］//杨宜音主编, 中国社会心理学评论（第一辑）北京: 社会科学文献出版社, 2005.

❸ Hofstede G. Culture's consequences: International differences in work-related values ［M］. sage, 1984.

❹ Fincher C. L., Thornhill R., Murray D. R., et al. Pathogen prevalence predicts human cross-cultural variability in individualism/collectivism ［J］. Proceedings of the Royal Society of London B: Biological Sciences, 2008, 275 (1640): 1279-1285.

❺ Oishi S. The psychology of residential mobility implications for the self, social relationships, and well-being ［J］. Perspectives on Psychological Science, 2010, 5 (1): 5-21.

❻ Kashima Y., Kashima E. S. Individualism, GNP, Climate, and Pronoun Drop Is Individualism Determined by Affluence and Climate, or Does Language Use Play a Role? ［J］. Journal of Cross-Cultural Psychology, 2003, 34 (1): 125-134.

❼ Kitayama S., Ishii K., Imada T., et al. Voluntary settlement and the spirit of independence: Evidence from Japan's "northern frontier." ［J］. Journal of personality and social psychology, 2006, 91 (3): 369.

❽ 杨宜音. 社会心理领域的价值观研究述要 ［J］. 中国社会科学, 1998, 2, 82-93.

但也同时重视伦理价值的终极性，因此可能处于中间位置。

这种"继而又""居中"的处世态度会不会也代表了中国人所特有的一种文化价值观？近年来，杨中芳、张德胜等学者以"中庸"为核心概念提出了一套新的中国特色的"实践思维"体系，它代表"人们在思考要如何处理事务时，构思要采取什么行动的一套文化指引"。❶ 这套指引里面包括一个很强的信念就是：达到目的最好的行动选择原则是"中"道。这个"中"并非是两个极点的中间或平均值，而是代表一种最佳选择，是一个随场合、随参与的人、随生活经验而定的最佳方案。

杨中芳认为，这套思维架构首先体现在中国人的世界观上。早在先秦时代，中国文化的宇宙观中便认为万物都由阴阳构成，正如《系辞·上传》云："一阴一阳之谓道"，它们彼此矛盾却又互补，因而万物都处于一个动态、均衡且和谐的关系中。《道德经·五十八章》云："祸兮福之所倚，福兮祸之所伏"，就描述了福祸相倚，互相转化，好事可以变成坏事，坏事可以变成好事的事物发展规律。

这种阴阳调和的宇宙观继而决定了在个人品质或人格上，中国人追求"中德"的状态。"仲尼曰，君子中庸，小人反中庸"（见《中庸》第二章）；《论语·述而》中描述孔子："温而厉，威而不猛；恭而安，贞而谅"；禹问九德，皋陶曰："宽而栗，柔而立，愿而恭，礼而敬，扰而毅，直而温，简而廉，刚而寒，强而义"（见《尚书·皋陶谟》）；孔子答子张"何谓五美"，曰"君子惠而不费，劳而不怨，欲而不贪，泰而不骄，威而不猛"（《论语·尧曰》）。这些在老外看来可能有些表里不一甚至人格分裂的品质，却是中国人所推崇的完美人格。因为在中国人看来，能随情境而变的人格灵活性才是制胜的法宝。

因此，当这套思维方式反映到具体行为上时，杨中芳认为对于中国人而言，行为的重点从来不在于"做什么"（what to do），而在于"如何去做"（how to do）。为了实现人际和谐，人们的行为需要考虑以下几点：（1）不冲动地采取即时行动；（2）顾全大局，全面考虑所涉及的人、事；（3）注意自己行动对全局中其他人所产生的后果；（4）采取中庸之道，以对大家来说皆合情合理的途径来行事。比如与人说话时，"子曰可言而不与之言，失人；不可与之言而与之言，失言。知者不失人亦不失言"，说多说少都可能会犯错，

---

❶ 杨中芳. 中国人的世界观：中庸实践思维初探［M］//杨中芳. 如何理解中国人. 重庆：重庆大学出版社，2009.

场合与分寸的掌握简直达到了行为艺术的标准，也就不奇怪为什么中国人有时会给人畏首畏尾、言不由衷、行不由己的感觉。

总之，"中庸实践思维"是一套上至世界观、下至具体行动策略的完整体系（如图4-6所示），这一理论可以看作是本土心理学家近年来在中国文化价值观这一问题上的集大成者。

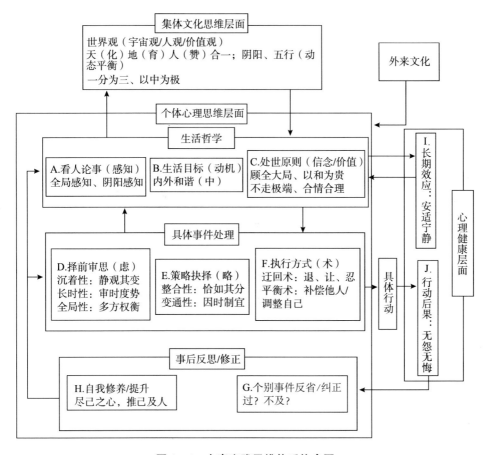

图4-6 中庸实践思维体系构念图

资料来源：杨中芳. 中庸实践思维体系构念图的建构效度研究［J］. 社会科学，2012（4）。

第三节 对文化信念的价值取向

2015年央视春晚零点后的第一个节目《大地春晖》节目中，各少数民族都展示了自己民族的服装,而代表汉族传统服装的却是改良的旗袍。这引起了不少喜好汉服网民们的愤怒,纷纷要求央视为汉服事件道歉(http://culture.china.com/zx/11160018/20150228/19331132.html)。

@机智勇敢小明澈:请向汉服道歉,向同胞们道歉,向所有汉族人民道歉。这不是民族主义,这是一个民族的文化被忽视的痛苦与愤慨。请,对我们道歉。

@凝朱:我们是汉族人,我们有自己的民族服饰汉服,我们不需要改良的旗袍代表我们。我们支持民族团结支持文化复兴,但是请你们尊重我们,我们也是中国人,我们也有展示本民族文化的权利。

@汉家水姑娘:央视春晚无颜面对列祖列宗,央视你仔细看看下面的图,服装反映了一个国家的形象,旗袍承受不了我们国家几千年的文明。

图4-7 福州夏令营小学生着汉服拜孔子像

从百度百科上我们找到对汉服的介绍。

汉服,全称是"汉民族传统服饰",又称汉衣冠、汉装、华服,是从黄帝即位到公元17世纪中叶(明末清初),在汉族的主要居住区,以"华夏—汉"文化为背景和主导思想,以华夏礼仪文化为中心,通过自然演化而形成的具有独特汉民族风貌性格,明显区别于其他民族的传统服装和配饰体系,是中国"衣冠上国""礼仪之邦""锦绣中华"的体现,承载了汉族的染织绣等杰出工艺和美学,传承了30多项中国非物质文化遗产以及受保护的中国工艺美术。

这原本属于历史文物的古代服饰,最近十几年随着如火如荼的"汉服运动"又开始进入现实社会,各地开展、兴起的汉服活动层出不穷。例如,各地大学生身着汉服、行古礼的新闻屡见报端；在网络上推广汉服文化的网友越来越多，仅以百度汉服吧为例，2004 年 5 月 31 日 23：52 汉服吧发出第一帖，截至 2016 年 2 月 21 日，会员已突破 60 万人；2007 年"两会"期间，有全国政协委员叶宏明提议确立"汉服"为"国服"；同年全国人大代表刘明华也建议，应在中国的博士、硕士、学士三大学位授予时，穿着汉服系列的中国式学位服；2007 年 4 月 5 日，天涯社区、汉网、秋雁文学社区等 20 余家知名网站联合发布倡议书，建议 2008 年奥运会采用我国传统的服饰礼仪"深衣"作为北京奥运会礼仪服饰，并将汉族传统服饰汉服作为中国代表团汉族成员的参会服饰等等。

汉服爱好者将推广汉服运动视为"传统文化复兴"的重要手段。他们认为："我们（汉族人）历来以'华夏民族'自称，也以'华夏'而自尊自信，那么，我们为什么叫作'华夏'？《尚书正义》注：'冕服华章曰华，大国曰夏。'《左传·定公十年》疏：'中国有礼仪之大，故称夏；有章服之美，谓之华。'因此，如果不能展现我们的民族服饰之美，我们将愧对于'华'字；不能展现我们的民族礼仪，我们将愧对于'夏'字。中国自古就被称为'衣冠上国，礼仪之邦。'所以，我们不能不重视我们的衣冠，不能不重视我们的礼仪。只有这样，五千年的华夏文化才能充分体现出来，这样才更符合国家文化发展纲要的要求。韩国、日本在重大礼仪上都是穿自己的传统服装，成为向世界传递一个民族传统的标志，而中华民族却没有。"❶

看到这里，读者朋友如何看待汉服运动呢？是否也认为只有恢复汉服才能体现中华民族的精神内涵呢？这个问题的回答关系到人们对于文化本身的看法或理念（cultural ideology）。目前比较有代表性的几种文化理念是：（1）文化色盲主义（colorblindness），认为各个文化价值彼此之间并不存在明显的区别与不同；（2）多元文化主义（multiculturalism），倡导不同文化价值的共存与互不干涉；（3）本质主义（essentialism ideology），认为各个文化价值彼此之间有本质不同，且不会改变；（4）文化会聚主义（polyculturalism），倡导不同文化价值彼此之间的联系与相互影响。

一、文化色盲主义

19 世纪中期，达尔文提出的生物进化论不仅给生物学带来了一次彻底的

---

❶ http://www.360doc.com/content/15/0505/18/22323438_ 468284270. shtml.

变革，对人类学、心理学及哲学的发展都有不容忽视的影响。其中在人类学方面直接促使了古典进化论的诞生。其代表人物文化人类学的奠基人泰勒（Edward Taylor）为"文化"作出了第一个科学意义上的定义："文化或文明，就其广泛的民族学意义来说，乃是包括知识、信仰、艺术、道德、法律、习俗和任何人作为一名社会成员而获得的能力和习惯在内的复杂整体。"这一理论所持的基本原则认为人类心理的一致性决定了文化发展的单一性。即无论哪个种族，人类在心理和精神方面都是一致的，而同样的心理或精神活动必然产生同样的文化演化进程。目前那些看似不同的各种文化其实只代表了它们在这条进化路线上的不同阶段。这种文化理念被称为文化色盲主义。

在处理群际关系的问题上，文化色盲主义认为群际偏见的根源来自于人们过分强调社会分类，因此要依靠去差异化的手段来降低偏见。因此在社会学领域，文化色盲有时还被叫作种族色盲（race blindness），指在升学或从业等方面选拔个体时，应该忽略种族特征。文化色盲主义者常用的口号是"消除种族主义"，在他们的理想中，只要人们不论种族、肤色，平等对待每一个人，就能缔造出人人平等、公正的社会。马丁·路德金爵士关于梦想的经典演讲曾谈到，希望有一天人们不再以肤色来评价一个人。文化色盲主义在美国文化影响十分深刻。20 世纪 60 年代兴起的公民权利运动的目标就是消除种族差异化，建立无种族差异的社会标准。再比如，随之发起的平权运动（affirmative action）也是在这种理念指导下推进的。正如 John Roberts—— 一位著名的大法官所说："消除种族偏见的方法就是要消除种族化的区分。"

但对于文化色盲主义是否真的可以消除种族或文化歧视，学者的观点有所分歧。对文化色盲主义的批评主要来自以下几个方面。第一，社会分类理论被认为是基本的社会心理学理论，只要种族的概念存在，人们就会下意识使用社会分类理论来帮助社会认知过程。比如在 Correll、Park 和 Smith 的研究中发现，● 当被试在外显决策任务中主动压抑种族类别时，这些被压抑概念在接下来的与偏见相关的测试中反而会出现反弹。因此片面忽视类别化存在的客观性显然不可取，也不可能通过否认或忽视这种社会分类而实现真正的种族平等。第二，认为文化色盲主义只是文化中心主义（ethno – centrism）表现的一种变式，有研究显示文化色盲主义可以预测文化中心主义。在文化色盲主义的掩护

● Correll J., Park B., Smith J. A. Colorblind and multicultural prejudice reduction strategies in high – conflict situations [J]. Group Processes & Intergroup Relations, 2008, 11 (4): 471 –491.

下，主流文化更容易忽视由于种族或文化差异而产生的歧视现象。第三，文化色盲主义也被批评是一种文化同化主义（assimilationism）。文化色盲主义主张不同文化群体拥有同一套标准，但这一标准更可能是主流文化的标准，而非弱势文化的标准，因而不少学者忧心这种文化观念最终会使全球化变成一个文化大熔炉，百花齐放般的文化差异与多样性将不复存在。

二、多元文化主义

虽然文化色盲主义的影响广泛，但还是有许多学者不同意"文化一致性"这一假设，比如人类学家弗朗兹·博厄斯（Franz Boas）就将文化定义为："一社区中所有习惯、个人对其生活的社会习惯的反应，及由此而决定的人类活动。"这一定义的特别之处在于，这里的文化是有地理范围的，而不是全球性的文化。由此发展而来的文化相对论（culture relativism）就主张，各民族文化的价值是平等的，每个文化集团都有自己独一无二的历史，有其自身的特点和发展规律，不能企图从各民族独特的历史中得到普遍、抽象的理论或发展规律的进化论。这一观点的文化理念被称之为多元文化主义。

多元文化主义强调一个社会要尽量保持文化的多样性。多样性不仅包括不同的民族、肤色、阶层，还指不同的宗教、习俗与文化。在多元文化主义者看来，一个理想社会就是背景不同的人们可以自由地按照自己的方式来生活，自由地表达各自的身份与认同。

多元文化主义理念对当今的社会制度与政策有着广泛的影响力。大部分国家都在鼓励文化的多样性，至少表面上都会充分尊重少数群体的公共权力与意见表达。在推行多元文化策略时，通常而言有两种不同的方式。一种是通过鼓励文化之间的交流与沟通来实现多元文化，这种方式也被叫作互动文化（interculturalism）。比如，文化博览会这类的活动就是通过促进不同文化之间的交流与了解来促进彼此关系。此外，还有一种方式是通过文化隔离，尽量避免主流文化对弱势文化的影响，以实现保护弱势文化、维护多样性的目的。例如，美国社会对 Amish 部落的保护，我国在文化发展规划纲要中提出的要设立文化生态保护区（eco – cultural preservation area），都有类似的作用。

不少研究也证实，群际偏见往往是人们对群际差异不够了解与重视造成的，因而，降低群际偏见的一个有效途径就是要了解不同种族与文化群体间的多样性与差异性。但也有学者批评强调群际区别与差异有可能会导致刻板印象

的加深，进而加深偏见与歧视。❶

三、文化本质主义

如果说文化色盲主义与多元主义展现了人们对文化作用结果的看法的话，那么接下来的文化本质主义与会聚主义则表达了人们对文化作用过程的不同看法。

在达尔文进化理论出现之前，"人们将物种构想为具有本质的、没有变化的类型——就像几何图形和化学元素那样"。例如居维叶（Georges Cuvier）就认为物种不可能随着时间的推移发生变化，因此同源性是识别物种之间关系的核心手段。不难理解，在这种观念影响下，人们也抱有同样的观念来理解不同种族与文化。

文化本质主义的观点认为，各类文化存在内在的、稳定的、不可改变的一些特征；正是因为这些本质特征的存在，使得文化彼此之间存在不可改变的差异。比如，中国文化与美国文化之所以不同，是因为两种文化从本源、从传承、从承载的主体（人）来说，都存在着显著不同，这些不同构成了各自独立的文化核心，即使通过文化互动与交流也不可能彻底同化。比如美国电影《功夫熊猫》虽然以中国功夫为主题，其景观、布景、服装乃至食物处处均充满了中国元素，但中国观众看起来仍然觉得它是一部美国电影，究其原因是它缺乏中国文化的内核与本质。至于这些本质特征究竟由哪些元素构成，又是另一个仁者见仁、智者见智的问题。在儒家看来，可能会主张"仁义礼智信"是中国文化最为核心的元素。所以，这个懂功夫的熊猫，怎么看都像一只美国熊猫，与《马达加斯加》里面的狮子并无二致。

文化本质主义或许是形成多元文化理念的前提思想。文化本质主义有助于人们察觉不同文化之间的差异，形成多元文化理念。❷ 比如 No 等人发现，❸ 持有本质主义观的亚裔美国人相比不持有本质主义观的亚裔美国人而言，会知觉到更多与欧裔美国人之间的差异。在文化互动与交往中，只有人们意识到不同

---

❶ Wolsko C., Park B., Judd C. M., et al. Framing interethnic ideology: effects of multicultural and color - blind perspectives on judgments of groups and individuals [J]. Journal of personality and social psychology, 2000, 78 (4): 635.

❷ Chao M. M., Hong Y., Chiu C. Essentializing race: Its implications on racial categorization [J]. Journal of Personality and Social Psychology, 2013, 104 (4): 619.

❸ No S., Hong Y., Liao H. Y., et al. Lay theory of race affects and moderates Asian Americans′ responses toward American culture [J]. Journal of personality and social psychology, 2008, 95 (4): 991.

文化之间存在的差异，才能促成相互之间的理解。因而识别不同文化之间的差异是发展文化敏感性（cultural sensitivity）或者文化智力（cultural intelligence）的首要步骤。

但本质主义同时也很可能造成偏见。已有的研究已经发现，种族本质主义和性别本质主义，对刻板印象以及偏见有负面影响。[1] 还有学者认为对社会群体普遍存在的各类本质主义倾向（例如，种族本质主义、性别本质主义、阶级本质主义等）是各类社会刻板印象形成的前提。[2]

四、文化会聚主义

如果说文化本质主义是在假设每种文化自身都具有特殊、稳定、不变的元素，那么与之观念相反，文化会聚主义则反对这种"纯文化"的假设。文化会聚主义理念是由历史学家 Robin D. G. Kelley[3] 和 VijayPrashad[4] 最初提出的。Kelley 在其文章 *The People In Me* 中提出，所有个体都是不同文化交流和相互影响的产物；Prashad 继而在其著作 *Everybody Was Kung Fu Fighting* 中借鉴 Kelley 引入的新概念 polyculturalism，同样指出所有文化本质上都是多个文化的混合产物，所以应该关注跨文化之间的联系和相互影响，而不是强调文化的区别性。其具体表现为文化会聚主义的三个原则：[5]（1）文化不是空间独立与世隔绝的，它们源于彼此相互影响；（2）文化不是自诞生就一成不变的，它随着时间扩张、收缩、壮大、衰退；（3）文化、政治、经济三者相互影响。

如果说文化本质主义有可能注定导致文化多元主义，那么与之不同，文化会聚主义却不一定走向文化色盲主义。Prashad 甚至认为文化会聚主义与文化色盲主义不同，它并不是为了重塑无种族区别的人文精神，而是在陈述文化不应该是建立在高墙之内的种族主义。因此文化会聚主义主张历史学家的任务不是去划分不同的血统或强制要求相互尊重，而是要在承认文化世界是社会交往

[1] Morton T. A. , Postmes T. , Haslam S. A. , et al. Theorizing gender in the face of social change: Is there anything essential about essentialism? [J]. Journal of personality and social psychology, 2009, 96 (3): 653.

[2] Fischer R. Cross – cultural training effects on cultural essentialism beliefs and cultural intelligence [J]. International Journal of Intercultural Relations, 2011, 35 (6): 767 –775.

[3] Kelley R. People in me: "So, what are you?" [J]. Colorlines, 1 (3), 1999, 5.

[4] Prashad V. Everybody was Kung Fu fighting: Afro – Asian connections and the myth of cultural purity [M]. Beacon Press, 2002.

[5] Prashad V. On commitment: Considerations on political activism on a shocked planet [J]. Social justice education: Inviting faculty to transform their institutions, 2009: 117 – 127.

和斗争产物的基础上弱化种族的政治身份，从而达到不同种族互相理解、和平共处的目标。所以文化会聚主义是一个既不同意种族主义和多元文化的割裂状态、也不同意抹杀文化差异的同一化过程。

Morris、Chiu 与 Liu 在文化动态建构论的基础上重新提出了文化会聚主义在文化概念网络中的新理解。❶ 当文化定义为"一套包括观念、实践及社会制度的松散组织系统，这个观念系统能起到协调特定群体的个人行为的作用"时，文化会聚主义则特指文化概念网络对个体的多重、叠加影响（不仅受到本地文化的影响，还会受到其他各方文化的影响）。文化会聚主义的观点会认为群际偏见很大程度上是由于人们对历史上以及当代群际之间的交流与互动了解不足造成的。因此，这种观点强调要关注不同群体之间由于过去和现在的相互作用和相互影响而产生的联系，并且认为没有哪一种文化是属于特定人种或种族群体的"纯文化"。例如，2014 年 4 月《人民日报》曾刊文称 iPhone、Wi－Fi 等英语词汇混迹汉字之中破坏了汉字的纯洁性。❷ 但文章一出便哗声一片，有网友当即便列出了大量来自于日文的现代汉语。

服务、组织、纪律、政治、革命、党、方针、政策、申请、解决、理论、哲学、原则、经济、科学、商业、干部、后勤、健康、社会主义、资本主义、封建、共和、美学、美术、抽象、逻辑、证券、总理、储蓄、创作、刺激、代表、动力、对照、发明、法人、概念、规则、反对、会谈、机关、细胞、系统、印象、原则、参观、劳动、目的、卫生、综合、克服、马铃薯，等等。

"经济"在古汉语里的意思是"经世济民"，现代汉语的"经济"是日语对 Economy 的翻译。"社会"在古汉语中是"集会结社"的意思，日本人拿它来翻译英语的 Society。"劳动"在中国的古义是"劳驾"的意思，日语拿它来译英语的 Labour。"知识"在古汉语里指的是"相知相识的人"，日语拿它来译英语的 Knowledge。

如此说来，那专家所在意保护的汉语纯洁性到底指什么呢？甲骨文吗？如果这种纯洁性压根就并不存在，那么是不是人们也就不必纠结目前混用的英文了？

作为一个新概念，关于文化会聚主义的研究目前为止为数尚少，在有限的

---

❶ Morris M. W. , Chiu C. , Liu Z. Polyculturalpsychology ［J］. Annual Review of Psychology, 2015, 66: 631 –659.

❷ http: // gd. qq. com/a/20140425/015267. htm.

几篇研究中，已经足以看出对文化会聚主义观的认同程度和各类群际态度的确存在相关关系，这些群际态度包括减少种族（肤色）歧视、（针对女性的）性别歧视和（针对同性恋的）性别偏见等。比如，Bernardo、Rosenthal 和 Levy❶在研究中比较了菲律宾和美国高中生和大学生对文化会聚主义的认同感和他们对来自其他国家的外来者和移民的态度，发现无论是菲律宾人还是美国人，对文化会聚主义的认同度越高，对外来者和移民的态度都相对更积极，而这种文化会聚主义的认同感在不同文化群体中并不存在显著差异。而之前有研究发现，美国白人通常对色盲主义和多元文化主义价值观的认可度比其他种族更高。❷

但同样也有学者对文化会聚主义的积极作用持有谨慎的态度，他们提出当回忆群际联系时，人们更容易记起的是历史上发生的众多群际冲突，甚至战争。❸如果人们关注的是当下或是过去彼此文化之间的消极作用，是不是会对外群体产生更多怨恨与仇视？比如，当国人回忆起中日关系时可能很难撇开日本侵华战争的那段历史。

让我们再次回到本节开头对汉服的讨论。思考这样一个问题，您认为一位汉服爱好者他/她可能拥有哪些文化信念呢？首先，我们认为汉服爱好者对文化本质主义的认可可能会比较高，他们之所以热爱汉服，可能就是认为汉服当中拥有中国文化的某些珍贵元素，而这些元素亘久不变，即便是千年之后的我们，穿上汉服之后依然能感受并体现出这种文化精神。那么自然在这种观念的影响下，他们可能同时拥有多元文化主义的理念。在他们看来，中国文化与其他民族或地区的文化之间有着本质的区别，如果希望彰显出中国文化，那么就一定要彰显出那些与其他文化区别性高的特征，比如棋类中的麻将、乐器中的古琴、健身活动的太极以及服饰中的汉服。

而相对而言，那些不支持汉服运动的人要么可能拥有更高水平的文化色盲主义，要么拥有更高水平的文化会聚主义。文化色盲主义者会以世界大同为目标，在他们看来最好全世界都讲同一种语言，都穿同样的服饰；而现代服饰一

---

❶ Bernardo A. B. I., Rosenthal L., Levy S. R. Polyculturalism and attitudes towards people from other countries [J]. International journal of intercultural relations, 2013, 37（3）: 335 – 344.

❷ Ryan C. S., Casas J. F., Thompson B K. Interethnic ideology, intergroup perceptions, and cultural orientation [J]. Journal of Social Issues, 2010, 66（1）: 29 – 44.

❸ Rosenthal L., Levy S. R. The colorblind, multicultural, and polycultural ideological approaches to improving intergroup attitudes and relations [J]. Social Issues and Policy Review, 2010, 4（1）: 215 – 246.

定是在历史发展过程中各族人民的自然选择，或者是目前的最佳选择。所以完全没有理由开历史倒车去发扬汉代的服饰。而文化会聚主义者会认为文化间的彼此影响才是最自然的，他们一方面会接受以西方元素为主的现代服饰，另一方面也会热衷于尝试将中西方元素进行拼接或混搭，以形成新的时尚风格。

五、不同文化理念的实验操控与测量

以往研究中，对某种文化理念进行直接的实验操控手段主要有两种。一种是请被试阅读与某文化理念相关的文章，来启动这类心理定势。有代表性的研究比如 Mashuri、Burhan 和 Leeuwen❶ 关于对穆斯林外来移民的态度以及帮助行为的研究。在操控"多元文化主义（multiculturalism）"的条件下，研究者给被试阅读的材料里描写了对穆斯林移民的开放性态度，积极拥护对其独有文化的保留，包括支持他们在公共场所穿着民族服装以及开展宗教仪式等。而在操控"同化（assimilation）"（类似文化色盲主义的一种文化理念）的条件下，被试阅读的材料里则描写了希望穆斯林移民可以融入到荷兰主流文化中，包括不希望他们在公众场所穿着民族服装，以及开展宗教仪式等。这种操控方式简单易行，实验效果也不错。有些研究为了增强操纵效果，还会在呈现阅读材料时添加"专家研究发现……"或"调查统计显示……"等说服性信息。Wolsko 等人❷则要求被试在阅读相应态度声明后列出为什么接受这种观点（"多元文化观"或"文化色盲观"）的五个理由（实验1）；在给出的其他被试写的理由中圈出和自己观点一致的陈述（实验2）。这两个步骤也可以强化被试对操纵的文化观点的认同。这类操纵方式还被用于启动文化会聚主义以及其他相关的文化理念。❸❹

另外一种操控方法是通过呈现与不同文化理念相关的概念，来启动被试不

---

❶ Mashuri A., Burhan O. K., Leeuwen E. The impact of multiculturalism on immigrant helping [J]. Asian Journal of Social Psychology, 2013, 16（3）：207–212.

❷ Wolsko C., Park B., Judd C. M., et al. Framing interethnic ideology: effects of multicultural and color–blind perspectives on judgments of groups and individuals [J]. Journal of personality and social psychology, 2000, 78（4）：635.

❸ Cho J., Morris M. W., Dow B. When in Rome, what do Romans think about newcomers? Locals perceptions of a newcomer's cultural adaptation [J]. Trans–Atlantic Dr. Consort, 2014.

❹ Gutiérrez A. S., Unzueta M. M. The effect of interethnic ideologies on the likability of stereotypic vs. counterstereotypic minority targets [J]. Journal of Experimental Social Psychology, 2010, 46（5）：775–784.

同的文化心理定势。比如在 Plaut、Garnett、Buffardi 和 Sanchez – Burks 的研究中，❶ 在"多元文化主义"组，呈现七个与此相关的概念，即多样性、变异、文化、多元文化、多民族、差异、多元文化主义（diversity，variety，culture，multicultural，multiracial，difference，and multiculturalism）；在"文化色盲主义"组，呈现六个与文化色盲相关的概念，即平等、统一、相同、相似、色盲、文化色盲主义（equality，unity，sameness，similarity，color blind，and color blindness）。同样，这种呈现相关概念的启动方法也很奏效，可以操控出被试对待文化理念的不同心理定势。类似的词语启动方法还有句子整理任务（sentence – unscrambling task）。比如，Uhlmann、Pizarro、Tannenbaum 和 Ditto 的研究中，❷ 让每组被试整理十一个句子并移除其中不属于该句子的一个词语，其中五个句子包含了和"爱国主义"（i.e.，爱国者、美国人、美国、国旗、忠诚）或"多元文化主义"（i.e.，多元文化、包含、多样性、平等、少数派）有关的词语。这种对相关概念和目标的内隐启动方法也被证明能够有效地操纵不同的文化心理定势。

　　对不同文化理念的测量，目前研究者们较多采用李克特式态度测量的方法。比如测量不同文化理念的题目可以是："我认为外来移民学习我们当地的生活方式很重要"（文化同化主义）；"我不会以少数族裔的种族来判断他们"（文化色盲主义）；或者"我认为外来移民保持他们自己的生活方式很重要"（多元文化主义）。其中比较特殊的文化本质主义由于其来自于内隐理论（Implicit person theory），最初有学者根据这一理论分别制定了各类不同的本质主义，比如种族本质主义❸、对社会分类的本质主义❹等，直到最近才有专门的"文化本质主义"的测量工具，具体例题比如，"文化特征是一个人最基本的特质之一，这是难以被改变的"。

　　而关于文化会聚主义理念的测量工具，目前查到有文献资料的只有一份。纽约州立大学石溪分校（Stony Brook University）的博士生 Rosenthal 在其博士论

　　❶ Plaut V. C., Garnett F. G., Buffardi L. E., et al. "What about me?" Perceptions of exclusion and Whites'reactions to multiculturalism ［J］. Journal of personality and social psychology, 2011, 101 (2): 337.

　　❷ Uhlmann E. L., Pizarro D. A., Tannenbaum D., et al. The motivated use of moral principles ［J］. Judgment and Decision Making, 2009, 4 (6): 479.

　　❸ Chao M. M., Chen J., Roisman G. I., et al. Essentializing race: Implications for bicultural individuals'cognition and physiological reactivity ［J］. Psychological science, 2007, 18 (4): 341 – 348.

　　❹ Haslam N., Bastian B., Bain P., et al. Psychological essentialism, implicit theories, and intergroup relations ［J］. Group Processes & Intergroup Relations, 2006, 9 (1): 63 – 76.

文中利用探索性因素分析（exploratory factor analysis）技术发展了一份关于文化会聚主义理念的问卷。[●] 该问卷共有五道题目，使用 7 点量表（1 = 强烈不同意，7 = 强烈同意），询问受访者对于群际互动、影响与联系的看法。题目如下：

（1）不同文化群体会相互影响，即使人们不一定能完全意识到这种影响。（Different cultural groups impact one another, even if members of those groups are not completely aware of the impact.）

（2）尽管不同种族之间看似存在清晰且明确的区别，但其实彼此之间一直存在相互影响，只不过有时这些影响已不容易辨认。（Although ethnic groups may seem to have some clear distinguishing qualities, ethnic groups have interacted with one another and thus have influenced each other in ways that may not be readily apparent or discussed.）

（3）不同文化之间有着许许多多的关联。（There are many connections between different cultures.）

（4）不同文化和民族之间拥有某些共同的文化传统，这是因为它们多年来相互影响的结果。（Different cultures and ethnic groups probably share some traditions and perspectives because these groups have impacted each other to some extent over the years.）

（5）各民族、种族和文化群体之间总是彼此相互影响。（Different racial, ethnic, and cultural groups influence each other.）

在 Rosenthal 的后续研究中，这一问卷都表现出不错的内部一致性信度（Cronbach's Alphas = 0.84 – 0.89），使用探索性因素分析在不同受测样本上所得到的各题目的因子负载也都在 .74 以上。但文献中缺少对验证性因素分析（confirmatory factor analysis）拟合指数的报告。这一量表经翻译后，目前在国内也正在被使用，其进一步的信效度考察有待研究报告。

通过本章的介绍，我们希望读者可以了解跨文化心理学取向以及本土心理学取向两种重要的文化心理学视角，以及在这两种不同研究取向下，对文化价值观这一重要问题的探索与解答。并且本章还梳理了人们对文化信念的几种重要的价值观取向，这些不同的文化理念会最终影响人们看待文化以及文化价值观的态度。

[●] Rosenthal L. The Social, Academic, and Health Implications of Polyculturalism for College Students at a Diverse University [J]. 2011.

第五章　文化与自我

第一节　自我的文化意义

最终我还是拿到了澳网冠军，过去两次我都非常接近。首先我必须祝贺多米尼卡（齐布尔科娃），她表现得非常好，她的团队也非常出色，祝福你的未来也表现得更好。

现在我要感谢我的团队。谢谢我的经纪人，让我变得更富有了；感谢我的体能师，过去4年我都没怎么受伤，当然去年我摔倒了，但不是你的错，你的工作非常好；感谢卡洛斯，你的训练非常棒，我们在冬训真的非常累。

感谢我的丈夫，现在他在中国比我更有名，谢谢他放弃了一切，陪伴我旅行参赛，成为我的练球搭档。谢谢你一直相信我、支持我，帮我收球拍等等，他做了很多事情。当然你也很幸运，娶了我。

谢谢所有的赞助商，这是我最喜欢的大满贯，我非常开心，我已经等不及明年再来了。你们觉得我已经说了很多了，最后谢谢现场观众，谢谢大家。

这是中国网球运动员李娜 2014 年 1 月 25 日在获得澳网冠军后的采访发言。李娜的获奖感言在网络上引起热议，有网友认为李娜的获奖感言没有提到感谢国家和单位领导，也有网友认为这是中国体育界发生的变化，依靠个人能力而非体制追求成功的开始。即便如此，从社会心理学家的眼中来看，李娜的发言仍然带有浓厚的集体主义色彩。

心理学家 Markus 和 Kitayama❶ 对比了日本媒体与美国媒体对运动员获奖后的采访方式及运动员对成功获奖的归因发现，采访中日本摄像师的镜头通常将运动员置身于教练及队友的背景中，提问也倾向于提问反映集体能力的问题。例如对 2000 年 9 月女子马拉松金牌得主 Naoko Takahashi 的采访中，记者是这样问的："在比赛中，谁鼓励你或谁帮助你避免你的弱势？"运动员的回答是："这里有全世界最好的教练，世界一流的经理人，所有人都支持我，这些加在一起才能成就这个金牌。因此并非凭我个人之力夺得这枚金牌"。

相反，美国摄像师通常将镜头聚焦于运动员本人而非其他人，记者的提问与运动员的回答也通常是对个人及其行为的关注。例如媒体的提问通常是"你自己此时是快乐的吗"，或"你通常能坚信自己能获得金牌吗"。游泳冠军 Gary Hall 对此的回答是："我不想因为说游泳是为了自己而让别人觉得我自私，你知道这其中有很多影响因素，但是当我游到对岸在赛道中站起的时候，还是依靠我自己。"

Markus 和 Kitayama 认为，人们（包括摄影师、记者及运动员）对比赛成功的认知及归因存在文化的差异，西方人倾向于将成功归于个人的努力及自我的意志力，表现出一种分离模式（disjoint model），而东方人往往更强调团队的协作与他人的支持，在成功获取中表现出的一种联合式能动性（a conjoint model of agency）。

---

❶ Markus, Kitayama. Model of Agency: Sociocultural Diversity in the Construction of Action. Cross – Cultural Differences in Perspectives on the Self. University of Nebraska Press, Lincoln and London, 2003.

一、西方人的自我概念

"认识你自己"是铭刻在希腊神庙上的一句箴言，自我是人们认识自己的出发点。在西方，对自我的认知贯穿在不同时期的哲学思想中，也能在不同时期哲学家们的关注中看到人类对自己认知的渴望。从希腊神庙上的"认识你自己"到文艺复兴中对"人的重新发现"，从笛卡尔"我思故我在"到洛克对"自我同一性"及"自由"的探讨，从康德的"自我意识论""自由意志论"到心理学家詹姆斯的"物质我""精神我""社会我"的划分，从胡塞尔现象学视角的"经验自我""纯粹自我"的区分，到社会心理学家米德对自我发展的探讨，无一不反应出西方社会中人们对自我的探讨和求索。

因此，研究人们如何看待自我的研究同样也是心理学与社会心理学探讨的重要内容。心理学家 Judge 和同事 1997 年发表论文，[1] 认为人们对自我、世界和他人的评价都离不开个人对自我的核心评价，这个机制叫作核心自我评价（core self - evaluation）。研究者通过引用哲学、临床心理学实践、工作满意度研究、压力研究、儿童发展理论、人格理论和社会心理学等八个领域的研究结果，较有说服力地指出，不管人们是否意识到，核心自我评价都会作为一种稳定机制对个人生活产生重要影响。人们对自我的核心评价包括四种特质：自尊（self - esteem）、心理控制源（locus of control）、一般自我效能感（general self - efficacy）和情绪稳定性（又叫神经质，neuroticism）（如图 5 - 1）。[2]

（1）自尊是西方人自我的重要组成部分，是个人自我评价的结果。自尊是个人对自身总体情况的积极评价，是对自己的肯定及认为自己"有能力、重要、成功和有价值"的程度，是个人追求自身价值实现的内在动力，是个体内在心理活动的动态系统，反映个体整体的自我接受程度、自我欣赏和自我尊重程度。

（2）心理控制源是个人对自我行为结果的认知及归因方式。认为自己行为是决定随后事件发生的被认为是内控者，他们倾向于认为自己的行为能够决定个人命运；相反，将后果归为机遇、命运、运气等外在因素的，被称为外控者，这些人倾向于认为自己无法掌握个人命运。

❶ Judge T. A. , Locke E. A. , Durham C. C. The dispositional causes of job satisfaction: A core evaluations approach. Research in Organizational Behavior, 1997, 19: 151 - 188.

❷ 甘怡群，王纯，胡潇潇. 中国人的核心自我评价的理论构想 [J]. 心理科学进展，2007，(2): 217 - 223.

（3）自我效能感是个人对自我能否完成某件事进行的判断和认知，是对个人基本应对能力、表现能力和能否成功的估计。这是社会心理学家班杜拉提出的概念。

（4）情绪稳定性被西方心理学家认为是人们"大五"（Big Five）人格类型的其中之一，主要指个体情绪的波动情况。情绪稳定性低的个体容易担心、害怕、有压力、焦虑及无助，表现为神经质的人格类型；情绪稳定高的个体没有这种感受。❶

核心自我评价能够预测人们的很多方面。例如在组织行为学的研究中，研究发现核心自我评价与人们工作满意度的相关度为 0.41。研究者 Judge 等同样也考察了核心自我评价与生活满意度、幸福感、压力、紧张之间的关联，发现与四个变量之间的相关是 0.25、0.56、0.23、0.24；同时，核心自我评价和工资、组织投入之间成显著正相关，而与事业高原现象（career plateauing）呈显著负相关。

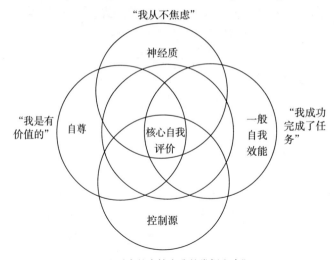

图 5-1　四个西方经典核心特质以及核心自我评价之间的关系❷

二、鲍美斯特的自我三分法

自我（self）的研究在社会心理学中占有重要的地位，调节着个体与社会

---

❶ 甘怡群，王纯，胡潇潇. 中国人的核心自我评价的理论构想 ［J］. 心理科学进展，2007，（2）：217-223.

❷ 原图出处同上。

之间的关系。社会心理学必须纳入一个类似自我的概念才能达到处理个人与社会交互作用的目的。

　　行为主义心理学重视分析环境刺激与个人行为之间的对应，排斥个人心理过程的分析，因此在行为主义主导心理学的数十年中，人格心理学和社会心理学对自我的研究都处于停滞状态。20世纪70年代当认知主义的研究取向处于优势时，对于自我的研究也开始慢慢复苏。1977年社会心理学家马卡斯（Markus）首先提出了自我图式（self - schema）的概念，开启了从社会认知角度对自我的研究，此后的自我研究不同于早期对自我进行理论性和思辨性的研究，而是对自我各个维度的实证性研究。早期心理学家及社会学家詹姆斯、库利和米德等人对自我的研究更系统性，更偏重理论思辨，后来的社会心理学对自我研究更显得分散并具有实证性。

　　20世纪70年代重新兴起的自我研究逐渐分布在各个领域，研究者们发展出很多关于自我的概念，例如自我确认（self - affirmation）、自我评价（self - appraisal）、自我意识（self - awareness）、自我概念（self - concept）、自我构念（self - construal）、自欺（self - deception）、自我挫败行为（self - defeating behavior）、自我提升（self - enhancement）、自尊（self - esteem）、自我评价维持（self - evaluation maintenance）、自我兴趣（self - interest）、自我监控（self - monitoring）、自我知觉（self - perception）、自我呈现（self - presentation）、自我保护（self - protection）、自我参照（self - reference）、自我规范（self - regulation）、自我服务偏好（self - serving bias）、自我验证（self - verification）等，每个概念的相关研究也有很多。❶针对这些概念的研究存在概念界定模糊、概念之间的重复性与重叠性较高的问题，相关研究也因数量巨大和缺乏系统性而引起研究的重复，给自我研究新的进展带来很大的阻力。❷自我研究中存在的这些现象，在不同文化及国家的心理学者中引起共鸣。❸

　　鲍美斯特在对自我多年研究的基础上，发展出一套概括以往自我研究的结构，发表在1998年出版的被称为"社会心理学研究圣经"的美国《社会心理学手册》中。在该书第十五章"自我"（Self）中，鲍美斯特指出自我研究可

---

❶　吴莹. 对鲍美斯特自我研究框架的评述［J］. 社会心理研究，2006（3）：63 - 74.

❷　Baumeister, R. F. The self. In D. T. Gilbert, S. T. Fiske, & G. Lindzey（Eds）. Handbook of Social psychology. New York：McGraw - hill, 1998, 4：680 - 740.

❸　杨中芳. 回顾港、台"自我"研究：反省与展望［G］//杨中芳，高尚仁. 中国人·中国心（人格社会篇）. 台北：远流事业出版有限公司，1992：78.

以从三个维度来分析，并把众多关于自我的子研究以及众多自我的二级概念放入到自我三分法的框架中，从这个角度来说，鲍美斯特对当前自我的研究作了很大的贡献，这种三分法的框架也能为其他的自我研究提供一个参照系。

鲍美斯特（1998）把自我分成自我的反省意识（reflexive consciousness）、人际中的自我（the interpersonal aspect of self）和自我的执行功能（self as executive function）三部分。并且把已有的关于自我的子概念（如自我概念、自我意识、自我表现、自我规范等）分别归入自我的三个部分中。首先，自我的反省意识是自我存在的基础，它包括人们把自我作为被知觉的对象而得到的有关的信息和经验；其次，关于自我的认识是在人际间的互动中得到的，并且会在不同人际关系和环境中重新组合，因此自我与人际的关系互动也成为研究自我必须关注的重要部分；最后，自我执行功能包括自我控制、发起行为以及追求不同目标等，它赋予自我行为主体的意义，而自我的这种主动性成就了人类的自主性（见表 5 - 1）。

表 5 - 1　鲍美斯特自我三分结构

三个维度	内容	二级概念
自我的反省意识	作为被认知的对象	自我参照
	自我构念的核心部分	自我意识
		自我概念与自我认识
		自我提升
		自我欺骗
人际中的自我	在人际互动中获得	自我呈现
	关联自我与社会的部分	自我评价维护
	受不同文化环境的影响	自我监控
		自我的情感反应：羞愧、内疚、尴尬、社会焦虑
自我的执行功能	自我的功能性体现	控制功能
	具有行为主体性的意义	自我效能感
	包含控制与管理的功能	自主性
	体现人类的自主性	自我损耗
		自我规范
		自我挫败行为

专栏 5 – 1

控制感的体现——自我规范及自我损耗与自我挫败行为

正如前面所提到的,体现个人意志及自我管理功能的能动性(agency)在西方人的自我中备受关注。这里的西方人更是指生活在个人主义文化中的美国人。实现个人意志是每个美国人的追求,正如美国梦所隐喻的价值观与期待一样。美国社会中独特的自我追求也与美国社会文化密切关联,正如鲍美斯特所说,人们的自我离不开文化环境的塑造。美国早期社会的清教徒文化提倡个人奋斗是进入彼岸、成为上帝选民的重要条件,在美国文化中更鼓励节制、自我约束、自我规范等自我管理的能力与品质,而美国精神中的"民主"更多表现在个人对自己的自由意志的追求与实现上。

相反,疏于自我管理的自暴自弃行为是美国社会价值体系中不被赞赏的,例如屈从于吃的欲望,暴力攻击行为,过度性行为,抽烟、吸毒、酗酒等成瘾行为等。在这个基础上,美国心理学家对人们何时会出现意志软弱、自暴自弃的行为充满好奇,并表现出极大的兴趣,具体可见于众多对自我损耗及自我挫败行为的研究。

鲍美斯特认为人们的自我控制是建立在假设心理能量存在的基础上:人们所有的自我控制过程中使用的是同一种资源;并且这种心理资源是限量的,稍微的努力性操作就能使之减弱。自我的控制功能的失灵,是因为自我实施控制的代价太大,需要的心理资源过多。比如对于认知加工过程,Bargh 曾区分了自动加工过程和控制加工过程,控制性加工过程中,意识不能自由地从中解脱出来而耗费的心理资源更多。鲍美斯特进一步认为控制功能消耗的是非常有限的心理资源,心理资源的消耗将导致人们在接下来的任务中出现疲劳状态。因此,为了以后的重要决定,人们往往节省地使用这种有限的心理或精力资源。

自我规范研究中,最有影响的是 Caver、Scheier(1981,1982)提出的控制理论。这种观点认为,自我规范的操作包括 TOTE 反馈环的四个过程,即测试(test)、操作(operate)、测试(test)和退出(exit)。具体过程如下:自我首先与其目标、规则等标准作比较,即测试过程;如果发现不足将对其改正,即操作过程;接着再进行测试;缺点仍然存在,操作过程就继续,相反如果没有缺点,自我的控制就退出反馈环转移到其他事情上。

自我规范主要包括以下几方面：首先是对冲动和欲望的控制，比如对吃的欲望、攻击行为、性行为、抽烟、吸毒和酗酒等行为的控制；其次是对思想和感觉的控制，比如促使人们的思想集中于某一特定主题，或激起人们的某种情绪或情感状态；最后是对行为的控制。在人们对比当前的状态与理想标准，并努力弥补之间的不足过程中，就可以看到反馈环的运行。

自我挫败行为是指在自我的控制过程中出现的悖于理性的有意识的行为，如吸烟、酗酒、药物滥用等成瘾行为。在鲍美斯特之前，心理学家对自我挫败行为的原因有两种解释：一是人们具有自残的动机，二是人们对于自己过失的惩罚。鲍美斯特和 Scher（1988）曾回顾过已有研究，并没有发现能够支持以上两种解释的证据，他们侧重于将这种有意识的挫败行为仍然归为自我规范功能的减弱。

三、自我的文化差异

自我是联结个人与外在世界的桥梁，自我机制与社会心理学重视研究人与情境互动的过程有较强的契合性，同时自我也经常被人格心理学作为人格特质的重要成分。探讨自我离不开人们所处的外界环境，尤其是宏观的文化氛围，个人的自我构念与自我评价可能与社会阶层有关，也可能与教育水平有关，个人的自我构念更容易被长期的文化规范与行为实践所塑造，这点在心理学不同研究者那里已经达成共识。

西方人格心理学家曾试图用"大五"（Big Five）和"大七"（Big Seven）的人格特质概括人们性格的核心特质（见表 5 - 2）。大五是指包括尽责性（conscientiousness）、外倾性（extraversion）、神经质/情绪稳定性（neuroticism）、开放性（openness）、宜人性（agreeableness）等五个维度的人格特征。后来也有西方研究者对大五人格量表进行修正，发展出"大七"人格量表。"大五"和"大七"量表编订者都假设人们的特质存在跨文化的统一性，心理学家可以用五个或七个特质来概括人们的人格结构。

王登峰和崔红（2003）[1] 对西方"大五"人格理论进行修正，提出具有中

---

[1] 王登峰，崔红. 中国人人格量表（QZPS）的编制过程与初步结果 ［J］. 心理学报，2003（1）：127 - 136.

国文化特点的大七人格理论，用七个维度来标定中国人的人格结构。这一修正与西方"大五""大七"理论恰恰相反，认为人格结构存在文化的特异性，在不同文化中存在不同的理解。中国人的人格结构表现在七个特质上：善良、才干、处事态度、人际关系、行事风格、情绪性、外向性。甘怡群等（2007）❶在中国人"大七"人格理论基础上提出，中国人的核心自我评价体系与人格结构相呼应，应该与西方人的核心自我评价有所不同，具体包括善良、才干、处事态度和集体自尊四个方面。

在西方自我评价体系中神经质是一个重要维度，是描述个体情绪稳定性的信息，表示"我从不焦虑"，相关研究表明，中国人并没有独立的对应维度。相对应的有如下变化：

（1）"善良"是比较核心的自我评价特定，反映中国文化中"好人"的特点，表达社会规范对个人待人处事的期待与规范，包括对人真诚、宽容、关心他人、诚信、正直、重视感情生活等品质。高分者特点是对人真诚、友好、顾及他人、诚信和重感情；低分者是指对人虚假、欺骗以及利益优先、不择手段等特点。

（2）对于西方人"我成功完成任务"的自我效能维度，对应"才干"维度，高才干者表现出坚韧、果敢、投入、灵活特点，是个人能力的体现，表述上变为"我是有能力的"。

（3）对应西方人自我评价的控制点，中国人的自我评价变为"处事态度"，从西方人的"生活中的事情在我的掌控之中"，变为中国人的"人们之间的关系在我的掌控之中"。处事态度是对人生和事业的基本态度，包括自信与淡泊两个维度。自信反映对理想和事业的追求，高分表示对生活和未来坚定且充满信心，低分反映无所追求、懒散等；淡泊是指对成功的态度，高分指无所期待，安于现状，低分指永不满足，不断追求卓越，渴望成功。

（4）"集体自尊"替代西方人自我概念中的自尊，西方个体主义自我评价中的"我是有价值的"，变为"我所属的团体是有价值的"。

---

❶ 甘怡群，王纯，胡潇潇. 中国人的核心自我评价的理论构想［J］. 心理科学进展，2007，（2）：217-223.

表5-2　中西人格结构与自我结构的对比

	西方	东方
人格结构	西方的"大五"人格理论	中国的"大七"人格理论
	尽责性	善良
	外倾性	才干
	神经质/情绪稳定性	处事态度
	开放性	人际关系
	宜人性	行事风格
		情绪性
		外向性
核心自我评价	神经质："我从不焦虑"	善良："我是好人"
	自我效能："我成功地完成了任务"	才干："我是有能力的"
	控制点："生活中的事情在我掌控中"	处事态度："人们之间的关系在我的掌控中"
	自尊："我是有价值的"	集体自尊："我所属的团体是有价值的"

　　社会心理学家与人格心理学研究者有同样的判断，他们指出不同文化情境会塑造出人们不同的自我构念，进而影响人际中自我的表现以及自我管理与控制的方式。最为典型的是，受不同社会传统及宗教文化影响的个人可能会有不同的自我评价、自我表达及自我控制。社会心理学家杨中芳❶曾指出，中国人的自我在儒家文化的价值体系中被建构出"大我优先"的特点，中国人的自我缺少个人自主性、独立性，而又在相应的"差序格局"、重视秩序的社会制度中孕育出强烈的社会取向。

　　鲍美斯特指出美国的新教伦理与清教徒文化中倡导的"天职观"与"成为上帝选民"的价值观，曾经让人们的自我有着内外高度的统一，人们评价自我而形成的自知（self - knowledge）曾经是值得信赖的。然而，随着社会的发展，现代化的推进及宗教影响力的式弱让人们对自我评价不再有那样的可信性，精神分析思潮中"本我"概念的出现尤其使人们质疑自我知觉的可信性。❷自我构念的情境性决定自我在不同文化中呈现出形态各异的差别，并非如典型美国主流心理学中的个体主义范式中所描述自我那样具有普遍性。对不同文化情境中人们自我特征的反思也伴随着社会心理学学科发展而不断体现在

　　❶ 杨中芳. 中国人的价值观："大我优先"体系剖析［G］//杨中芳. 如何理解中国人. 台北：远流事业出版有限公司，2001：289 - 335.

　　❷ Baumeister, R. F.（1998）. The self. In D. T. Gilbert, S. T. Fiske, & G. Lindzey（Eds）. Handbook of Social psychology. New York：McGraw - hill, 1998, 4：680 - 740.

各国研究者的学术成果中。

第二节 自我的跨文化研究

在自我的测量中，有一种自我二十项陈述测验法（简称TST），要求被试用"我是"来表述自己，这种测验法是由心理学家库恩和迈克帕特兰1954年发展出来的，被研究者们称为主位式心理测验法，意思是这种测验法不会使被测验者的回答受题目结构的限制，可以自由回答，回答的结果更符合被试真实情况。作者曾在课堂上重复这一测试，将二十项自我陈述改为十项自我陈述，有一位学生是这样回答的：

> 我叫王琼
>
> 我是女生
>
> 我是中央民族大学的学生
>
> 我是动漫社团的成员
>
> 我性格外向
>
> 我爱画画、写诗
>
> 我是河南人
>
> 我有时忧郁，有时快乐
>
> 我的肚子此刻很饿
>
> 我很喜欢社会心理学

在科恩之后的应用研究中，有心理学家指出，来自个体主义文化的成员常用特质性概念来描述自己，来自集体主义国家的被试更多提及自己的社会角色。[1][2] 研究者们认为这种依靠被试陈述为主的主位测试法可以由被试自由发挥，而不受传统自我测验中研究者预设的概念结构影响，因此二十项自我表述测验中，更能体现出文化对自我结构的塑造。也有研究者对这一研究结果提出不同的解释，例如集体主义文化中的个人难以离开环境来描述自己，因此在某

---

[1] Triandis, H. C. , McCusker, C. , &Hui, C. H. Multimethod Probes of individualism and collectivism [J]. Journal of Personality and Social Psychology, 1990, 59：1006 – 1020.

[2] Bond, M. H. , & Cheung, T. S. The spontaneous self – concept of college students in Hong Kong, Japan and the United States [J]. Journal of Cross – Cultural Psychology, 1983, 14：153 –171.

一情境中回答 TST 的内容可能只反映了在特定情境中自我是怎样的，当被试对提供背景的 TST，例如"当在家时，我是……"作出反应，日本被试比美国被试使用更多特质性的描述。❶

自我构念不仅仅局限于北美心理学家们所描述的单一性、普世性，个人的自我在不同文化情境中被塑造而具有各自的独特性，这点已经在众多社会心理学家中形成共识，也成为跨文化心理学、中国本土心理学以及欧洲群体心理学范式的研究者们发现不同社会文化中自我多样性的动力，而他们对自我研究的丰硕成果也成为社会心理学学科史上浓墨重彩的一笔。本节将介绍跨文化心理学、中国本土心理学、欧洲群体心理学等三个研究范式对自我的研究。

在 20 世纪的最后二十年，跨文化心理研究进行得如火如荼，占据了社会心理学研究的重要领地，在影响巨大的重要心理学期刊上发表了大量的跨文化研究，涉入这一研究领域的研究人员人数众多。尤其是以《跨文化心理学期刊》（*Journal of Cross - Culture Psychology*）的创刊最具有代表性，该刊是当时跨文化心理研究的重要阵地，其影响力一直持续到三十多年后的当下，至今作为影响力较大的社会心理学研究期刊，影响因子是 1.42。在诸多研究中，以亨利·特里安迪斯（Henry. Triandis）、黑兹尔·马库斯（Hazel. R. Markus）和 Shinobu Kitayama 的研究影响较大，尤其是在关于自我领域的研究中。

一、特里安迪斯的文化类型与自我结构

特里安迪斯对文化类型与自我的研究建立在霍夫斯泰德（Hofstede）的全球价值观调查的基础上（参见本书第二章和第四章）。霍夫斯泰德在对 IBM 公司在全球 66 个国家、3 个地区的 11.7 万名员工的价值观调查中发现，可以用四个维度来描述不同国家及文化间的差异，分别是权力距离（power distance）、规避不确定性（uncertainty - avoidance）、男性气质和女性气质（masculinity - femininity）、个体主义与集体主义（individualism - collectivism）。这四个维度的提出使宽泛、复杂的文化概念变得简捷、清晰，使文化差异变成一个可以量化操作的变量，为日后的心理研究提供了框架式的概念。❷ 这种操作化过程又非常契合心理学进行概念操作化的学科研究特征，因此很受心理学研究者们的

---

❶ Cousins, S. D. Culture and self - perception in Japan and the United States ［J］. Journal of Personality and Social Psychology, 1989, 56: 124 - 131.

❷ 杨宜音. 自我及其边界: 文化价值取向角度的研究进展 ［J］. 国外社会科学, 1998（6）: 24 - 28.

推崇，为日后跨文化心理研究的繁荣提供了重要的工具性基础。

特里安迪斯沿用霍夫斯泰德的个体主义－集体主义分类，并试图将这一概念应用在个体水平测量中。特里安迪斯及其合作者提出，对应个体主义与集体主义文化类型，在个人的心理层面也有两种不同的表现形式，他使用"向心式个体"（the allocentric）与"离心式个体"（the idiocentric）的概念来表达。在概念的背后包含的假设是，如果某一文化中"向心式个体"占大多数，这一文化就是集体主义文化，如果文化中"离心式个体"占多数，这一文化就是个体主义文化。特里安迪斯及其合作者许志超又在这一基础上发展出"个体主义－集体主义"的测量工具（Individualism－Collectivism Scale，简称IND-COL量表）。这一量表的发展混淆了文化与个体两个层面的含义，将后来追随者的研究引向简单区分不同文化类型中个体心理差异，将文化类型等同于文化中个体的心理特征，抹去了文化内部多样性及个体的差异性，也模糊了特里安迪斯最初区分文化与个体层面的初衷。❶

实际上，特里安迪斯的学术抱负并不仅局限于心理测量工具的发展，而是更多地将视野投放在如何分析解读塑造人们心理状况的外在文化环境中。1989年，特里安迪斯在美国著名的心理学期刊《心理学评论》（*Psychological Review*）上发表了一篇标题为《不同文化情境中的自我与社会行为》（*The self and social behavior in differing cultural contexts*）的论文，提出对文化类型的分类可以从三个方面来看，即文化的复杂性（cultural complexity）、文化（约束）的宽松及严厉程度（tightness vs. looseness）、个体主义与集体主义（individualism vs. collectivism）。❷

专栏 5－2

特里安迪斯对文化类型的分类

文化的复杂性（cultural complexity）是从文化内部的复杂程度来对文化进行比较。这一比较可以从许多角度进行，例如，文化内部通行语言的种类、职业分工的数量等。特里安迪斯认为一个文化内部内群体（ingroup）的数量和功能也是文化复杂性的一个重要标志。当一个文化内部内群体数量增加时，

---

❶　杨宜音. 自我及其边界：文化价值取向角度的研究进展［J］. 国外社会科学，1998（6）：24－28.

❷　Triandis, H. C. The self and social behavior in differing cultural contexts［J］. Psychological Review, 1989, 96（3）：506－520.

个体对某一群体的忠诚程度就会下降。这是由于当个体有可能认同和归属多个群体作为自己的内群体时，某一群体对个体产生的吸引力和约束力就比较小，个体可以根据自己的意愿选择进入或退出内群体，所以流动性比较大。当然，这样的内群体给予个体的影响比较单一，不能满足个体多层面和较大量的需要，同时，对个体违反内群体规范的宽容程度也会比较大。于是，个体在各个方面对这样的内群体的依赖性比较小，而个体最关注的是不要因为内群体而影响了自己的目标。

文化中可供个体认同的内群体数量少且性质单一时，个体往往非常依赖自己的内群体，从中得到多重满足，内群体也更具有人情味，更可依赖。这样的内群体强调内部的和谐和合作，以及与外群体的竞争和敌对关系，对个体有较为严格的约束，个体违反内群体规范时，就会受到较为严厉的惩罚。所以，从文化的复杂性可以导出文化的严厉与宽松（tightness vs. looseness）这一维度。在同质性高的文化（homogeneous culture）中，群体要求个体遵守群体的规范，对于偏离群体规范的行为给予极大的惩罚和心理压力。因此，儿童的教养方式备受关注，从而使内群体成员从小内化内群体的目标和规范。相反，在异质性高的文化（heterogeneous culture）中，群体的规范没有同质性文化中的群体规范那么清楚和严厉，可以容忍个体有一定程度的偏离行为。由于在这样的文化中，个体有选择进入和退出群体的可能性，内群体对个体的约束力就比较小，宽容度就比较大。

个体主义和群体主义（individualism vs. collectivism）是指个体将如何处理个人行为目标和群体目标的关系。将个体的个人目标置于群体目标之上的文化属于个体主义的类型，反之，将群体目标置于个人目标之上的文化属于群体主义的类型。Kim 1994 年指出个体主义是建立在自由主义前提下的，也就是假定个体是理性的，因此可以给个体以权利使之自由地选择自己的目标。在人际的层面上，个体被看作是独立自主的，也是尊重他人权利的。在社会的层面上，个体被视为抽象的、一般的实体。所以，他们的角色、地位并不由先赋性的因素来决定，而是由后成性的因素（例如，教育、经济、职业）来决定；人际交往的原则是相互不介入各自的生活、公平交易；群体的组成源于多个个体共同认同他们的目标，并由法律、规则等正式与非正式的途径来保护个体的权利不受到损害。在个体主义的文化中，个体被鼓励自我定向、自由选择、与众不同和保持隐私。而群体主义文化是以儒家思想为根基的，社会和谐和整体的共同利益高于个体的利益。每一个个体都在一定的情境中被赋予某种角色并被确定在某种位置上，因此，个体陷入关系的包围之中，履行角色义务和责任成为社会对个体的要求。反过来看，社会的秩序则建立在个体对责任义务的履行与否上。

节选自：杨宜音《自我及其边界：文化价值取向角度的研究进展》❶

二、独立我与互依我研究

当下媒体的广告词呈现出不同的风格。有充满个性，强调个人感受的，例如"美好滋味、自己体会"（某快餐店的广告），"自我自主、任你摆步"（某运动鞋的广告），"营养做主、我行我素"（某绿色蔬菜的广告）；也有强调与他人分享、相互陪伴的风格，例如"你的希望、我的可能"（创业企业广告），"朋友一起干杯，知己为我而醉"（酒业广告），"我们为你想的更多"（某空调广告）。如果对媒体中海量广告词进行内容分析，可以发现，广告词往往根据营销对象和营销情境进行不同风格的调整，有针对年轻人的现代个人主义方式的表达，有针对年长消费者的，强调家庭和睦、集体分享的传统集体主义风格。

在不同情境中人们的自我表达有所不同，同样，心理学家马库斯和北山忍认为，不同文化情境中人们的自我概念也是不同的。1991 年两位心理学家发表论文提出独立我（independent self）与互依我（interdependent self）的概念来表示东方人与西方人对自我的解释完全不同。西方人强调个人的自主性，区分与他人的不同，东方文化塑造的自我概念更强调个人与他人的相互依赖，个人自我是基于与他人关联而获得的（如图 5-2）。

马库斯和北山忍这一自我构念的提出来源于两人对东西方文化碰撞（cultural shock）的感知。作为美国人的马库斯和他的日裔学生北山忍在日常交往中对两种文化中的生活方式、习惯行为相差迥异大为震惊，这也是两人合作进行跨文化研究的动力。马库斯和北山忍曾谈到过开展这一研究背后的故事❷：

---

❶ 杨宜音. 自我及其边界：文化价值取向角度的研究进展 [J]. 国外社会科学, 1998 (6)：24-28.

❷ 戴维. 迈尔斯. 社会心理学 [M]. 侯玉波, 乐国安, 张智勇, 等, 译. 北京：人民邮电出版社, 2006：36.

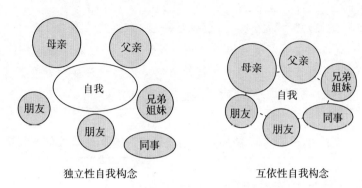

独立性自我构念　　　　　　　互依性自我构念

图 5 - 2　独立我与互依我的自我构念❶

专栏 5 - 3　文化的碰撞——研究背后的故事

马库斯：

在日本对英语很好的学生演讲了几周以后，她想知道为什么这些学生不发表任何言论——没有问题，没有评论。她以为学生的兴趣点和她不同，否则为什么没有回应呢？意见、争论和批判思想的迹象会表现在哪儿呢？"最好的面店在哪儿？"答案依然是不变的沉默。几个学生回应"要看情况"。日本学生难道没有偏好、想法、意见和态度吗？如果没有这些东西，那么他们头脑中有什么呢？如果一个人不告诉你他在想什么，你怎么去理解他呢？

---

❶　Markus, H. R., & Kitayama, S. Culture and the self: Implication for cognition, emotion and motivation [J]. Psychological Review, 1991, 98: 224 - 253.

选择是一种负担吗？一个 8 人小组在法国餐馆用餐，每个人都遵循通用的用餐程序，首先是看菜单，侍者很靠近地站在他们旁边，她选择了开胃食品和主菜。接着是日本主人和日本客人之间的紧张交谈。当正餐送上来时，她发现并不是她刚才要的那些，桌上每个人的食物都相同。这是非常令人沮丧的。如果你都不能选择自己的正餐，那你怎么会觉得这是一种享受呢？如果每个人的食物都相同，那菜单还有什么用呢？

北山忍：

对美国学生不是仅仅听讲座，而且有时经常打断彼此并与教授互相交谈的原因感到好奇。为什么这些评论和问题带有强烈的情绪情感并且伴有竞争意味？这种争论可以表明什么？为什么智慧看上去似乎与得到他人的赞许有关，甚至是在彼此都非常了解的班级里？

美国主人会给自己的客人各种选择，这使他深感惊讶。"你要白酒还是啤酒、软饮料还是果汁、咖啡还是茶？"为什么让客人承担这些琐碎的决定？主人当然应该知道在这种场合什么是好的饮料，应该准备一些适当的好东西。

例如有独立自我结构的人会更偏好于以下的价值判断：做你自己的事情；追求你的幸福；如果你感觉好，那就去做吧；做真正的你；不要盲目从众；不要把你的价值观强加于人；削减税收；在相互依存的关系中不要迷失自我；爱人先爱己；宁可精神独处，也不要信仰共有；相信你自己；想法与众不同。❶

根据独立我 – 互依我的自我构念区分，马库斯和北山忍又区分了不同构念个体的认知、情感和动机过程。他们发现，独立我的个体知觉的信息倾向于自我特性方面，而互依我个体知觉的信息都与他人有关系；独立我的个体情感体验都来自于自身内部，例如感官需求等体验，如自豪感，而互依我的个体的情感体验更多来自于社会、与他人的关联等因素，例如友好的感觉对他们来说更重要；独立我构念的个体的行为动机来自于表达自我和实现自我内部潜能，而互依我的行为多受发展与重要他人交往、并取得社会互动地位等方面驱动。❷

---

❶ 戴维·迈尔斯. 社会心理学 [M]. 侯玉波，乐国安，张智勇，等，译. 北京：人民邮电出版社，2006：33.

❷ Markus，H. R.，& Kitayama，S. Culture and the self：Implication for cognition，emotion and motivation [J]. Psychological Review，1991，98：224 – 253.

　　不同文化下两种自我构念的区分，使跨文化比较的视角渗入了对传统社会心理关注的多个心理过程的解释，例如社会影响过程、社会惰化与社会助长、态度与行为不一致引发的认知不协调等方面。❶跨文化心理学研究中，特里安迪斯对个体主义－集体主义维度的强调，与马库斯和北山忍发展出独立我－互依我自我构念，是影响力较大的两个研究。这两个研究点燃了诸多研究者对跨文化心理学的研究热情，引发较多后来者对跨文化心理学研究范式的追随，及对个体主义－集体主义、独立我－互依我概念的大量引用。

　　独立我－互依我的概念将美国文化描述为关注于独立于他人的自我，而将日本文化描述为关注于依赖他人的自我。两种文化传统的对比引发出一个研究思路的简化，即美国作为个人主义国家的原型，而日本作为集体主义国家的原型。后来又有研究者将独立我－互依我的自我构念发展出可以量化的量表，例如古迪昆思特等人曾编制独立我－互依我量表（见表5－3），用来验证不同文化下自我表现出的差异性特点。这一量表是由自我描述项目组成，也包括一些与自我相关的态度描述，但是所有项目都是正向提问，增加文化造成的高社会赞许性的可能。❷

表5－3　两种自我构念的测量❸

独立型自我构念	依赖型自我构念
1. 应该用我自己的优点评价我	1. 在作重要决定之前我会征求别人的意见
2. 能够照顾自己是我首要的关注	2. 与工作有关的事情我会征求同事的意见
3. 我的个人认同对我很重要	3. 为了集体利益我能牺牲自己的利益
4. 我更喜欢依靠自己而不是依赖别人	4. 即使在困难时期，我也紧随我所在的集体
5. 我是区别于他人的独特个体	5. 我尊重我所属集体的决定
6. 如果我的价值观与我所在群体价值观有冲突，我遵循自己的价值观	6. 即使不开心，只要他们需要我，我仍会留在集体中
7. 我尽量不依靠别人	7. 我与自己所属的集体保持和谐

　　❶ 杨宜音，张曙光. 社会心理学［M］. 北京：首都经济贸易大学出版社，2015.
　　❷ 史密斯，彭迈克，库查巴莎. 跨文化社会心理学［M］. 严文华，权大勇，等，译. 北京：人民邮电出版社，2009：132－133。
　　❸ Gudykunst, W. B., & Lee, C. M.（2003）. Assessing the validity of self construal scales. Human Communication Research, 2003, 29（2）：253－274.

续表

独立型自我构念	依赖型自我构念
8. 我对自己的行为负责	8. 我尊重所属集体大多数人的意愿
9. 作为一个独立人行动，这对我很重要	9. 即使我对他们不满，只要他们需要我，我仍会留在集体中
10. 我应该依靠自己决定我的未来	10. 我试图遵守工作中的惯例与传统
11. 发生在我身上的事是我自己造成的	11. 我对他人的个人情况给予特殊考虑，以使工作效率更高
12. 我喜欢独特和与众不同	12. 在做任何事之前，最好与别人商议，听取他们的意见
13. 我对单独受表扬和获得奖励感到自在	13. 在作决定之前，与好朋友商议并听取他们的意见很重要
14. 当集体的决定错误时，我不会支持它	14. 与其他人的关系远比自己的成就重要

第三节　自我的本土化研究

正如第二章回顾，社会心理学对"文化"这一变量的探索经过了不同阶段，也体现在不同的研究范式中，中国本土心理学家们对文化的探索也同样结成了丰硕成果。在对自我研究领域的知识积累中，中国本土心理学亦有较大的贡献，例如杨宜音曾经用质性研究方法对中国人的"自己人"概念的研究，❶杨中芳、杨国枢及黄光国等本土心理学先驱在"关系"范畴中对中国人自我观念的探讨，这些研究与思考在讨论中国人的自我构念、处事态度、价值体系和道德标准等方面仍然有较强的解释力。❷

在北美个体主义取向的社会心理学之外，欧洲社会心理学家们对"群体"的研究硕果累累，影响颇大。群体社会心理学的研究范式以"群体"

---

❶ 杨宜音．"自己人"：一项有关中国人关系分类的个案研究［J］．本土心理学研究（中国台湾）．2001（13）：277－316.

❷ 杨中芳．如何理解中国人：文化与个人论文集［M］．台北：远流出版事业股份有限公司，2001.

为单位，重新思考群体身份、群体内在动力、群际互动对个人自我构念的建构与塑造。其中令人瞩目的研究包括亨利·泰弗尔和约翰·特纳的社会认同理论及特纳等人提出的自我归类理论。❶群体社会心理学较为强调自我形成来自于个人对所属群体身份的内化，群体身份属性对个人"自我"构念的重要性。

本节将回顾中国本土心理学中关于自我的研究成果，以及欧洲群体心理学中关于"自我"的研究。

一、中国关于自我的本土化研究

（一）杨宜音：关于"自己人"的研究

杨宜音曾使用"自己人"概念形象表达中国人的自我构念。就像日常生活中我们使用"都是自己人"、"他是自己人，请放心"这样的语句表达某人与我们关系的密切性。杨宜音指出，中国人自我的建构并非是关于自己一人的所感、所思、所想和所为，而是涵盖较多关系密切的"自己人"的过程，中国人的自我是一个建立在"关系"基础上的边界可伸缩的整体。费孝通先生曾使用"差序格局"表达中国人的关系亲疏，中国人自我构念映射了这种差序格局式的关系，呈现出"自己人/外人"的分类，如同一个同心圆，最里层的是自己，往外一层是最亲密的人（可能是配偶与子女），再往外一层是较为亲密的亲人（如兄弟姐妹），这些都可以叫作自己人，然后才是关系不太密切的外人，以此类推。例如该研究中其中一位被访者将自己的关系分为5类，最里层是"自家人"，然后是"近亲与至交"、"近交与远亲"、"交往略多的人"和"交往较少的人"（见表5-4）。❷

杨宜音的"自己人"研究采用人类学常用的参与观察法与深度访谈法，历时两年，选取了传统农村社区居民与大城市居民作为观察与访谈的对象，并对两种社区形态下形成自我构念的不同进行了对比。访谈录音整理成文字约有30万字，研究材料丰富，内容详尽深入，收集的资料包括农村人的婚礼礼账、分家单、居住分布图、家谱、土地地契与承包合同、家庭经济账目、借款记录、通信等，城市被访人的电话通讯簿、日记、通信等。

---

❶ 特纳，等. 自我归类论［M］. 杨宜音，王兵，等，译. 北京：人民大学出版社，2011.

❷ 同上。

表5-4　农村被研究者关系分类

类别	级别	类别命名	关系	户数
一	1	自家人	妻子、儿子、儿媳、女儿	1
	2		父母、岳父母	2
	3		兄弟	3
二	4	近亲与至交	叔伯爷爷、妹妹、妻兄弟、妻妹、妻表妹	6
	5		妻表妹、邻居、姨、干亲、妻姑、妻叔、妻舅、妻姨妹、妻堂姐、师父、表叔	19
	6		堂房姑姑、堂房姑表弟、儿媳的叔叔、儿媳的姑姑、儿媳的姨	15
三	7	近交与远亲	同事、战友、近邻、族叔	24
	8		远亲近邻、同事、远亲	10
四	9	交往略多的人	老邻居、远亲、同事	23
	10		邻居、村内企业主、有过交道的人	45
五	11	交往较少的人	远族亲、远邻居	36
	12		远邻居	8

（左侧纵向文字）亲密信任义务 ↕ 疏远少信任少义务

这项"自己人"研究主要有以下几项发现。

（1）中国人的自我构念呈现差序格局的特征，可以用"自己人—外人"进行分类。

（2）中国人的自我构念具有边界通透性的特点，根据关系的先赋性与交往性，"自己人"范围会有所改变，表现出不同形态。例如先赋性-交往性都很高的"自己人"（家人、干亲、铁哥们等），先赋性低-交往性高的"自己人"（闺蜜、出嫁女与父母）；先赋性高-交往性低的身份性"自己人"（亲属、婆婆或继子女等）；先赋性低-交往性低的外人（陌生人、圈外人、外乡人）（见表5-5）。

（3）城市人与农村人的"自己人"是不同的，交往同质性较强的农村人的"自己人/外人"分类表现出单一的维度，主要是在亲缘关系与地缘关系这一维度上进行分类；而随着交往范围的扩大，交往异质性城市人"自己人/外人"的类别区分在不同情境都得以体现，例如在家人、小学同学、中学同学、大学同学、工作单位的范围内再区分"自己人-外人"。

表 5－5　自己人－外人分类及相互间的互动模型

		交往性关系 真有之情　自愿互助	
		高	低
先赋性关系 （含拟亲属关系） 应有之情身份责任	高	自己人 （家人、钦哥们、圈内人）	身份性自己人 （亲属、婆媳、继亲子）
	低	交往性自己人 （客友、传统出嫁女与父母）	外人 （陌生人、外乡人、圈外人）

（二）杨中芳：中国人的自我道德性的探讨——从"小我"到"大我"

中国本土心理学家多主张对个体心理现象的研究要建立在考察社会结构、社会制度与社会价值取向的基础上，对中国人自我构念的研究更是如此。本土心理学家们认为考察中国人的人格与自我构念离不开探究中国特定的社会文化模式，与西方社会结构迥异的中国社会结构型塑了中国人独特的人格特征与自我构念；在中国人独特的自我构念中能够看到特定社会规范、价值限定与道德标准，需要在区分中西方不同社会文化前提下进行。例如杨国枢先生曾提出用社会取向——个人取向的模式来区分中国人的自我构念与西方人的差异，中国人的自我构念表达出明显的社会取向，西方人的自我构念表达出个人取向。[1]杨中芳先生也曾指出：[2]

"社会"协助并保护各个"个体"。它使"个体"能得到他（她）如果不生活在"社会"中，自己单独生存时，所得不到的。但是，"社会"也对内种的"个体"，作某一些程度的限制，以便使整个"社会"可以运作自如。这可以说是"个体"必须付出的代价。同时，"社会"及"个体"都是在发展之中的，显然两者是在互赖的关系下得以发展。各个文化对"社会"与"个体"关系的构念不同。主要在于：（1）"社会"中的"个体"是以什么结构组成，（2）"个体"在"社会"中所被限制的程度。而所以会有这些构想的不同，主要是系于各个文化——对"个体"与"社会"要有什么样的关系，才能使整个社会运作自如，并使两者同时得以发展——持有不同的想法。

---

[1] 杨国枢. 华人自我的理论分析与实证研究：社会取向与个人取向的观点［G］// 杨国枢、陆洛. 中国人的自我：心理学的分析. 重庆：重庆大学出版社，2009.

[2] 杨中芳. 中国人的人己观："自己"的"大我"与"小我"［G］// 杨中芳. 如何理解中国人：文化与个人论文集. 台北：远流出版事业股份有限公司，2001：365－404.

综合看来，中西方不同的社会文化会导致不同的社会与个人关系，例如西方社会中呈现出的"个人定向"与中国的"社会定向"完全不同，在个人行为、自我构念、社会构成、社会规范、价值观与道德规定上各有不同（见表5－6）。这点也是中西心理学对自我研究不同之处。在西方文化理念中，"自己"本身是一切行动的主宰与动力中心，个人的行为反映他内在的知觉、情感、个性与意愿，个人必须对"自己"有充分了解才能决定自己要做什么，因此西方心理学家也认为，要研究有关"个己"的信息，才能掌握人的行为规律。同样，中国人也很重视"自己"，但是在中国哲学中，个人的"自己"需要与社会安宁、和谐与秩序联系起来，维系在个体的"修己身"（self－cultivation）之上。❶

表5－6 中西文化对"个体"与"社会"关系构想的不同❷

西方"个人定向"社会结构	中国"社会定向"社会结构
1. 以一个个独立自主的个体为单位	1. 以"人伦"为经、"关系"为纬组成上下次序紧密的社会
2. 着重个体的自由、权利及成就	2. 着重个体对社会的责任与义务
3. 着重个体独立、自主的培养："小我"幸福是社会幸福的基础	3. 着重"大我"概念的培养："大我"幸福是"小我"幸福的先决条件
4. 追求个体利益是被鼓励及许以重赏的	4. 服从规范、"牺牲小我"、"完成大我"是被鼓励及许以重赏的
5. 社会的运作靠法律来维系	5. 社会的运作靠个体自律及舆论来维系
6. 社会公正：使绝大多数的人得到最大利益	6. 社会公正：对遵守规范者的奖励、对违反者的惩罚

杨中芳从三个方面讨论中国人自我特有的道德性。（1）自我的理想："道德自己"是中国人自我发展的重心，达到"仁"与"圣贤"的境界，自我意志的体现、自我实现需要通过"尽性""得道""成德"、实现道德"至善"来完成。（2）自我的发展：中国人的自我通过在实践的"体知"中获得，通过实践、修行来完成自我的道德性；中国人的自我发展呈现由行到知、由知生

---

❶ 杨中芳. 中国人的人己观："自己"的"大我"与"小我"［G］// 杨中芳. 如何理解中国人：文化与个人论文集. 台北：远流出版事业股份有限公司，2001：365－404.

❷ 同上。

意的发展过程，而不像西方人由知到意，由意生行。由此，中国人的自我的修为与发展是延续一生的、不稳定的，不像西方人对自我的均衡性与稳定性的构想。(3) 自我的责任性：个人的自我发展需要将社会礼义的规范与价值观内化于心，"人人皆可成为圣贤"的文化约束将"圣贤"的理想作为个人修为的目标，而个人的"修己""克己"又需要自己选择，自己负责。

正是因为个人自我道德化的追求，中国文化中的哲学理念认为，个人的修为应该贯穿一生，个人的自我边界是个逐步扩展的过程。杨中芳引用心理学家Sampson 的概念对自足式个人主义与包容式个人主义进行区分，认为自我分为自足式与包容式两类，与西方人强调自我实现的成就动机不同，中国人强调将自己扩大，成为包含整个社会的自己的道德修养过程，可以理解为是一个"去私"的内化过程。相对应的，在中国社会中社会教化是一个"行动的约束，及减低对'个己'（self‐decentralization）注意的过程"。

杨中芳在对有关"自己"的价值观字句整理中发现，中国人的教化内容有以下特点。(1) 以自制为主；(2) 憎恶自满；(3) 崇尚自奋、自发、自强；(4) 强调道德修养的成就；(5) 扩大"小我"，成就"大我"（见表 5‐7）。相对应的是一系列的教化方法，包括以服从和限制为纲、实践为先的教化程序，耻感的培养——社会比较的评价方式，"法情兼重"的教化手段，多元化的教化主体（agent）。

表 5‐7 表达社会教化意义的"自己"词句

内容	字句
以自制为主	自省：自反、自讼、自躬、自问 自爱：自尊、自敬、自重、自惜 自觉：自律、慎独、独己 自分：自量、自知之明、量力而为 自分的反义：自专、自讨没趣、自作聪明、自讨苦吃
憎恶自满	自夸、自满、自盈、自傲、自大、自高、自持、自命、自用、自诩、自许、自居、自矜、自多、自封、自鸣、自得、自负、自吹、自擂、自炫、自伐、自我陶醉、自我感觉良好
崇尚自奋、自发、自强	自主、自理、自奋、自强、自新、自救、自告奋勇、自强不息、自力更生、自给自足、自食其力 反向：自馁、自作、自决、自取、自苦、自缚、自作孽、自暴自弃、自食其果、自作自受
成就"大我"（"去私"过程）	推己及人、己饥己溺、己所不欲勿施于人、己欲立而立人、己欲达而达人、老吾老以及人之老，幼吾幼以及人之幼

二、群体心理学关于自我的研究

20 世纪 70 年代末，欧洲社会心理学家泰弗尔和特纳提出的社会认同理论（social identity theory）（见第七章 文化与认同），指出人们以群体为单位的社会分类思维是诸多心理现象产生的原因。随后，社会认同理论被众多研究者接纳、频繁引用，其影响至深，使社会心理学的研究者们从惯于关注个人心理行为的视线转移到以群体为单位。诸多传统社会心理学的研究主题在群体层面被重新思考，对自我构念的研究就是其中之一。这一转变也被认为是欧洲社会心理学家对北美个体主义范式的传统心理学研究范式的批判和反思。近几十年发展出的群体心理学研究范式，也被称为欧洲群体社会心理学的本土化过程。❶

（一）自我类别化理论（self‑categorization Theory）

社会认同理论提出者之一约翰·特纳，在社会分类思维的基础上提出自我类别化理论。❷ 他指出自我类别化理论与社会认同理论一脉相承，但关注重点有所区分。自我类别化是指在对内群体‑外群体区分的基础上，个人对内群体身份的内化过程。这一过程表现出个人对自我知觉的去个人化（de‑personalization），个人对自我的认知不再局限于个人的所感、所知、所思、所想，不再局限于个人的情感与偏好，群体身份被接受、内化后成为个人自我的部分，个人的自我表征受这个群体身份的影响。特纳将之称为自我刻板化过程（self‑sterotyping）。

这种自我知觉去个人化影响个人较多心理过程，例如刻板印象、群体凝聚力、种族中心主义、合作和利他、情绪感染和移情、集体行动、共同的规范和社会影响过程等。正如特纳谈到：❸

去个人化并不是失去个人的特性，也不是失去自我或把自我淹没在群体之中像去个体化（de‑individuation）这一概念一样，更不是回归到更原始或无意识的认同形式当中去。它是从个人水平的认同到社会水平的认同的转变，这一转变是在自我概念的性质和内容上的转变，以在更包容的抽象水平上符合自我知觉的功能。在许多方面，我们可以把去个人化看成是认同的获得，因为它

---

❶ 方文. 欧洲社会心理学的成长历程 [J]. 心理学报. 2002（6）：651–655.
❷ 特纳等. 自我归类论 [M]. 杨宜音，王兵，等，译. 北京：人民大学出版社，2011.
❸ 同上.

代表了一种机制，通过这种机制，个体可以按照社会相似性和差异性来行动。

北美社会心理学的个体主义研究范式，通常会在个体水平上看待理解群体心理现象，群体被认为是个体原始的、非理性的或本能的表现，并被用带有贬损含义的概念来描述，例如"去个体性""责任扩散""风险转移""群体思维""从众""偏见"（适合于负面的群际态度）"群体压力"以及"刻板印象"。自我归类论代表着群体心理学的不同研究范式，将内群体认同看成是一种适应性的社会认知过程，这一认知过程是亲社会关系（社会凝聚力、合作、群体影响）的基础，是人类行为适应机制。

（二）不同水平的自我构念

欧洲群体心理学的研究成果丰富了学科的智识积累，其研究成果被北美诸多研究者关注，引发了对已有研究的发现及重新解读、批判反思，例如美国心理学家 Brewer 对自我表征的研究就是在综合群体心理学对自我的研究与美国跨文化心理学中自我研究的基础上提出的。Brewer 等人认为，个人的自我建构包含三个组成部分，即从自身独特性定义自我、从自己与亲密他人的关系中定义自我、从自己和所从属团体的关系中定义自我。三种构念分别被命名为个体自我（individual self）、关系自我（relational self）和集体自我（collective self）。

Brewer 等人提出的三类自我构念，是基于跨文化心理学独立我 – 互依我自我构念而提出的，也旨在与群体心理学的自我归类理论对话。后来有研究者 Sedikides 等人将这一自我构念命名为三重自我建构理论（the tripartite model of self – construal），使用独立我 – 互依我的概念与之对应就是，独立型自我建构——个体自我，关系倾向的依存型自我建构——关系自我，团体倾向的依存型自我建构——集体自我。另外，Brewer 等人也指出，人们的自我构念并非稳定的特质性结构，而是具有动力性的表征，在不同启动（priming）条件下会表现出不同的自我特征。❶

第四节　自我构念的情境性

东亚人的自我构念表现出互依性，西方人的自我构念呈现出独立性。中国

---

❶ Brewer, M. B. , & Gardner, W. Who is this "we"? Levels of collective identity and self resentations [J] . Journal of Personality and Social Psychology, 1996, 71: 83 – 93.

人的自我构念表现出具有差序格局式的关系性特征，在强调群体优先的文化中人们的自我构念还与群体认同紧密相关，这是跨文化心理学家、中国本土心理学家以及欧洲群体心理学家们给出的答案。这种带有文化独特性的判断放大了自我构念在文化中的差异，更强调自我构念的独特性，从理论创新的角度来看非常具有创新性，很受瞩目。因此三种研究范式的影响力从20世纪70年代末持续到21世纪的前十年，对后来者的研究影响延续了三十年。

　　然而，在全球化的当下，经济互动、旅行的频繁、跨国工作、留学、劳动力的迁移成为常态，这些人类的活动在互联网技术及资本流动的催化下，在时空压缩的情境中，使得人们的心理状态瞬息万变，情境因素成为影响个人心理状态的重要因素，对人们的心理状态的解读便不能用特质化的分析。自我构念也同样不再是类似人格特质的稳态机制，更可能呈现出随着环境的变化而发生变化的情境性特征，因此社会心理学家们对自我构念的研究也开始重点考虑情境性因素的影响。

　　对不同文化情境自我构念的反思仍然是从"我是谁"问题开始的，并且早在1991年跨文化心理学家在提出自我构念文化独特性时就已经强调过情境对自我构念的启动效应，只是当时的实验实施与对结果的理论解释仍是在区分不同自我构念类型的语境中进行的，并未从自我构念的情境性角度进行解释。

一、自我构念与情境启动

　　跨文化心理学家Trafimow等人[1]曾用不同指导语情境启动被试不同自我构念。他们将被试分成两组，一组对独立型自我建构激活，指导语如下："在接下来的两分钟里，请你想一想，是什么让你不同于你的家庭成员和朋友？你对自己有哪些期望？"另一组对依存型自我建构激活，施以指导语："接下来的两分钟里，请你想一想，你和你的家庭成员、朋友有哪些共同之处？他们对你有哪些期望？"接受不同激活的被试紧接着完成了20个陈述测验（TST），即让被试完成20个"我是……"开头的句子。根据对被试所完成句子的编码，可以考察被试对自我的定义的特征。结果如研究者所预期，独立性构念启动组完成更多具有独立自我构念性的句子，互依组启动的被试完成了更多具有互依性自我构念的句子。

---

　　[1]　Trafimow, D., Triandis, H. C., & Goto, S. G. Some tests of the distinction between the private self and the collective self [J]. Journal of Personality and Social Psychology, 1991, 60: 649 –655.

研究者也使用故事启动法发现，不同性质的故事情境也会启动被试不同的自我构念。Trafimow 等研究者在同一个研究中，首先请被试阅读故事，各个组别所阅读的故事前一部分相同，而后一部分不同。

相同部分的故事情节包括勇士 Sostoras 辅佐 Sargon 一世夺取了天下，国王奖赏他一片领土。若干年后国家又面临新的战争，国王要求 Sostoras 举荐一人统帅军队。Sostoras 深思熟虑，决定推荐一个叫 Tiglath 的将士。独立型自我建构激活组阅读到的后一部分的故事大意是：Sostoras 之所以推荐 Tiglath，是因为考虑到 Tiglath 很有天赋，举荐这样一个人国王会奖赏自己，而且 Tiglath 也会因此对自己心怀感激，有利于自己权力的巩固和声望的提高。依存型自我建构激活组阅读到的后一部分的故事大意是 Sostoras 之所以推荐 Tiglath，是因为 Tiglath 是他的家族成员之一，举荐他有助自己家族权力与声望的提高，也会让家族成员看到自己对家族的忠诚。在阅读完故事后，被试需要回答问题"你是否崇拜 Sostoras？""用是、否或不确定来回答"。然后让被试完成 TST 自我陈述测验。❶

自我构念的情境性在众多研究者的启动实验中得到验证。在跨文化心理学家独立我 – 互依我的研究浪潮之后，在 21 世纪的最初几年中，社会心理学领域中兴起对跨文化心理学的反思大潮。例如方文❷曾用文化特异性路径概括跨文化心理学与本土心理学的研究特点，认为文化特异性路径放大了文化对个人心理现象的作用效果。彼特·史密斯、迈克·彭和齐丹·库查巴莎等人甚至形象地将对跨文化心理学研究范式的追随比喻为马从马厩中冲出来后的自我迷失，而对跨文化心理学的反思和批判又比喻为"为失控的马儿减速"。❸

诸多研究者们进一步对跨文化研究提出具体的反思，这种范式将文化差异等同于不同文化成员的个体差异。心理学家奥瑟曼❹在对跨文化心理学的认知风格、价值观、自我构念等研究现象的元分析研究后提到，已有跨文化研究将宗教、哲学、语言和历史等远端（distal）差异等同于心理现象等近端（proxi-

---

❶ 刘艳. 自我建构研究的现状与展望 ［J］. 心理科学进展, 2011, 19（3）: 427 –439.

❷ 方文. 转型心理学：以群体资格为中心 ［J］. 中国社会科学, 2008, （4）: 137 –147.

❸ 史密斯, 彭迈克, 库查巴莎. 跨文化社会心理学 ［M］. 严文华, 权大勇, 等, 译. 北京: 人民邮电出版社, 2009: 132 –133.

❹ Oyserman , et al. Rethinking Individualism and Collectivism ：Evaluation of Theoretical Assumptions and Meta – Analyses ［J］. Psychological Bulletin, 2002, 128: 3 –72.

mal）差异。

赵志裕和康萤仪❶提出研究文化心理过程可以从不同研究路径出发，一种是用统一的维度评价不同文化或国家中个人的心理状况，称之为全球性路径，这些维度称之为泛文化维度（pancultural dimensions），例如个体主义－集体主义、独立我－互依我都可以成为这样的维度，如同地理学中的经度和纬度，构成一个坐标系，标识出世界各地不同文化对个人心理影响的差异。第二种是聚焦性路径，这种路径强调文化类型所具有的独特性，例如印度的种姓文化、中国的孝道文化、东亚文化中的关系取向等。

两种研究路径均是文化的描述性路径，作为描述性路径，并不能解释文化。而解释性研究通常是主流社会心理学的常用路径。因而，社会心理学对文化与心理关系的研究自本世纪开始，较多使用启动实验的方式来完成，形成与主流社会心理学对话的新范式。

二、动态性建构理论与文化框架转移

2000 年，康萤仪和同事在学术影响颇大的《美国心理学家》（*American Psychologist*）杂志上发表论文，❷ 提出"多元文化心智"（multicultural minds）的概念，用以解释文化与个人心理的复杂关系。他们以双文化个体（bicultural individual）为例，通过研究发现，个人心理表征在不同文化情境中呈现出动态性建构模式（dynamic constructivist model），特定文化模式并不能完全塑造出完全对应的个人心理特性，双文化个体的认知模式、归因方式、自我构念甚至情绪表达都会随文化情境的转换有所不同，呈现出文化框架转移（cultural frame shift）的特点。

这种对文化与个体心理关系的新认识基于以下几点假设。第一，个体拥有的文化知识并不是铁板一块、不可松动的，相反是一个根据特定情境组成的松散的认知网络结构。第二，个人可以同时拥有不同的文化构念（cultural constructs）网络，即使这些文化构念表现出相互冲突的观念，对于双文化个体来说，新文化知识的获得并不意味着丢弃母文化知识。第三，文化知识的频繁使用就会形成个体头脑中的长时通达性（chronically accessible），文化符码（cul-

❶　赵志裕，康萤仪. 文化社会心理学 ［M］. 刘爽，译. 北京：中国人民大学出版社，2011：31－49.

❷　Hong，Y.，Morris，M. W.，Chiu，C.，& Benet－Martinez，V. Multicultural minds：A dynamic constructivist approach to culture and cognition ［J］. American Psychologist，2000，55：709－720.

tural icons）的提示足以使个体从这种心理状态中提取文化意义，这进而影响到个体的认知、情绪和行为（如图5－3）。❶

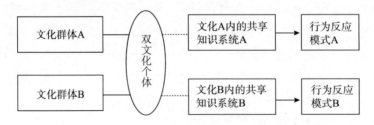

图5－3　文化情境对个人行为建构的路径图❷

康萤仪等人在其研究中，以双文化个体为被试（例如有五年以上中国生活经验及五年以上美国生活经验的中国被试、经历过英国文化与汉语文化的香港人），对其进行不同文化情境启动。这里使用具有典型文化特征的文化符码，例如代表美国文化的美国国旗、玛丽莲梦露的照片、超人的动漫形象、国会山的建筑等，代表中国文化的中国龙、京剧人物、孙悟空的动漫形象和长城的图片等（如图5－4）。被美国文化符码启动的双文化个体在其后的归因模式中表现出偏好个人特质性归因，而被中国文化符码启动的双文化个体在随后的认知归因中呈现出情境式归因偏好。动态性建构模式的心理特点在康萤仪等研究者随后的论文中又被充分阐释，并从最初对不同文化情境启动个人归因认知模式的研究，推广到在全球化与人口跨国迁徙的当下，对有不同文化生活经历的双文化个体或多文化个体心理状况的延伸，包括文化对个人身份的启动、双文化个体的文化依恋模式对文化适应行为的影响等。❸❹❺

总的来看，文化动力性建构模式的各项研究试图超越跨文化心理学将文化

---

❶ 杨晓莉，刘力，张笑笑．双文化个体的文化框架转移：影响因素与后果［J］．心理科学进展，2010，18（5）：840－848．

❷ 参见 Hong, Y. A dynamic constructivist approach to culture：Moving from describing culture to explaining culture［M］. In R. Wyer, C－y. Chiu, & Y. Hong（Eds.），Understanding culture：Theory, research and application. New York：Psychology Press, 2009：3－23.

❸ 同上．

❹ Chao, M., & Hong, Y. Being a bicultural Chinese：A multilevel perspective to biculturalism［J］. Journal of Psychology in Chinese Societies, 2007, 8：141－157.

❺ Hong Y－y., Fang, Y., Yang, Y., Phua, D. M. Cultural Attachment：A New Theory and Method to Understand Cross－Cultural Competence［J］. Journal of Cross－Cultural Psychology, 2013, 44（6）.

类型等同简化为个人心理行为差异的研究范式，摆脱将文化类型变量等同个人心理变量，从线性的因果对照关系进行文化心理的研究。文化动态建构模式研究在方法论上，还原文化行为的复杂性，引入中介变量及调节变量的分析，考虑文化与个人心理表现之间存在的中间层面（例如共享的文化知识框架），以及个体固有的价值观念与身份认同特征对这一过程的影响（控制变量的影响），参见图5-5。

图5-4　启动美国文化与中国文化认知框架的文化符码

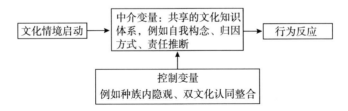

图5-5　动态性建构模式中各变量之间的关系

这一研究范式将之前对文化心理进行描述研究变为对文化心理的解释研究，还原文化对个人心理影响作用的真实形态，具有更强的解释力，且应用在对文化与自我关系的研究中同样有效。事实上，康萤仪等人❶也曾指出，跨文化心理学家早期的实验研究就曾发现自我构念的情境启动特征，只是当时在跨文化研究如火如荼的浪潮中，研究者们更关注心理现象的文化特异性比较，还没开始将视线放在文化与个人行为之间的动态建构关系上。

---

❶　Hong, Y., Morris, M. W., Chiu, C., & Benet - Martinez, V. Multicultural minds: A dynamic constructivist approach to culture and cognition [J]. American Psychologist, 2000, 55: 709 - 720.

第六章　文化与厌恶

第一节　厌恶情绪的文化属性

　　朋友在美国留学时曾给美国舍友做了一顿好吃的川菜——凉拌耳丝。美国舍友吃完后觉得味道很赞，询问这菜是什么食材做的，朋友便解释说是用猪耳朵做的，谁知美国舍友听完居然跑到卫生间呕吐不止。原来老美吃肉只吃动物躯干部分，并不吃其他部位，在他们观念中这些动物器官等同于活生生的动物本身，是不可以吃的。

　　英语中"猪"用 pig 表达、"猪肉"用 pork 表达似乎可以说明这种区隔。

可这些内脏四肢和其他杂碎却是很多中国名菜不可或缺的食材,比如川菜的毛血旺、泡椒凤爪、夫妻肺片,粤菜的卤水三拼、状元及第粥,沪杭菜系中的鸭胗鸭肫等。

中国 2012 年从海外进口了 231700 吨鸡爪,价值约为 2.14 亿英镑(约合 20.88 亿元人民币)。有报道说,2013 年英国开始向中国出口大量鸡爪,因为鸡爪在英国食品界没有市场,每年有数百万只鸡爪被扔进垃圾处理场。而在中国,鸡爪被视为美味。据英国禽业部门估计,向中国出口鸡爪将为每一只鸡增加 15% 的利润,即 1.5 英镑(约合 14.6 元人民币)。❶

对他文化中“奇奇怪怪”的食物感到恶心是一种从生理上对未知事物的排斥,因为食物入口,是实实在在的身体感知,对文化纯洁性的追求在饮食中表现最明显。

一、个体情绪心理学中的厌恶研究

恶心的心理学名字叫作厌恶,在心理学的传统研究中厌恶被作为一种个体化情绪看待,它和高兴、愤怒、悲伤、恐惧、惊奇一起被认为人类的六大基本情绪,但是厌恶相比高兴、愤怒、悲伤和恐惧等情绪,并没有引起个体心理学家们高度关注。个体心理学倾向于从表情、动力性、内在体验和主观认知等四个方面分析情绪的过程以及情绪的功能性作用。著名情绪心理学家保罗·艾克曼(Paul Ekman)详细分析了从平静到出现不同程度厌恶情绪的表情变化(如图 6-1)。在完成其名著《情绪的解析》(*Emotions Revealed*)一书时,艾克曼以女儿伊娃为模特,拍摄了数千幅这样的表情照片作为研究佐证。

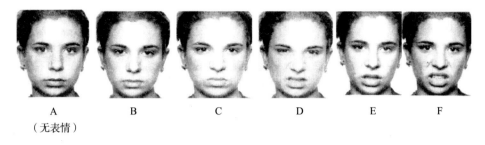

A	B	C	D	E	F
(无表情)					

图 6-1 表达不同程度厌恶情绪的表情

---

❶ 新华网. 英国拟向中国出口鸡爪 每只鸡增 15% 利润 [EB/OL]. http://news.xinhuanet.com/food/2013-09/17/c_125404466.htm.

艾克曼对不同厌恶程度的描述过程作了细致观察和记录："首先我们来看鼻子——皱纹这个特征。照片 B 这一特征并不明显，照片 C 稍强些，照片 D 这一特征很明显。当这一特征强烈到照片 D 中的程度时，眉毛也下沉，有人认为这个表情包含了愤怒。但是仔细观察，发现她的上眼睑并没有抬高，眉毛并没有完全下沉，所以是厌恶并不是愤怒。这些厌恶照片中，脸颊都有所提升，抬高了下眼睑，但鼻子、嘴型和脸颊的变化才是最重要的。眼部的皮肤基本上是松弛的，而不是紧张的。再看上唇抬起这个特征，照片 E 微微上抬起，照片 F 则比较夸张。"❶

艾克曼也曾对厌恶情绪的功能性作用有所研究。他指出，厌恶具有保持人际距离的作用，淡化厌恶而建立起的亲密关系代表着人际的信任，例如接受朋友难以启齿的事情、情侣间亲密的身体接触、为爱人清理呕吐物与面对陌生人的呕吐物截然不同。总之，厌恶性情绪具有边界、区隔、分类等功能，但在艾克曼的早期研究中也仅仅局限在厌恶情绪与人际边界的讨论中，并没有对社会、群体与文化边界的讨论，而这点在后期的社会心理学研究中得以补充。

专栏 6－1　情绪心理学家 保罗·艾克曼

艾克曼早期受达尔文《人与动物的情绪表达》一书启发，研究西方人和新几内亚（岛）原始部落居民的面部表情，他要求受访者辨认各种面部表情的图片，并且要用面部表情来传达自己所认定的情绪状态，结果发现某些基本情绪（快乐、悲伤、愤怒、厌恶、惊讶和恐惧）的表达在两种文化中都很雷同。

在四十年研究生涯中，他曾研究新几内亚（岛）部落民族、精神分裂病人、间谍、连续杀人犯和职业杀手面容。联邦调查局、中央情报局、警方、反恐怖小组等政府机构，甚至动画工作室也常请他当表情顾问。

艾克曼等人较早地对脸部肌肉群运动及其对表情的控制作用作了深入研究，开发了面部动作编码系统来描述面部表情。他根据人脸的解剖学特点，将其划分成若干既相互独立又相互联系的运动单元（AU），并分析了这些运动单元的运动特征及其所控制的主要区域以及与之相关的表情，并给出了大量的照片说明。

❶ 保罗·艾克曼. 情绪的解析 [M]. 杨旭，译. 海口：南海出版社，2008：176－177.

　　人脸有 43 块肌肉，可组成 10000 种表情，其中 3000 种表达情感。1972 年，艾克曼总结了人类 6 种基本情绪，即愤怒、厌恶、恐惧、快乐、悲伤和惊讶，到 20 世纪 90 年代，艾克曼又扩充了一些情绪，包括愉悦、轻蔑、满足、窘迫、兴奋、内疚、成就感、安慰、满意、感官愉悦、羞愧，从而使这项情绪表单增加了 17 项。❶

　　艾克曼长期的微表情研究广泛应用在各种"辨谎"领域，艾克曼也成为辨别谎言领域的专家，2002 年曾受美国中央情报局邀请，开发一套训练程序 METT，培训情报人员，帮助他们提高微表情识别的辨谎能力。

　　艾克曼被认为是 20 世纪最重要的心理学家之一，其研究具有较大影响力，他还被作为原型出现在一部热播美剧 *Lie to ME* 中，是剧中男主角、一位人类行为学家莱特曼博士的原型。

二、厌恶情绪与社会心理研究

　　近年研究者发现，厌恶是一种具有社会分类功能的情绪。心理学家乔纳森·海特（Jonathan Haidt）等人将引发厌恶的对象分为以下九类❷："奇怪"的食物、怪异的动物、身体分泌物、性、肢体残缺、死亡、不干净的东西、来自他人传染的可能、不道德的人或事。

　　乔纳森·海特等人在这个分类基础上编制了一个厌恶敏感性自陈量表，用来测量每个人厌恶敏感性的差别，题目很有趣，例如，"在自然课上看到泡在防腐剂罐子里面的人手会让我不舒服"、"如果我最喜欢的汤被一只用过但是严格清洗过的苍蝇拍搅拌过，即使很饿，我也不会喝"、"如果我看到别人呕吐，我也会感觉反胃"。

　　这一量表是海特在就读博士期间开发的，他在宾夕法尼亚大学取得博士学位，并师从著名心理学家保罗·罗津（Paul. Rozin，后文将会详细介绍他的研究）及克拉克·麦考利（Clark McCauley）。这个厌恶量表被认为是测量个体厌恶敏感度的"黄金法则"，问世二十余年被应用于数以百计的实验及临床测验。

---

❶ 测谎大师：保罗·艾克曼［EB/OL］．读览天下，http：//www.dooland.com/magazine/article_733671.html.

❷ 吴宝沛，张雷．厌恶与道德判断的关系［J］．心理科学进展，2012（2）：309－316.

专栏 6 - 2　厌恶敏感性量表

请指出你在多大程度上同意下列陈述，或者下列陈述在多大程度上准确描述了你的情况。请用数字（0 - 4）来回答每个问题。

1 - 14 题：

0 = 完全不同意（完全不准确）；1 = 基本同意（基本不准确）；2 = 不确定；3 = 基本同意（基本准确）；4 = 完全同意（完全准确）。

15 - 27 题：

0 = 一点也不厌恶；1 = 轻微厌恶；2 = 中度厌恶；3 = 非常厌恶；4 = 极其厌恶。

1. 在某些特定情况下，我可能会愿意吃猴肉

2. 在自然课上看到泡在防腐剂罐子里面的人手会让我不太舒服

3. 听到别人清满是痰液的嗓子会让我感到不舒服

4. 我绝对不会让我身体的任何部分触碰到公共厕所的坐便器

5. 我情愿绕路，也不愿穿过一片坟地

6. 看到别人家的蟑螂不会让我感觉到不舒服

7. 触摸一具尸体会让我感觉到不舒服

8. 如果我看到别人呕吐，我也会感觉反胃

9. 如果我最喜欢的餐馆的主厨感冒了，我不会去那家餐馆吃饭

10. 看到一个带着玻璃眼球的人从眼睛上拿下假眼球完全不会让我感到难受

11. 在公园散步时，看到面前跑过一只老鼠，会让我感觉不舒服

12. 相比较于吃一张纸，我更愿吃一块水果

13. 如果我最喜欢的汤被一只用过但是严格清洗过的苍蝇拍搅拌过，即使很饿，我也不会喝

14. 在一家很好的酒店，如果我知道一个人前一天晚上因心脏病死在我房间，我会感到很不舒服

15. 你在户外的垃圾桶上看到一只蛆在一块肉上

16. 你看到一个人用刀叉吃苹果

17. 当你走过一个铁路隧道，你闻到臭味

18. 你喝了一口饮料，然后意识到你用来喝饮料的杯子是你的一个熟人以前用过的

19. 你朋友的宠物猫死了，你必须空手捡起它的尸体

20. 你看到有人把番茄酱涂在香草冰激凌上，并吃下去

21. 你看到一个人在车祸后肠子漏出来

22. 你发现你的一个朋友一周才换内衣

23. 你的朋友给了你一块狗屎状巧克力

24. 你不小心用手碰到了一个人的骨灰

25. 当你准备喝一杯牛奶的时候，你闻到牛奶变质了

26. 在生理卫生课上，你被要求用嘴吹一个新的、没有润滑剂的安全套

27. 你赤脚走在水泥地上，然后踩到了一只蚯蚓

你的厌恶敏感度：

按照如下方法计算你的厌恶敏感度分数。首先，在第 12 题和第 16 题旁边画一个"×"，因为这两道题的目的只是为了确保你认真答题，因此不计分。然后把你第 1、6、10 题的得分"反转"，用 4 减去你的答案，然后在边上写下你的得分。最后，把所有 25 题的答案加起来（1，6，10 题用反转分）。总分分布在 0～100 分，这个测验的平均分是 40 分。❶（来源于 YourMorals. org）

三、厌恶对象的文化特征

在阅读下文前请回答一个问题：什么会让你感到厌恶？这个答案可以是事物，也可以是某类人，也可以是某些行为。下面来举一些例子❷：

纳豆是日本千百年来的传统美食，并且颇具养生功能，广为日本人喜爱。据统计，每年日本约 1.28 亿国民要吃掉近 64 亿千克的纳豆，在日本经典动画片《哆啦 A 梦》中小主人公之一大雄每天早晨的美食就是纳豆。但是对西方人来说，除了味道和口感另类外，纳豆的臭味让他们敬而远之。一位美国女作

---

❶ Rachel Herz. 这太恶心了：揭开厌恶心理的奥秘［M］. 刘潇楠，刘睿哲，译. 北京：中国轻工业出版社，2013：27 - 28.

❷ 同上，第 2 - 5 页。

者曾这样形容它"像氨水与烧着了的轮胎味串在一起。"

奶酪是西方人日常的食物，也是极致的珍馐，从固态到液态，上等窖藏的塔雷吉欧、戈尔贡佐拉或布里奶酪外表看起来粘稠，气味与纳豆差不多。不同的制作环境，也会使奶酪的气味接近于呕吐物、臭脚或垃圾堆，世界上最臭的奶酪是塔雷吉欧奶酪。很多亚洲国家的人接受不了奶酪的味道，认为无论是美国切片还是英国斯蒂尔顿，奶酪与牛的粪便没有什么两样。

冰岛美食臭鲨鱼是另外一种具有文化独特性的食物，臭鲨鱼以格陵兰鲨为主要食材，将鲨鱼头和内脏去掉后埋入浅坑，用沙砾盖住，根据季节不同，将鲨鱼埋藏2~5个月，等腐化程度合适，将鲨鱼肉取出来切成条状，挂在室外风干。臭鲨鱼具有强烈的氨水味和鱼腥味，需要配以烈性白兰地食用。环球美食家安东尼·博尔顿在品尝后说，这是他吃过的"最恶心、最可怕的食物"，但是对于冰岛人来说，臭鲨鱼却是一种独特的"乡愁"（nostalgia）。

图6-2　世界各地的怪异美食
（日本纳豆、斯蒂尔顿奶酪、冰岛臭鲨鱼、厄瓜多尔吉开酒）

一位美国学生记录的在厄瓜多尔的里奥班巴关于吉开酒的故事："我注意到，在离我不远的地方正在举行一场仪式，女人们将煮过的玉米粉放在嘴里，嚼上一会儿，混着口水将玉米粉吐到一个奶壶里，口水和玉米粉的混合物像婴儿的呕吐物，除了我屋子里的人连眼睛都不眨一下，显然这是一件非常平常的事。奶壶满了以后，最年长的老妇人走到一片空地，弯腰挖出一只一样的奶壶，里面的东西和我看到的差不多，不过颜色更深，气味更刺鼻，然后又将新盛满的奶壶放进去。新挖出的奶壶里盛着的混合物被倒进一个葫芦碗里，传接到每个人手里，所有人在我看来都十分想喝一口。老妇人第一个喝过之后，就轮到我，其他人的神情让我意识到这似乎是让人羡慕的事。我暗地里给自己鼓了一把劲喝了下去，然后把碗递给身旁的人。我就这么坐在那儿，嘴里满满一口吉开酒，我强迫自己不要呛着也不要喷到别人身上，最终我还是把嘴里的东西咽下去了，我只能形容这种酿造物是口感温和厚重、掺有渣滓的——醋味啤酒。"

什么会让你感到厌恶？

提到厌恶的对象，首先离不开对某些食物的恶心和不适感，就像本章开头所说，食物入口，是与身体密切接触的东西，所以也是促使厌恶情绪产生的重要诱因。上面提到的四种奇怪的另类食物有共同的特点：它们在特定文化中备受喜爱，这种喜爱深入骨髓，甚至成为乡愁，是人们寻找身份的物证；但是它们又被外文化成员深深厌恶，这种厌恶到了极端成为"最可怕"的食物，敬而远之。

我们将这些食物命名为具有文化特异性的食物。这些食物诱发出喜爱与厌恶情绪的过程，让我们看到，文化塑造了口味，使人们的口味刁钻，具有选择性，也使人们的口味另类而风格迥异，外人不得理解。我们也似乎从中看到文化与厌恶情绪似乎存在着隐约的关联。

另外，行为也具有文化特异性，很多行为在公共场所做出来会让人厌恶，如打嗝、放屁、随地大小便、咆哮、做爱等，在私人的空间中却是可以容忍的。行为在不同的文化场域中得到的限制不同，例如天主教对同性间恋爱的限制，同性之爱会使虔诚的天主教徒感到厌恶甚至愤怒，保守的具有中国传统观念的人对婚前性行为的厌恶等。

人们对违反文化规范的行为感到厌恶，也会对违反文化规范的个人感到厌恶，例如当听说一位七十岁的老人与十七岁的少女同居时，很多人会觉得厌恶，当听说一位官员使用扶贫款项包养数名情妇，人们也会感到厌恶。文化会塑造些榜样人物让我们敬佩与仰慕，例如岳飞；也会有一些污点人物让我们鄙夷、唾弃与厌恶，例如秦桧。

总之，厌恶性情绪并非简单的个体性情绪反应，产生厌恶的诱因除了自然性和个体化因素，更多诱因具有社会文化意义（如图6-3）。

图 6 – 3　文化与厌恶性情绪的产生

文化作为人们日常实践的结果，塑造人们的口味、行为规范与道德标准，使人们对不符合口味的食物、违反规范的行为、触犯道德标准的人物产生厌恶情绪，进而躲避、排斥或攻击。由此可见文化与厌恶情绪的关联性。

第二节　厌恶情绪的文化整合性

人类学家玛丽·道格拉斯在其名著《洁净与危险》中以功能主义视角分析，社会标定的"不洁"和"污秽"实际是社会文化秩序和规范被建构的结果，"洁净"与"不洁"的背后是社会分类的存在，与对社会秩序的维护。"洁净"与"不洁"作为象征性思维与文化观念，又被各种外显的形式固定下来，例如文化禁忌、宗教仪式、犯罪与惩罚等。

道格拉斯引用关于印度教的神圣研究，来阐释社会文化对洁净、禁忌、秩序、分类的建构结果。

母牛有时被称为神，据说有超过一千位的神在它体内轮流居住。一般的污秽要用水来洗净，程度较深的污秽则要母牛粪掺水来清洗……母牛粪和其他动物的粪便一样，本来都是污秽不堪的，甚至可以是导致污秽的——事实上，足可以亵渎神灵。但是与世俗的污秽相比，牛粪又是纯净的……母牛最不洁净的

部分，相对于一个婆罗门祭司来说，却洁净到族裔用来洗净后来的过错。❶

道格拉斯进一步指出，"洁净"观念存在于文化群体内部，成为文化内部秩序与规则的标示物；同样也可以存在于文化之间，成为一种外部边界，保护内群体文化的纯洁性，防御抵制外来文化的污染与侵犯。

道格拉斯"洁净"的概念与本章所谈论厌恶情绪紧密相连，洁净带给人们舒畅的感受，"洁净"的人、事被人接纳、喜爱，而"不洁"却会让人厌恶，使人排斥、逃离，唯恐避之不及。《洁净与危险》一书为厌恶情绪研究提供灵感，也即厌恶情绪同样具有文化整合功能，维护文化秩序、排斥异己，保护文化纯洁性。

一、厌恶评价机制

厌恶情绪研究专家保罗·罗津（Paul Rozin）指出，厌恶情绪是一种在人类进化过程中形成的具有社会性的情绪机制。2009年，罗津和乔纳森及Fincher根据多年的实验研究在《科学》杂志上提出了一个进化的厌恶输出程序（evolved disgust output program）模型（如图6-4）。

这一理论模型认为，在人类进化中形成的次级厌恶输出程序包括三个过程，即厌恶性刺激、厌恶评价系统（disgust evaluation system）和厌恶输出（disgust output）。其中厌恶评价系统责任重大，它负责对人们认为"脏的"、"无序的"、违背人伦、公平的道德规范和文化禁忌的社会性刺激进行识别，进而通过非言语表情、生理上的呕吐或逃离行为表达出来。

厌恶情绪是由厌恶刺激系统激活厌恶输出系统产生的，这一过程主要包含了三条途径。一是刺激系统直接激活输出系统，如对苦味味觉刺激的厌恶反应；二是刺激系统激活特定的厌恶评估系统（包括刺激评估、反感产生、污染信念产生三个心理加工过程），再激活厌恶输出系统，如对乱伦行为的厌恶反应；三是刺激系统激活厌恶输出系统，同时激活其他评估系统（例如"厌恶"的语言标签），如对不公平行为的厌恶反应。前一种过程被称为初级厌恶输出程序，一般是由直接的味觉刺激或是肉体相关的刺激物所诱发的厌恶情绪，后两种叫作次级（secondary）厌恶输出程序，是违反社会道德、文化规范引发的厌恶。

---

❶ 玛丽·道格拉斯. 洁净与危险 [M]. 黄剑波，卢忱，柳博赟，译. 北京：民族出版社，2008：10.

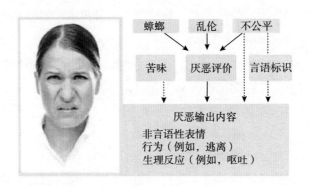

图 6 - 4　厌恶输出程序模型❶

(一) 厌恶刺激系统

厌恶刺激系统是厌恶产生的基础,是厌恶情绪产生的诱发物。厌恶的诱发物广泛,且具有跨文化的一致性,Rozin 等人的研究发现,在北美,腐烂变质的食物、残缺的躯体、肮脏的东西、特定的动物(蟑螂、老鼠等)、人体排泄物、不符合文化规范的性行为、死亡(包括与之相关的东西,如尸体、棺材)、陌生人或者主观上不想接近的人以及一些违背社会道德的行为都可以诱发厌恶情绪。同时,随着人类的进化和社会的发展,厌恶的诱发物不断增加,比如,人类社会发展的初期不会对随地吐痰的行为产生厌恶,而随着文明的发展,人们开始对随地吐痰感到厌恶,目的是为保护我们的环境整洁。

厌恶的刺激系统与厌恶的分类有直接关系。Rozin 等人根据刺激类型的衍生将厌恶分为五大类:(1) 不喜欢的口味,这是最原始最简单的刺激,主要是由令人难受的味觉引起,如尝到苦味;(2) 核心厌恶,主要是一些与肉体相关的厌恶,包括前面提到的腐烂变质的食物、身体排泄物(汗液、口痰、粪便等)、一些特定的动物(老鼠、蟑螂等);(3) 动物本性厌恶,包括不恰当的性行为(如乱伦、随意性交等)、死亡等标志人类在本质上是动物的行为或者事件诱发;(4) 人际厌恶,表现为人们通常不愿意与陌生人接触或由主观上不想接近的人引起厌恶;(5) 道德厌恶,这是最为抽象的由社会道德准则发展而来的厌恶类型,主要由一些违背道德和规范的行为引发,如遭遇不公平对待等。

---

❶　原图来自于 Rozin、Haidt、Fincher 2009 年所著 *From Oral to Moral*, *SCIENCE* 一文。

（二）厌恶评价系统

厌恶评价系统作为一个媒介，负责对人们认为"脏的""无序的"、违背人伦、公平的道德规范和文化禁忌的社会性刺激进行识别，进而使这些社会性刺激作用于输出系统，并通过一系列的生理反应、面部表情以及行为反应表达出来。那些令人恶心呕吐的刺激源并不是来源于纯粹的物理刺激，而是来源于人们对刺激源的社会认知。人们在对某一刺激源作出反应的时候，实际上已经以其自身的文化价值观和其所处的社会规范为标准对其作出了判断。例如，在公共场所打嗝是不礼貌的行为，但是在有些国家，吃完饭打个响亮的饱嗝是对招待者最好的赞赏。厌恶情绪的产生主要由认知与评价体系引发，而这一切与文化密切关联。

（三）厌恶输出系统

厌恶输出系统主要就是厌恶情绪的表达，包括面部表情、生理反应以及行为反应三个方面。"你品尝苦瓜时的面部表情和你被要求拿着邻居刚刚摘下的假牙时候的表情如出一辙。"根据厌恶心理学之父保罗·罗津的观点，我们对苦味的反应是厌恶情绪的知觉本源，我们的其他厌恶情绪，都是建立在这个基础之上的。

"苦瓜脸"是我们在产生厌恶情绪时最基本的面部表情。嘴唇上提，鼻子皱缩，眉头紧锁，甚至伸出舌头，类似于要把东西从嘴里吐出来一样，其实就是为了排出你已经吃到嘴里的苦的食物，要么就是避免更多的苦的食物进入你的嘴里。皱起的鼻子减少了飘进鼻子里的气味，眯起的眼睛减少了视觉信息的摄入，这种面孔激发了厌恶的核心功能——将外部空间与我们的内在空间隔绝开来，具有保护人类身体健康的意义。

根据罗津的厌恶输出程序模型，虽然当下引发厌恶的刺激物丰富多样，不局限于带有苦味的食物，但是人们对复杂刺激物的厌恶性反应却是一致的，仍然表现在非言语表情、行为反应及生理反应三个方面。

这一模型建立在罗津等人对厌恶性情绪长达数十年研究的基础上，模型本身有两点重要发现。第一，在人类长期进化过程中，引发厌恶情绪的刺激物变得复杂，从简单生理反应到社会性反应，从原始人对苦味的厌恶进化到人类对违反道德行为的社会性厌恶。第二，这种令人恶心呕吐的刺激源并不是来源于纯粹的物理刺激，而是来源于人们对刺激源的社会认知。恶不恶心是由"社会认知"来决定，而社会认知与文化建构出的社会规范、行为标准和道德要求及文化价值观密不可分。例如吉开酒在厄瓜多尔当地被认为美味，很受当地人欢迎，而对于美国人来说是口水和玉米面掺合的重口味发酵物；又比如同性之间爱恋行为在观念开放者那里容易接受，而对于宗教保守人士来说却难以接纳。

二、厌恶情绪的"守门人"功能：保护文化纯洁性

正如玛丽·道格拉斯在其人类学研究的基础上发现，"洁净"标准、概念的建构是社会分类、文化进行保护自身纯洁性的设定。

已有心理学研究也发现，厌恶性情绪同样有这样的社会分类和文化自洁功能，厌恶情绪可以看作是社会结构在个体微观心理层面上的反应，厌恶通过具身认知（embodied cognition）的反应维护道德合理性以及文化的纯洁性，因而维护着文化的边界、道德伦理的规范，保护着特定文化共同体的纯洁性。

例如保罗·罗津等人在 1999 年的实验研究发现，那些恶心的环境（例如充满臭屁味的房间、堆满人们吃剩下的残羹冷炙的办公室）会激发人们更严厉地对违反道德行为的谴责。[1] 笔者与合作者的研究也发现，回族被试在文化污染情境中，会产生厌恶情绪反应，这种厌恶情绪还具有中介作用，引发进一步文化排斥反应倾向。[2] Navarette 等人也通过实验研究发现，处于怀孕初期容易恶心呕吐的女性，更倾向于对外国作家作出带着有种族中心主义的判断。[3]

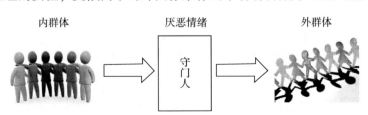

图 6-5　厌恶情绪的"守门人"功能：保护文化纯洁性

❶ Rozin, P., Lowery, L., Imada, S., & Haidt, J. The moral - emotion triad hypothesis: A mapping between three moral emotions (contempt, anger, disgust) and three moral ethics (community, autonomy, divinity) [J]. Journal of Personality and Social Psychology, 1999, 76: 574 - 586.

❷ Wu, Y., Yang, Y. - Y., & Chiu, C. - Y. Responses to religious norm defection: The case of Hui Chinese Muslims not following the halal diet. [J]. International Journal of Intercultural Relations, 2014 (39): 1 - 8.

❸ Navarette, C. D., Fessler, D. M. T., Eng, S. J. Elevated Ethnocentrism in first trimester of pregnancy [J]. Evolution and Human Behavior, 2007, 28: 60 - 65.

厌恶情绪具有分类与区隔功能。如前所述，艾克曼曾在个体层面上指出，厌恶情绪具有人际的分类与区隔作用，例如情侣们能容忍对方的体液分泌物，口水，呕吐物等，但是却对陌生人的体液感到恶心。❶

在群体层面，厌恶情绪有两层重要功能，第一层是面向群体内部建立社会秩序、文化及道德规范的功能，这部分功能在玛丽·道格拉斯《洁净与危险》一书论述详尽，这里不再赘述。第二层是面向外群体，厌恶情绪起到"守门人"的作用，将宏观的制度、规范、秩序具身化（embodied），以身体感受反应出来，在微观个体心理层面抵制外文化的污染，从而在宏观层面达到保护内群体文化纯洁性、免受外文化侵蚀的功能（如图6-5）。这部分功能在以往研究中较少被系统性地讨论。

以对孕妇的研究为例。Navarette 等（2007）以孕初期女性、孕中后期女性为被试，对比两类女性对作家的内群体喜好（ingroup attraction）与外群体消极态度（outgroup negativity）的强弱，结果发现，处于妊娠初期、具有孕吐反应的孕初期女性，对外国作家表现出更多的种族中心主义倾向，对本国作家表现出更多积极态度。该研究通过网络调查征集206名美国女性被试，年龄从18~42岁，怀孕周期从2周到40周（如图6-6）。❷ 这一研究再次证明了厌恶性情绪作为身体反应，具有强化文化边界、保护文化纯洁性的功能。

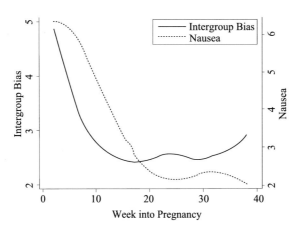

图6-6 文化排斥反应与怀孕时间的关系图

❶ 保罗·艾克曼. 情绪的解析［M］. 杨旭，译. 海口：南海出版社，2008：171.

❷ Navarette，C. D.，Fessler，D. M. T.，Eng，S. J. Elevated Ethnocentrism in first trimester of pregnancy［J］. Evolution and Human Behavior，2007，28：60-65.

三、厌恶情绪与道德判断

(一) 对违反道德行为的厌恶

正如保罗·罗津等人的厌恶输出程序模型指出，在人类进化过程中引发厌恶情绪的原因机制也越来越复杂，从人类早期对单纯的苦味味觉感知，到更具有社会性的道德性厌恶。罗津等人这篇文章的题目《从口到道德》(*From Oral to Moral*) 贴切地表达了厌恶刺激的这一进化特征。

道德性厌恶是厌恶情绪中的重要成分，也是厌恶研究领域的一个重要研究方向。道德性厌恶是指人们对违反道德规范的行为或特定的人产生的厌恶情绪，例如人们对乱伦行为的厌恶，对不公正行为的厌恶，对不遵守公共秩序的人产生的厌恶，对与自己性取向或价值观不同的人的厌恶等。

专栏 6 – 3   对同性恋者的厌恶与《马修·谢巴德法案》

马修·谢巴德曾经是怀俄明大学的一名大学生，同时也是一位没有"出柜"的同性恋者。在他 21 岁那年，也就是 1998 年 10 月 7 日的午夜前后，他在学校的一个酒吧里被亚伦·麦金尼和罗塞尔·亨德森骗走。他们三人一起坐上了亨德森的皮卡车，行驶了不到 2000 米的距离，然后停在路边。接着麦金尼和亨德森轮流用一把 0.357 口径的小型手枪枪托去打谢巴德。之后，他们把车开到远离市中心的郊区，在那里他们把谢巴德从车里拖出来，绑到篱笆墙上。他们疯狂殴打并折磨谢巴德，即使谢巴德求饶也无济于事。他们把谢巴德殴打至奄奄一息，直到他们觉得谢巴德已经死了，才住手离开。18 个小时后，仍然有呼吸但却奄奄一息的谢巴德被两个骑自行车的行人发现，在那之后他再也没有苏醒，10 月 12 日午夜后，他永远离开了人世。麦金尼和亨德森两名凶手最终被指控终身监禁的罪名，并且不得假释。

在诉讼过程中，辩护人希望通过"同性恋恐慌防卫"的理由为两名被告人开罪，他们声称是因为对同性恋的极度厌恶才导致了罪犯的谋杀行为，这种理由辩护在美国历史上曾获得成功 (1991 年印第安纳州的锡克杀人案中，被告人因"同性恋恐慌防卫"的理由仅被判 10 年监禁，原本谋杀罪应获 30 年监禁)。

经过马修·谢巴德的中产阶级父母及众人十年的斗争与奔波，2009 年 10 月 28 日奥巴马总统签署了以谢巴德名字命名的法案以保护同性恋者的权益，《马修·谢巴德法案》修改了美联邦政府自 1969 年实施的仇恨罪法，使对"同性恋恐慌防卫"不再成为为犯罪行为开罪的理由。❶

（二）直觉在先、理性在后：厌恶引发道德判断

上文探讨人们对不道德行为的人或事会产生厌恶性情绪，今年的研究者发现相反的过程，也即是，厌恶性情绪是引起人们严格道德判断的前提之一。在以下几个有趣的实验研究中可以看到这点。

1. "人造厌恶"诱发严厉的道德判断

两位美国研究者塔利亚·惠特利（Thalia. Wheatley）和乔纳森·海特（J. Haidt）2005 年做过一项有趣的实验。❷ 研究者挑选可以被催眠的人进行实验，首先对被试进行催眠暗示，使之对"收取""经常"两个没有感情色彩的词感到反胃和恶心，然后让被试阅读一些描述道德上受谴责的行为，例如偷窃、乱伦、行贿的短文，之后让被试评价自己对这些行为的恶心程度和行为违背道德的程度。

结果发现，如果短文中出现"收取""经常"这样的词语时（一个国会议员试图掩盖他在吸烟室收取贿赂的事实），被试厌恶程度更高，对道德评价更严厉，也即是无意识的厌恶可以被人为诱发（通过催眠），被诱发的厌恶情绪进而引起道德评价。令人惊讶的是，在一些包括"收取""经常"词语但没有道德评价的短文中，例如关于一位正在安排一场师生都需要参与讨论的学生会成员，有三分之一的被试仍然将他评价为令人厌恶的甚至违背道德的。

2. 恶心的环境诱发严格的道德评价

保罗·罗津等人1999 年曾做过另一个有趣的实验。❸ 研究者让被试处于那

---

❶ Rachel Herz. 这太恶心了：揭开厌恶心理的奥秘 [M]. 刘潇楠，刘睿哲，译. 北京：中国轻工业出版社，2013：160-161.

❷ Wheatley. T.，& Haidt. J. Hypnotic disgust makes moral judgments more severe [J]. Psychological Science，2005，16：78-84.

❸ Rozin，P.，Lowery，L.，Imada，S.，& Haidt，J. The moral-emotion triad hypothesis：A mapping between three moral emotions（contempt，anger，disgust）and three moral ethics（community，autonomy，divinity）[J]. Journal of Personality and Social Psychology，1999，76：574-586.

些恶心、凌乱的办公室（乱七八糟的笔、笔帽、吃剩下来的披萨、饮料等）或充满臭屁味儿的房间中，然后验证被试对一些道德事件的评判程度，包括吃死狗、吃人肉、捡了钱包不上交、简历造假、与小动物性交、铁轨上的两难选择。实验结果发现，当被试处于恶心环境中，他们对违反道德规范的事件评价更苛刻，并且，这个效应在那些更加在意自己感受和关注胃肠反应的人身上表现更加明显。

埃里克·赫泽尔（Eric Helzer）和大卫·皮萨罗（David Pizarro）2011年的研究也有类似发现。❶ 研究者让康奈尔大学的学生站在洗手液售卖机处填写关于政治态度调查问卷，结果发现那些被安排在洗手液近处的学生们一时间就变得更趋保守了，对肮脏及清洁的身体感知影响人们的政治态度。

3. 身体反应决定人们的认知："麦克白夫人效应"

多伦多大学的钟辰博等人2006年的一项研究发现，❷ 当要求被试回忆他们曾经做过的一件错事时，实验结束后想要消毒湿巾的被试，比实验中被要求回忆开心时期的被试多两倍，而被要求回忆开心往事的被试则更愿意选择铅笔作为礼品带走。在被试回忆过曾经做的错事后，他们在完成这样"w_ _ h、s_ _ p"的补笔测验时，更倾向于填"wash"和"soap"这样与清洁产品有关的词，而不是"wish"和"step"这样的词，并且被试更倾向于购买洗衣粉或来苏水这样的产品，而不是巧克力棒或CD盒。这项研究进一步解释了道德引发的具身性感知对个人态度及随后行为的影响。这一发现发表在 Science 杂志上，引起较多关注。

乔纳森·海特在其《正义之心》一书中总结道："我们的身体与正义之心（这里指道德，作者注）之间有一条双行道。不道德使我们感知到身体上的肮脏，而清洗自身有时会让我们更注意守护道德纯洁……道德判断不仅仅是大脑对伤害、权利与正义的权衡，它是一种迅捷的、自发的过程，更类似于动物们在世间行动时作出的判断，它们通过感觉决定自己是该靠近还是远离各种事物。"❸

---

❶ Helzer, E. G., and Pizarro. D. A., Dirty Liberals! Reminders of Physical Cleanliness Influence Moral and Political Attitudes [J]. Psychological Science, 2011, 22: 517 – 522.

❷ C. – B. Zhong, and K. Liljenquist. Washing away your sins [J]. Science, 2006, 313: 1451 – 52.

❸ 引自乔纳森·海特. 正义之心：为什么人们总是坚持"我对你错"[M]. 舒明月，胡晓旭，译. 杭州：浙江人民出版社，2014：54 – 97. 该书是著名社会心理学家乔纳森·海特根据其早年厌恶情绪研究及近年来道德心理学研究成果而著。

　　乔纳森·海特的道德心理学研究认为，人们的道德判断更多是一种即刻的、不加理性思考、被情绪（例如厌恶）驱动的过程，这点类似于丹尼尔·卡尼曼所说的直觉性和启发式思维，❶ 事实上，海特自己也坦言其道德心理学的研究假说深受卡尼曼研究的影响。海特在《正义之心》一书中，用大量篇幅提出道德判断的规则是直觉在先、推理在后的过程，并且这种推理更多是围绕直觉判断形成结论进行自我验证的。也可以从这一观点中，看到海特与其老师保罗·罗津早年一系列厌恶情绪研究的影子。

第三节　厌恶情绪的其他特性

一、厌恶情绪的个体差异

（一）个体性差异

　　厌恶性情绪是由情境及刺激物引起，具体的厌恶受环境影响。然而，每个人对同一刺激物产生的厌恶情绪却存在差异，如第一节提到的乔纳森·海特所编写的"厌恶敏感性量表"（参见专栏6–2），每个人通过厌恶敏感性测出来的值均有差异，厌恶敏感性是一种比较稳定的人格特质。

　　人们的厌恶感会随着年龄的增长而衰退，正如我们感知世界的能力也会随着年龄增长而退化一样。厌恶敏感性随年龄的变化也许是因为随着年龄的增长见过、听过、闻过或感知到的恶心的东西越来越多，如同那些长期照顾卧床病人，给病人换洗床单、包扎伤口的专业人士，能够更从容地面对他人的体液和血液一样。❷

　　厌恶敏感性与个人味觉感受有何关系？蕾切尔·赫兹（Rachel Herz）探讨过苦味敏感度和厌恶敏感度之间的关联，❸ 该研究由162名大学生参与，实验之初先给被试在舌尖上放一块浸染了丙烷基硫尿嘧啶（PROP）的化合物试

---

　　❶　丹尼尔·卡尼曼. 思考，快与慢［M］. 胡晓姣，李爱民，何梦莹，译. 北京：中信出版社，2011.

　　❷　Rachel Herz. 这太恶心了：揭开厌恶心理的奥秘［M］. 刘潇楠，刘睿哲，译. 北京：中国轻工业出版社，2013：29–30.

　　❸　R. S. Herz. Prop taste sensitivity is related to visceral but not moral disgust［J］. Chemosensory Perception, 2011, 4：72–79.

纸，待被试感受过后，用一个标准量表评定被试对 PROP 的反应，然后将被试区分为超强味觉的人、一般味觉的人及味觉较差的人三组。接着分析被试对味觉的敏感度与性厌恶（如"听说两个陌生人发生性关系"）、身体厌恶（"看到蠕动的肠道"、"或坐在一个手臂上有红色伤口的人旁边"）和道德厌恶（"从邻居家偷窃"）之间的关系。

结果发现，味觉超强者比其他两类被试有更强烈的厌恶敏感性，味觉一般的人厌恶敏感性比味觉稍差者强。另外，对于不同厌恶类型，味觉灵敏性的预测力并不相同，在身体厌恶和性厌恶方面，味觉敏感性越强对两者的厌恶程度就越深，但是对道德厌恶来说，味觉敏感性与厌恶评定并没有直接关系（如图 6-7）。

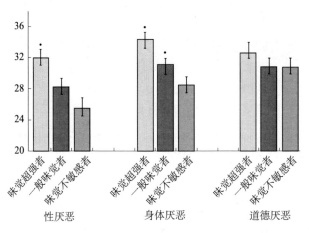

图 6-7 味觉敏感度与三种厌恶类型的关系❶

（二）男性差异与女性差异

女性比男性对恶心的事物更敏感，几乎所有厌恶敏感性的研究都发现女性比他们的异性同伴更容易对恶心的食物产生厌恶，反应更加激烈。

在一项大脑成像的研究中，研究者发现，女性对屏幕上呈现的厌恶表情的面孔比男性表现出更强烈的大脑活动，而男性对轻蔑表情面孔的大脑激活比女性更强烈。❷ 女性除了比男性更容易恶心，对性比男性更容易厌恶。在一个调

❶ R. S. Herz. Prop taste sensitivity is related to visceral but not moral disgust［J］. Chemosensory Perception, 2011（4）：72-79.

❷ A. Aleman and M. Swart. Sex differences in neural activation to facial expressions denoting contempt and disgust［J］. PlOS One, 2008（3）：1-7.

查对性暴露电影反应的性别差异的研究中，女大学生对这些电影的厌恶程度分数要比男大学生高20%。❶

轻蔑与厌恶相比，是一种反应社会阶层和优越感的社会化情绪，如果我用轻蔑的眼神看你，我就是向你传递"我比你好"的信息，相比女性，男性对反应社会优越感的信息更加敏感（如图6-8）。❷

图6-8　轻蔑与厌恶情绪的性别差异

二、厌恶情绪的习得过程

厌恶情绪是儿童最后习得的一种情绪，最先习得的是喜悦，随后是悲伤或沮丧情绪，这些情绪是所有情绪中出现最早的。4个月大的婴儿开始能够觉察愤怒，6~7个月的婴儿会察觉恐惧和惊奇。

上述所说高兴、悲伤、愤怒、恐惧和惊奇是婴儿早期能够识别的五种情绪，同属于艾克曼所列出的六大基本情绪之一的厌恶情绪，却是婴幼儿发展中最晚出现的。除了吃到苦味的东西有厌恶表情把东西吐出来，在三岁之前婴幼儿并不会有任何厌恶表情。儿童要到5岁才可以分辨厌恶表情，之前他们会把厌恶解读为愤怒（如图6-9）。

---

❶ Rachel Herz. 这太恶心了：揭开厌恶心理的奥秘［M］. 刘潇楠，刘睿哲，译. 北京：中国轻工业出版社，2013：30.

❷ 同上，第30页。

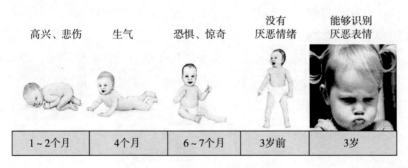

图 6-9　婴幼儿情绪发展谱系图

心理学研究发现，儿童到 9 岁时才能辨认出厌恶的面孔表情，这个正确率仅有 30%，能准确说明别人是因为遇到恶心的事情才流露出厌恶表情的比例仅为 14%，其他时候儿童仍然把厌恶解读为愤怒。❶

厌恶情绪是最晚出现的情绪，如上文所讲，婴幼儿个体发展历程可以看到这点。同样，相关比较心理学的研究也有类似的证据。

在法国南部阿韦龙省，研究者发现"野孩"并不知道什么是厌恶，也不知道要避开那些腐烂的肉，研究者给这个男孩一只死掉的金丝雀，他立刻拔光了这只鸟的羽毛，用指甲划开鸟的腹腔，闻了闻把它扔了。❷

动物有较少的厌恶性表情和行为，大多数动物仅仅对苦味的食物表现出厌恶。只有犬类和灵长类动物会对食物的味道表现出厌恶。从婴幼儿个体发展到进化角度看动物及人类的发展过程发现，厌恶情绪相比其他五种基本情绪，更具有社会性，也是发展与进化过程中较晚出现的情绪。

三、厌恶情绪的神经生理机制

与厌恶情绪有关的神经组织有两个。一是大脑基底神经节的退化，会使人们失去识别厌恶表情的能力，当给健康人注射神经元受体阻断剂物质东莨菪碱时，正常人会失去识别厌恶表情的能力，但是识别恐惧、高兴、悲伤及惊讶面孔的能力不受影响。基底神经节是由大脑底部 4 个相互联结的区域组成，负责控制动作机能，还与人的动机及情绪，特别是厌恶性情绪有关系。另一个与厌恶情绪直接关联的神经组织是脑岛，脑岛被神经生理学家认为与性欲、厌恶、

---

❶　Rachel Herz. 这太恶心了：揭开厌恶心理的奥秘 [M]. 刘潇楠，刘睿哲，译. 北京：中国轻工业出版社，2013：38.

❷　同上，第 40 页。

骄傲、羞耻、内疚和补偿等社会性情绪有紧密关联。有人将脑岛称之为一个"邪恶"脑区，主要功能是负责人的自我放纵、感官快乐和成瘾行为。大量脑成像研究发现，要求健康成年人看肮脏厕所照片、想象吃蟑螂或观看厌恶表情面孔时，脑岛前部会发生剧烈的激活。❶

　　厌恶性情绪与一种奇怪的叫作"亨廷顿舞蹈症"的疾病也有密切的关系。神经生理学家芮纳·斯普林格梅耶（Reiner Sprengelmeyer）与著名神经心理学家安迪·杨（Andy Yang）合作研究亨廷顿舞蹈症患者在面孔识别和情绪识别中与正常人的差别，❷ 结果发现，亨廷顿舞蹈症患者对照片人物的年龄、性别、熟悉度、照片人物的视线方向的识别与正常人差不多；除了喜悦情绪，他们识别所有情绪都很差，对于厌恶情绪完全视而不见。亨廷顿舞蹈症患者除了不能识别厌恶面孔之外，他们对识别干呕声音的能力也很差，不能准确判断蟑螂或残肢会诱发什么情绪，不容易被粪便的气味恶心到。"亨廷顿舞蹈症"是一种遗传疾病，患病基因携带者到了一定年龄才会发病，研究发现，还未发病的基因携带者和正常人一样，可以识别干呕声所代表的情绪。也就是说，亨廷顿舞蹈症患者厌恶情绪能力的退化是进行性的，不能识别厌恶情绪，是携带患病基因的一个警示信号。

---

　　❶ Rachel Herz. 这太恶心了：揭开厌恶心理的奥秘［M］. 刘潇楠，刘睿哲，译. 北京：中国轻工业出版社，2013：54 – 55.

　　❷ 同上，第 52 – 54 页。

第七章　文化与认同

　　心理学意义上的"认同"一词最早由精神分析派大师西格蒙德·弗洛伊德最早提出，认同这一概念被赋予分类、区隔的意义，是个人对他人、群体或模仿对象在感情、心理上趋同的过程，也是一种个人与特定他人建立联系、区分类别、寻求自我的表现形式。新精神分析派心理学家埃里克森提出"自我同一性"（ego - identity）概念，亦可译成"自我认同"，并指出认同是自我或人格的核心。一个人在个人发展历程中，将自己生理特性、社会特性和心理特性与自己本身建立同一关系，并实现自我与环境的互动、互构。自我同一性的建立使个人获得完整、连续的自我概念与自我认识，从而获得自尊。因而，"认同"这一机制在个体心理学中也是备受关注的重要心理过程。

　　在研究宏观问题的政治学及民族学学科视野中，"认同"同样是一个重要的概念。例如现代民族国家使得每一成员都具有公民身份，而人们对国家的复杂情感又形成"国家认同"，个人对国家认同包括对政治权力、政治制度、政

治运作的政治认同，也包括对领土主权、民族同胞、象征文化的文化认同。❶
"民族认同"是研究族群及族群关系的重要概念，是指建立在个人意识之上的群体或集体意识，对族群的归属、依恋等过程。❷ 历史在族群认同中起着决定性作用，拥有共同的记忆，对明确地域和某些传统或生活方式的依恋沟通族群认同的基础，通过体质特征、语言、宗教、习俗、领土、世系、亲属关系等强化族群成员的联结等。❸

20 世纪 70 年代，英国心理学家亨利·泰弗尔（Henri. Tajfel）和约翰·特纳（John. Turner）在最简群体范式（minimal‐group paradigm）实验研究基础上提出了社会认同理论❹，这一理论及其衍生出的以"群"为单位的群体心理学研究范式被认为具有划时代的意义，有研究者评论欧洲群体研究范式是对美国个体主义社会心理学的挑战，也堪称欧洲社会心理学的本土化。❺

社会认同理论的核心意义在于，分类与类别化是导致人们产生内群体偏好及对外群体歧视偏见甚至排斥的内在机制——即使这种分类没有任何社会性，仅仅靠简单投掷硬币正反面来决定。社会认同理论提出后，有大量的相关研究对这一理论进行补充，如自我类别化理论、社会共识、集体行动、社会流动等研究，后续的研究侧重于探讨分类带来的特殊群体身份、自我与群体身份的联系，由区分带来的群体身份导致的群际冲突甚至集体行动，总的来讲，其研究指向均为"分类""独特性"身份的获得。

然而，在全球化方兴未艾的当下，社会流动频繁发生，文化之间的碰撞与共生已成为常态。在经济迅猛发展、贸易繁荣、移民及社会流动增加、族群互动、国家重组、政治制度频繁变更的现实环境中，人们的身份随之发生变化，变得复杂起来并呈现出不同的形态；多重身份与多元文化认同成为人们适应不同文化环境、在复杂文化情境中建构自我同一性、保持心理状况平稳与主观幸福体验的重要心理机制。

著名学者阿马蒂亚·森（Armartya. Sen）曾总结自己有很多身份："亚洲人、印度公民、有着孟加拉历史的孟加拉人、居住在美国或英国的人、经济学

---

❶　郭忠华. 动态匹配·多元认同·双向建构——再论公民身份与国家认同的关系 [J]. 中山大学学报（社会科学版），2011（2）.

❷　万明钢，王舟. 族群认同、族群认同的发展及测定与研究方法 [J]. 世界民族，2007（3）.

❸　兰林友. 论族群与族群认同理论 [J]. 广西民族学院学报（哲学社会科学版），2005（3）.

❹　Tajfel, H. , &Turner, J. C.（1986）. The social identity theory of intergroup behavior [M]. In S. Worchel& W. Austin（Eds.）, Psychology of intergroup relations. Chicago：Nelson‐Hall.

❺　方文. 欧洲社会心理学的成长历程 [J]. 心理学报，2002（6）：651–655.

家、业余哲学家、作家、梵语学者、坚信现实主义和民主的人、男人、女权主义者、身为异性恋者但同时维护同性恋权益的人、有着印度教背景但过着世俗生活的人、非婆罗门、不相信来生的人。"每个人都具有多重性的身份，然而又不可避免地会存在不同身份间的相互竞争。❶

在这一文化混杂、碰撞、共生的时代，人们的身份可能发生几种类型的转变。丰富的多重身份被单一化、极端化；❷ 多重身份和平共处，形成多元文化认同的融合；❸ 在文化适应过程中，身份被模糊化，出现矛盾的、过渡的身份共存❹

以往的多元文化认同研究中有相似的关注视角与研究判断：多重身份与多元认同是个人适应文化社会情境的重要心理机制；单一、极端化的身份认同是暴力行为的源头，也将会导致个人不协调的自我认知。从宏观意义上讲，防止身份单一化、极端化是国际政治、国家安全、族群关系、文化公平等领域需要面对的话题，也是关乎人们实现自由、平等、民主、公平美好愿景的重要主题。本章将介绍社会心理学及文化心理学中相关的认同理论及研究。

第一节　社会认同理论

一、最简群体范式研究

社会心理学家 Tajfel 等人使用最简群体范式实验验证，分类和类别化是形成社会认同及其之后内群体偏好和对外群体歧视的基础。研究者选取 64 名 14～15 岁的中学男生，通过投掷硬币将这群男孩分成两组，"X 组"和"W 组"。两个群组具有如下特征：（1）组员之间不曾有面对面的互动；（2）群组内部没有现实群体中的组织结构；（3）组群及组群间没有任何互动与组织文化。因为没有任何社会意义，这些群组被称为"最简组间情境"（minimal in-

❶ 森. 身份与暴力：命运的幻象 [M] //李风华，陈昌升，袁德良，译. 北京：中国人民大学出版社，2009.

❷ Hogg. M. A., Kruglanski. A., &Van den Bos, K. Uncertainty and the roots of rxtremism [J] . Journal of Social Issues, 2013, 69：407－418.

❸ Hong, Y. A dynamic constructivist approach to culture：Moving from describing culture to explaining culture [J] . In R. Wyer, C－y. Chiu, & Y－y. Hong (Eds.), Understanding culture：Theory, research and application. New York：Psychology Press, 2009：3－23.

❹ 杨宜音. 新生代农民工过渡性身份认同及其特征分析 [J]. 云南师范大学学报（哲学社会科学版），2013（9）：76－85.

tergroup situation）。在被分配到小组之后，男孩们有机会将一小笔钱（并非真正钱币，而是 15 这一数字）分给另外标明群体身份的两人，例如一人是"W组第 49 号成员"，另一人是"X 组第 32 号成员"。结果发现，分组本身让男孩们在金钱分配中有了内群体偏好倾向，在分配中有明显的不公平，给自己组员钱数平均值是 8.08，给外组组员钱数平均值是 6.92。❶❷

这一结果表明，当被试单纯知觉到群体分类时，就会分给自己群体更多资源和更多正向评价。这种认知上的分类，会让我们在主观上知觉自己与同群体成员共属，从而产生认同感。赋予内群体成员更多资源、更高的评价的现象称为内群体偏好；对外群体分配更少资源、更负向评价的现象称为外群体歧视。❸ 最简群体实验研究发现，在最简组间情境中就可以实现内群体偏好和外群体歧视的群体认同，这种对群体进行分类、对群体资格的认知是产生群体行为的最低条件，并不需要真实的群体互动历史及其社会文化基础。

二、社会认同的基本过程

（一）分类、认同与比较过程

社会认同理论将认同定义为"个体对其归属的社会群体认知，并从其获得的群体资格中得到某种情感和价值意义"，这里的认同与群体密不可分，"我是谁"的概念是因为其拥有的群体资格而被赋予的意义。社会认同理论认为社会认同的建构分为三个基本历程：类别化（categorization）、认同（identification）与比较（comparison）。

类别化是指将自己归为某一特定的社会群体中，即所谓主观上的"物以类聚，人以群分"；认同是指自己拥有该群体中的普遍特征；比较是指认同形成后，个人形成"内群体""外群体"的意识，使个人形成对内群体优越的评价以及贬低外群体歧视的评价。❹

认同实际上包括两个层面的含义，一是分类，二是认同。寻求自尊与优越感的动机使人根据自己群体成员的资格将自己与他人区分开，并将该群体内典

---

❶ Billig &Taijfel, Social categorization and similarity in intergroup behavior ［J］. European Journal of Social Psychology, 1973, 3: 27 –52.

❷ 杨宜音, 张曙光. 社会心理学［M］. 北京：首都经济贸易大学出版社, 2015.

❸ 张莹瑞, 佐斌. 社会认同理论及其发展［J］. 心理科学进展, 2006（3）：475 –480.

❹ Tajfel, H. , &Turner, J. C. The social identity theory of intergroup behavior［M］. In S. Worchel& W. Austin（Eds. ）, Psychology of intergroup relations. Chicago：Nelson –Hall, 1986.

型成员的特征冠于自己身上，让自己的特性等同于内群体典型成员的特性。❶

　　例如 1995 年香港回归前夕，林瑞芳在对 19 名香港青少年的访谈中发现，较认同自己香港人身份的青少年，相对于另一群认同中国人身份的青少年，有较为强烈的优越感，觉得大陆人比香港人逊色，并且他们用"精明、灵活、时尚、勤奋、有效率、富裕、现实、开放"等正面形容词描述香港人，用"贫穷、落后、保守"等负面形容词描述大陆人。相反，比较认同中国人身份的香港青少年，倾向于用"刻苦耐劳、勤奋"等正面形容词描述大陆人，倾向于用"冷漠、压力大、生活紧张"等负面的形容词描述香港人。❷

　　研究发现❸，在城市生活的农民工子女通过与城市儿童接触，以及感知到的物质条件、环境及资源分配的巨大差异，对他们进行"我们"的内群体和城市儿童"他们"的外群体分类比较，结果如表 7 - 1 所示。

表 7 - 1　被试从物质生活条件方面比较"我群体"和"他群体"的差别

比较内容	我群体	他群体
吃	我们吃的都是自己家做的 我们（吃的）就是蔬菜	他们都是去大饭店吃好的 他们吃的就是大海鲜
穿	我们穿的都是普通人的衣服	他们都穿的是名牌 他们穿的鞋子都是耐克的
玩	没有提到玩具	比如玩具，他们都玩遥控的
娱乐	我们看电影是给我们免费的	他们是爸爸妈妈（花钱买票）带着他们去看 他们父母周末带他们去公园玩
家庭条件	家里不是特别富裕	他们家都是地板，还有电脑
教育资源对比	我们学校没有这个资金	他们公立学校
	私立小学没有操场 自己动手拔草、建立自己的操场	塑胶跑道、篮球架、高大的教学楼

　　在现实社会中，形成社会认同、建构社群类属的情境有非常强烈的社会文

---

❶ 赵志裕，温静，谭俭邦. 社会认同的基本心理历程——香港回归中国的研究范例 [J]. 社会学研究，2005（5）：202 - 246.

❷ 林瑞芳，刘绮文，赵志裕，康萤仪. 香港青少年的身份认同及其现代化概念 [J]. 香港社会科学学报，1998（11）：83 - 99.

❸ 吴莹. 群体污名意识的建构过程——农民工子女"被歧视感"的质性研究 [J]. 青年研究，2011（4）：16 - 28.

化意涵。例如农民工和农民工子女群体是生活在城市中区别于有户籍城市居民的特别群体，这一群体因我国长期实施的城乡二元户籍制度及衍生的居民权利和福利保障差异形成，也被建构于我国市场经济发展与城市建设对劳动力需求的大环境中。

香港青少年中存在的"香港人"与"中国人"的认同分化现象与1842年《南京条约》将香港割让英国作为殖民地的历史有关系，在近150多年的英属殖民地统治时期，香港与中国大陆在治理方式、经济发展上处于完全不同的模式，给香港人的族群身份认同提供了特殊的制度性情境模式。

（二）社会共识

早期社会认同研究说明，类别化可以影响认同和比较历程——即使由于分组的标准缺乏社会意义，后来研究发现，在现实社会情境中，社会共识（social consensus）在社会认同历程中同样扮演着重要角色。近期研究显示，每个社群类别均具有丰富的社会内涵。在社会生活中，人们借沟通对不同社群拥有的核心特征建立共识。❶这些核心特征往往反映在社群的典型成员身上。被社群成员公奉为楷模的领袖是典型成员的例子，他们的言行实现了社群崇尚的核心价值。❷

例如对于长期与汉族人混居的回族人来说，"清真"是回族人区分民族属性、建构族群认同的重要表达形式。美国人类学家杜磊❸认为，"清真"是回族人在汉族人占多数且普遍食用猪肉和猪油的情境中保持道德纯粹（purity）与仪式洁净（ritual cleanliness）的重要途径。"清真"还作为符号体系使回族人在三大教（儒教、佛教和道教）影响下的保持独立、真实有效的民族身份认同，界定了回族人的民族主义（ethnic nationalism）。

张亮❹在以呼和浩特回民区的研究发现，"清真"的回族文化符号是以饮

---

❶ Lau，I.，Lee，S - L. & C - y. Chiu. Language，Cognition and Reality：Constructing Shared Meanings through Communication ［J］. In M. Schaller & C. Crandall（eds.），The Psychological Foundations of Culture. Mahway，NJ：Lawrence Erlbaum，2004.

❷ Hogg，M. A. Social Identity，Self - categorization，and Communication in Small Groups ［J］. In Sh. Ng，C. Candlin & C - y. Chiu（eds.），Language Matters：Communication，Culture，and Social Identity. Hong Kong：City University of Hong Kong Press，2004.

❸ Gladney，D. C. Muslim Chinese：Ethnic nationalism in the People's Republic ［J］. Cambridge，Harvard University Press，1996.

❹ 张亮. "清真"知识体系与生活方式：以呼和浩特市回民区通道街为例 ［J］. 开放时代，2011（2）：117 - 129.

食禁忌为核心的广泛的文化规范，其中包括清洁的生活习惯、以清真寺为中心的教坊制度、自成体系的宗教仪式和节日庆典等文化内容。清真饮食习惯对回族人来说具有建构身份认同的功能，例如在城市中与汉人一起工作生活在较少能提供清真饮食的环境中、完全接受汉族教育的回族人，会使用自己的方式建构出自己认为"清真"的饮食规则以变通的方式坚守回族穆斯林的民族身份。❶

区分群体类属建构认同的情境可以分成两类：一种是在日常生活中通过人们长期实践自然形成的文化环境，例如族群形成；另一种是外界的、具有强制性和目的性的制度情境，例如不同国家制度和特殊户籍制度形成的身份认同。

前一种对于认同的研究可以看作是文化认同研究，从广义来看，后一种制度建构的身份也属于文化认同。文化是一种成员共享的知识体系和规范，制度建构的身份认同也依赖于制度单元内的规范共识，制度的规范虽然具有后天性、目的性，但是作为生活实践的导向，却也在人们的生活实践中被建构成一种文化价值规范，引导人们的价值观和行为取向。

对于香港人来说，不同的治理方式、制度的差异会建构出不同于大陆的文化，从而使香港人有不同的认同。在不同学科制度领域也是同样，学科之间存在不同的学科文化差异，这种学科文化来自于正式的学科体系的建构、学科制度的安排、研究范式的区分，这种大的情境差异建构出不同学科的研究者的学科认同。例如有人认为人文学科、社会科学、自然科学三者之间的文化模式迥异，从事每一领域研究的人员思维、判断和价值取向及学科认同完全不同。❷❸

（三）社会认同的动机

人们为什么会拥有对某些群体的强烈认同，又会选择放弃另一些群体身份？何种动力与驱力促使人们形成特定身份认同？对社会认同相关研究进行总结，发现有两个动机值得提出。

1. 提高自尊

泰弗尔等人提出社会认同理论时曾有基本假设，人们建构认同的目的，是为了通过所认同的群体身份提升个人自尊。通过类别化、认同及比较三个过程

❶ 吴莹. 都市回族青年的文化变迁及其应对 [J]. 中国青年研究, 2014 (12): 12 - 16.

❷ Chiu, C - y., Kwan, L - y., Liou, S. Culturally motivated challenges to innovations in integrative research: Theory and solutions [J]. Social Issue and Policy Review, 2013, 7: 149 - 172.

❸ 凯根·J. 三种文化: 21世纪的自然科学、社会科学和人文科学 [M] //王加丰, 宋严萍, 译, 上海: 格致出版社, 上海人民出版社, 2011.

获得认同及积极自尊。Abrams 和 Hogg 等人❶又进一步延伸了这一判断，提出，成功地进行群际区隔可以强化社会认同，提高自尊。

作为群体成员，个体将内群体越积极地与外群体区分就会获得越高的自尊；由于获得积极自尊的需要，低自尊或自尊受到威胁时将会激发群际歧视行为。当弱势社群成员感觉到所属社群在声望和权势上都比不上其他社群时，为了维护自尊，会采用多种应对方法，其中包括模仿强势社群以图自强，辨认一些所属社群比强势社群优胜的地方，或离弃所属社群，改为认同强势社群。❷

2. 减少不确定性

减少不确定性带来的风险是人们形成社会认同的另一个重要动机。社会认同让人们清楚知道自己是谁、自己与同类成员有哪些相似特征、与其他群体成员有何差别等。有了这些认知，人们可以从自己与他人的社会身份中预测及规范行为，并懂得如何与他人交往。❸

赵志裕等人❹也指出，并非所有群体资格的认同都能降低社会生活中的不确定性。不是所有的社群成员资格均能降低社会生活中的无常感。有些社群有较清晰的行为规范，而且社群成员拥有相同的特征，知道某人属于该社群，便可预测他的行为和特征。

同样，在认同该社群后，自己也知道要遵守哪些规范，知道别人对自己有什么期待。这个类型的社群成员资格较能产生降低社会生活中的无常感的作用。反之，一些规范模糊、成员混杂的社群，其成员资格对提高社会认知的安全感就没有很大作用了。因此，当人们需要借社会认同来降低社会生活中的无常感时，倾向认同规范清晰、成员组成单纯的社群。

另外，认同规范清晰、成员组成单纯的社群的倾向的强弱会因人因时而异。有些人较能接受或容忍社会生活中的无常感，而有些人只能过着很有秩序

❶ Abrams, Hogg, Abrams D., Hogg M. A. Comments on the motibational statue of self – esteem in social identity and intergroup discrimination ［J］. European Journal of Social Psychology, 1988, 18: 317 – 334.

❷ Hogg & Abrams, Hogg, M. A. & D. Abrams. Social Identifications: A Social Psychology of Intergroup Relations and Group Processes ［M］. London: Routledge, 1988.

❸ Hogg & Mullin, Hogg, M. A. & B. A. Mullin. Joining Groups to Reduce Uncertainty: Subjective Uncertainty Reduction and Group Identification. In D. Abrams& M. A. Hogg (eds.), Social Identification and Social Cognition. Oxford ［M］. England: Blackwell, 1999.

❹ 赵志裕, 温静, 谭俭邦. 社会认同的基本心理历程——香港回归中国的研究范例 ［J］. 社会学研究, 2005 (5): 202 – 246.

和条理的生活。与前者相比，后一类型的人倾向认同规范清晰、成员组成单纯的社群。

在意大利，南部和北部的人在文化价值、生活方式上都有很大差别。在一项以意大利南方人当被试的研究中，研究人员先用量表测量了被试忍受无常感的程度。量表中的题目包括"我不喜欢那些变化莫测的情况"和"我喜欢处身于从未经历过、前景不明朗的处境中那种变幻莫测的感觉"。然后，被试评估意大利的南方人彼此间多有相似，而北方人彼此间也多有相似。最后，被试分别评定他们喜欢南方人和北方人的程度。结果显示，那些不能容忍无常感的人，越觉得南方人彼此间相似，便越喜欢南方人，越觉得北方人彼此间相似，便越不喜欢北方人。相反，那些能接受无常感的人，越觉得南方人彼此间不同，便越喜欢南方人。❶

另外，情境也会影响人们的社会认同。当人们有充足的资源处理生活中的无常感时，便用不着借社会认同来取得社会认知的安全感。反之，当人们因为时间紧、生活忙，或资源有限而不能有效处理生活中的无常感时，便会借社会认同取得认知安全感。

三、社会认同与社会流动

社会认同理论的第二个部分明确地对群体间地位关系进行了研究，特别是群体中低地位群体成员的自我激励策略。在现实生活中他们会通过群体关系来维持和提高社会认同，采用的策略有三种，即社会流动（social mobility）、社会竞争（social competition）和社会创造（social creativity）。对策略的选择依赖于他们对自己群体与其他群体的关系的知觉。群体关系的三个变量包括群体边界的可渗透性（permeability）、群体地位合理性（legitimacy）和这些差异的稳定性（stability）。而在群体关系的不同情况下个体会存在两种信仰体系，即社会流动信仰体系（social mobility belief structure）与社会变革信仰体系（social change belief structure）。❷

（一）社会流动信仰体系

当人们相信群体的边界具有通透性，一个人可以在各群体之间流动时，就

---

❶ Kruglanski, A. W., Shah, J. Y., Pierro, A. & L. Mannetto. When Similarity Breeds Content: Need for Closure and the Allure of Homogeneous and Self – resembling Groups [J]. Journal of Personality and Social Psychology, 2022: 83.

❷ 张莹瑞，佐斌. 社会认同理论及其发展 [J]. 心理科学进展，2006（3）：475 – 480.

会产生社会流动的信仰体系。地位低的群体成员如果具有这种信仰体系，他就会努力争取加入另一个地位较高的群体，从而获得更满意的社会认同，例如考取功名。这种策略被称为个体流动。

一般而言，地位高的群体会极力提倡这一信仰体系，因为它并不试图改变群体之间地位的现状，而且可以降低弱势群体的凝聚力，避免其成员集体性的对抗行为。但是，地位高的群体也会对个体流动的数量进行一定的限制以免他们对自己构成威胁，例如美国对移民数量的控制。

（二）社会变革信仰体系

而当人们认为群体之间的边界是固定的和不可通透的，社会流动低，一个人不能从一个地位低的群体进入地位高的群体时就会产生社会变革的信仰体系。这时弱势群体成员就会加强对自己群体的认同，要求社会对弱势群体的消极方面的评价进行重新评定，甚至以集体行动来推翻社会对弱势群体不合理的政治和社会制度。

这方面的策略分别为两种：社会创造和社会竞争。社会创造是当群体间关系的现状被看作是合理的、稳定的时，弱势群体的成员所采用的策略。这种策略包括选择其他的比较维度、重新评估现在的比较维度的价值，以及改变与之比较的群体即与地位相同或地位更低的其他群体进行再比较。对于前两种方法，优势群体只有在一定程度上可以忍受，在许多时候它会极力维护原有维度的价值。如果群体关系的现状被看作是不合理或不稳定的，那么弱势群体的成员就会采用社会竞争的策略。这时，群体成员可以在导致其消极区分性的维度上与优势群体进行直接的对抗，如游行示威、政治游说，甚至革命和战争。而优势群体也会采用政治或军事的手段对弱势群体进行压制，以维护其优越地位。因此，这一策略最可能引发激烈的群体间冲突。

第二节　多元文化情境中的身份认同

一、文化混搭情境中的身份管理

随着全球化推进、外来文化的流入、社会流动的频繁性增加，不同国家、民族之间的文化元素可能在同时同地出现，这种现状被称之为文化混搭（culture mixing)。❶ 文化混搭可以发生在不同文化领域：文化的物质性领域（material domain）、象征性领域（symbolic domain）和神圣性领域（sacred domain）；人们对不同领域的文化混搭反应有所不同，例如从物质领域到象征领域再到神圣性领域，文化的可交换性（可以用金钱等世俗标准衡量）、易变性（容易受社会变迁的影响）较低，混搭容忍度（人们能够接受文化混搭的程度）逐渐降低，文化的传统性（代表的传统观念与意义）、对纯粹性的强调逐渐增强。❷

Morris 等研究者指出❸，对文化的不同定义与理解将会直接影响社会心理学在探讨人类心理过程中的视角与研究范式的改变。文化对于身处其中的成员来说，是一种松散的、共享的智识网络，对个体来说是一种可以借鉴、使用、参照的资源库，并非一成不变的固化思维模式；文化对个人的影响具有非常鲜明的情境性和动态性，并非是单一的、固化的、特异性的作用模式。每一个体都可能受到多元的文化影响，这些文化的价值取向、规范可能是相似的、共通的，也可能是对立的、相冲突的。

不同的文化混搭情境将会启动人们不同的认同管理策略，在物质文化混搭情境中，人们原有的认同并不受到威胁，在新文化中习得的身份认同与原有的亚群体认同可以同时并存；而在象征性文化或神圣性文化遭遇文化冲突或混搭的情境中，可能出现母文化被威胁、原有的亚群体身份被凸显化，从而激起对新文化中的身份的排斥。❹

例如，对一个居住在现代化大都市的穆斯林来说，看美国大片、与其他民族人一起工作学习、遵守工作单位或学校的规则制度、学习英语等都是可以接受的文化混搭情境。但是在具有神圣性及宗教意义的文化混搭情境中，他们可能感到文化威胁，穆斯林身份被这种文化污染的情境凸显化。例如在有些国家和地区的某些时期存在强迫穆斯林摘去标识穆斯林身份的头巾、不尊重其清真

---

❶ Chiu, C－y., Gries, P., Torelli, C. J., & Cheng, S. Y－y. Toward a social psychology of globalization [J]. Journal of Social Issues, 2011, 67: 663 － 676.

❷ 彭璐珞. 理解消费者对文化混搭的态度：一个文化分域的视角 [D]. 北京：北京大学博士学位论文, 2013.

❸ Morris, M. W., Chiu, C－y., & Liu, Z. Polycultural psychology [J]. Annual Review of Psychology, 2015, 66, 24.1 － 21.29.

❹ 吴莹, 杨宜音, 赵志裕. 全球化背景下的文化排斥反应 [J]. 心理科学进展, 2014 (4): 721 － 730.

饮食习惯、提供较少的清真饮食场所等情形。❶❷

　　本部分将结合已有研究提出，在不同层面的文化混搭情境中人们认同多重性有不同的表现形式。在物质性的文化混搭领域中，人们已有的亚群体认同可以与新的认同并存，表现出融合性认同模式；在象征性或神圣性文化混搭情境中，已有的亚群体认同被凸显化，多重身份被简化为排斥性的单一认同，如图所示。

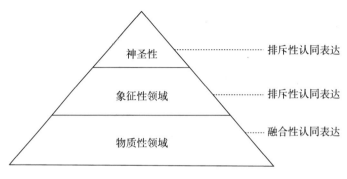

图 7 - 1　不同文化混搭领域的认同表达

（一）融合性认同表达（integrating identity representation）：双文化认同融合模式

　　当今社会，经济发展与全球化的推进使人们在不同国家地区之间的流动成为常态，旅行、留学、工作、经商、劳务输出、移民使越来越多的人具有了在两种或两种以上的文化环境长期生活的经历。人们跨越的不同文化环境不仅仅包括在国家间的流动，例如美籍华人、美籍墨西哥人、移民巴西的日本人；还包括在同一国家内不同文化区域的流动，例如出生在西北地区现今在北京、广州等大城市生活的穆斯林；不同文化环境的界定还包括传统社区与现代社区的区分，例如在城市打工的农民工群体以及跟随父母生活在城市的农民工子女群体。

　　研究者认为，不同的文化环境中人们有区别的生活方式会改变人们的认知方式、态度价值观及行为模式，为了研究的便利研究者将这样的群体定义为双

---

❶ 吴莹. 都市回族青年的文化变迁及其应对 [J]. 中国青年研究, 2014 (12)：12 - 16.
❷ 黑志燕. 盖头姑娘的信仰生活与穆斯林认同——以北京市戴盖头女大学生为例 [D]. 北京：中央民族大学硕士学位论文, 2011.

文化个体。❶❷

有研究发现，双文化个体相比生活在单一文化环境中的个体而言，其自我认同、自我概念更受第二种文化环境的影响。双文化个体有更丰富、更复杂的文化知觉，对每一种文化都有一套完整的知识结构，而不像单文化个体那样对外文化只是具有零星的、碎片化的、不成体系的认知。❸

不同文化建构起双文化个体不同的自我认同，并存的不同文化身份认同会随着环境的迁移被启动激活。例如一位在美的台湾华人曾谈到过她在不同文化环境中的身份认知以及思维模式的变化❹：

> 我在两个地方（中国台湾和美国）都生活过，而且我每年都会回台湾探亲，所以我发现我在两种文化的影响下来回变化。比方说我回台湾以后，他们有时候会很吃惊，因为我太开放、太生硬了，所以我努力变得……变得越来越符合他们的定义，但是等我回到美国，看到每个人都那么开放，我有时候会觉得自己有点不知所措，但大约一个月后就会习惯了。然后等我再回到台湾，他们又接受不了我了，就像一种循环……

双文化个体的身份认同一方面是对特定的文化社会语境的被动反应，自我认知、身份建构被外在的社会文化语境限制；另一方面，个体也会寻求积极的身份认同，主动管理调整自我认知接受新文化语境下的自我身份。移民巴西的日本人及后裔的身份认同中可以看到文化情境之于身份认同的巨大力量，以及人作为社会行动者寻求积极结果的主动性。

20 世纪初，大批日本人通过劳务输出的方式加入巴西以支援巴西咖啡种植业，初来乍到的日本人在完全不同种族和文化的巴西氛围中，"日本人"的身份认同被凸显和强化。20 世纪 30 年代后，日本的崛起以及"二战"中的侵

---

❶ Hong, Y. -y., Roisman, G. I., & Chen, J. A model of cultural attachment: A new approach for studying bicultural experience [M]. In M. H. Bornstein & L. Cote (Eds.), Acculturation and parent child relationships: Measurement anddevelopment, 2006: 135 – 170. New Jersey: Lawrence Erlbaum Associates.

❷ Benet – Martínez, V., Leu, J., Lee, F., & Morris, M. Negotiating biculturalism: Cultural frame switching inbiculturals with oppositional versus compatible culturalidentities [J]. Journal of Cross – Cultural Psychology, 2002, 33: 492 – 516.

❸ Luna, D., Ringberg, T., &Peracchio, L. A. Oneindividual, two identities: Frame switching amongBiculturals [J]. Journal of Consume Research, 2008, 35: 279 – 293.

❹ Hong, Y. -y., Roisman, G. I., & Chen, J. A model of cultural attachment: A new approach for studying bicultural experience [M]. In M. H. Bornstein & L. Cote (Eds.), Acculturation and parent child relationships: Measurement anddevelopment, 2006: 135 – 170. New Jersey: Lawrence Erlbaum Associates.

略行为，使世界范围内的反日情绪高涨，一些在巴西的日本人为了改善自己的不利地位，接受巴西社会的主流文化，建构成一种新的认同——"日裔巴西人"，这种新的认同被在巴西出生的日本人广泛采用。

"二战"结束后，日本经济回升，迅速成为世界经济强国，日本和巴西在世界范围内的等级关系被颠倒过来，日本的地位声望越来越高，日裔巴西人开始坚持自己的日本文化传统，使自己摆脱巴西作为第三世界文化中不受欢迎的方面，在新的社会文化背景中，重新确认自己的日本人认同。20世纪80年代，巴西经济衰落，日本丰富的就业机会吸引日裔巴西人回到日本，在日本，日裔巴西人被视为"巴西化了的日本人"，在他们的故乡被作为"外国人"对待，他们在社会文化方面都遭遇到边缘化。❶❷。

双文化个体可能会使用三种策略管理自己的多重认同与身份：整合（integration）、转换（alternation）和协同（synergy）。

整合策略是指将两种或两种以上的认同融合为一种一致的认同，在这一过程中，新的文化认同被加入到现有文化认同中，两种认同是并列的关系。例如一项实验研究让东亚单一文化者、欧裔美国单一文化者和亚裔美国人分别评价强调人际关系和个体的广告，结果发现东亚单一文化者对含有人际关系的广告有较多偏好，欧裔美国单一文化者对含有个体主义色彩的广告更加偏好，而具有双文化认同的亚裔美国人对两种广告的偏好程度一致。❸

转换策略是指双文化个体的不同认同会在不同的语境中被唤醒。例如，让华裔美国人被试对一些句子进行填充，如果句子的开头以"作为一个美国人，我……"开头，被试在进行句子补充后涉及人权的可能性大，如果被试完成"作为一个中国人，我……"的补句后，被试更重视责任与义务，这和美国与中国两种文化语境对人们的价值期待不同有关，美国人更重视人权，中国文化更强调责任与义务的履行。❹

协同策略是指双文化个体在两种不同文化的冲击与建构下，形成一种有别

---

❶ Tsuda, T. When identities become modern：Japanese emigration to Brazil and the global contextualization of identity［J］. Ethnic and Racial Studies, 2001, 24：412 – 432.

❷ 赵志裕，康萤仪. 文化社会心理学［M］. 刘爽，译. 北京：中国人民大学出版社，2011.

❸ Lau – Gesk, L. G. Activating culture through persuasion appeals：An examination of the bicultural consumer［J］. Journal of Consumer Psychology, 2003, 13：301 – 315.

❹ Hong, Y. – y., Ip, G., Chiu, C. – y., Morris, M. W., &Menon, T. Cultural identity anddynamic construction of the self：Collective duties andindividual rights in Chinese and American cultures［J］. Social cognition, 2001, 19：251 – 269.

于两种母文化的新文化身份认同，这里的新身份认同不同于两种文化身份的简单相加或并列。

随着社会制度的变化、移民在移入地生活时间的增加以及二代移民的出生，这种不同身份的建构可能发生动态的、发展性的变化。新移民最初体验到的母文化与移入地文化之间强烈的身份冲突，随着时间变化、对新文化语境包括移入地语言、风俗、价值观、态度的熟悉会使认同选择出现分化。

Berry 从是否保存母文化与是否愿意接受移入地文化两个维度，将移民文化适应反应分成四类，即保存母文化并接受移入地文化的融合反应、抛弃母文化接受移入地文化的同化反应、保存母文化拒绝移入地文化的分离反应以及两者都不认同的边缘化反应。[1]

在相关的农民工子女身份认同研究[2]中发现，生活在城市的农民工子女有多样的身份认同，在这一群体出现一定的分化，有的儿童继续认同自己的"农村孩子"的身份，有的儿童开始在新的城市环境中建构、认同自己"城里人"的新身份，并且为他们的身份认同寻找更多合理化的解释。例如：

> 与北京小朋友相比，我还是觉得（自己是）农村孩子，因为北京孩子见多识广，那是必定的，而我们是农村孩子，因为我家不是太有钱，没有看过那么多东西，所以见识比较窄，还是有区别的。……我觉得我应该是城市孩子，因为北京孩子的爷爷奶奶户籍也是农村的，只是靠着挣的一分一毫，这样越积越多，最后就把户口落到这，然后就成北京人了。

随着社会各界对农民工群体的关注，包括政府从教育及社会保障制度上改善，媒体强调社会平等的语境以及学者在理论层次上的探讨，从 2004 年到 2014 年的十年间，农民工在制度待遇上有所改善，他们的身份认同也因制度舆论环境的影响得到重新建构。传统意义上"城""乡"二元身份的对立性被新制度与舆论环境渐渐淡化，身份的兼容性被逐渐凸显，在农民工的身上表现出双文化个体具有的特定认知模式。

杨宜音[3]在对 319 位在杭州工作的农民工调查中发现，这一群体的社会认

---

[1] Berry, J. W. Immigration, acculturation, and adaptation. Applied Psychology：An International Review，1997，46：5 – 34.

[2] 吴莹. 群体污名意识的建构过程——农民工子女"被歧视感"的质性研究 [J]. 青年研究，2011（4）：16 – 28.

[3] 杨宜音. 新生代农民工过渡性身份认同及其特征分析 [J]. 云南师范大学学报（哲学社会科学版），2013（9）：76 – 85.

同包括两种，"打工者"和"新杭州人"，两种身份认同并不是完全"非有既无"的关系，而是出现一定兼容性，其中有65%的被调查者既认同"新杭州人"这类市民身份，也认同自己"打工者"的身份，只有一种身份认同的比例相对较低，只认同"新杭州人"的比例占18%，只认同"打工者"身份比例不到15%。

杨宜音关于中国人"我们"概念的研究发现❶，作为表达自我与他人和群体链接的身份感的概念而言，中国人的"我们"包括两种类型，即"关系式的我们"与"类别化的我们"。关系式的我们概念是指个人以自我为中心，根据与自己的远近亲疏关系建构出的身份感；类别化自我是指从群体分类出发，依据相同或不同的类别发展出的身份感。这两种不同的身份感会在不同的情境中被启动，当外群体出现后，类别化凸显，"外人"出现时，关系化凸显。启动这一机制的条件是视自己为类别成员式的"我"还是可以划定为自己人的"我"。也就是说，"我"是"一个"（成员）还是"这一个"（划定关系的中心），即"我们"这个概念是情境化的。

陆洛在对台湾人的研究中提出"折衷自我"的概念，随着现代化过程的推进及社会变迁的发生，人们的自我存在两种形态的并存，即"互依包容的自我"与"独立自主的自我"，两种自我并非相互冲突的，而是在不同情境中会发生转变。❷

杨凤岗在对华盛顿特区的一个华人教堂的田野观察中也发现，在美国华人基督徒那里存在着几种认同的并存，并能够根据不同社会文化情境凸显出自己的某一特定身份。这种被研究者称为叠合身份认同（adhesive identity）现象具体是指，在美华人基督徒既没有放弃族群认同被动地接受当地文化的同化，也没有拒绝融合而简单固守其族群认同，而是同时建构与重构美国人认同、华人认同和宗教认同，将三种身份叠合起来并不丧失任意一个认同的独特特征。表现出"在美国人中像个美国人，在中国人中像个中国人；甚至也能在美国人中像个中国人，在中国人中像个美国人"❸。

---

❶ 杨宜音. 关系化还是类别化：中国人"我们"概念形成的社会机制探讨 [J]. 中国社会科学，2008（4）：148 – 159.

❷ 陆洛. 人我关系之界定——"折衷自我"的现身 [J]. 本土心理学研究，2003（20）：193 – 207.

❸ Yang, F. G. Chinese Christians in America：Conversion，assimilation，and adhesive identities. University Park [M]. Pennsylvania：Pennsylvania State University Press，1999.

实际上，对双文化个体的研究代表着一种新的研究范式以及对文化理解的新视角。康莹仪在对双文化个体研究的基础上提出动态建构模型（Dynamic Constructivist Model），用以阐释动态的、多元的文化模式下人们特有的文化框架转移（cultural frame shift）认知模式。❶❷ 包括：第一，文化是指群体成员所共享知识网络（networks of shared knowledge），这里的知识是指文化群体内共享的信仰、价值观和基本观念（lay theory）。第二，不同文化群体分享不同的知识体系。第三，对于个人来说，启动不同的知识网络会得到不同的行为反应。第四，对于同一文化成员来说，虽然共享相同的知识体系，但某种文化知识的提取和启动需要依靠具有典型代表意义的文化符码唤起相应的行为反应。第五，个体不同的特质（例如认知需求、基本种族观的不同）作为边界条件和调节变量调节文化作用个体行为的过程。

（二）排斥性认同表达（exclusive identity representation）：单一的亚群体认同被凸显

当文化的神圣性领域遭遇外文化的流入、侵蚀、污染甚至同化时，人们将会产生强烈的文化排斥反应，伴随的是所属的亚群体认同被凸显、放大，甚至形成极端的单一亚群体认同。一项以回族大学生为被试的实验研究中发现，当让被试处于清真饮食文化被污染的文化混搭启动情境中时，回族被试表现出强烈的穆斯林文化认同，在饮食、居住、通婚、社交领域表现出明显的文化净化反应。❸

彭璐珞❹的研究数据也证明，在象征性及神圣性文化领域中，人们对文化混搭的可接受度较低，对文化的纯粹性要求偏高。另一项以美国人为被试的实验研究也发现，当让美国被试认为美国文化认同在全球化影响下被破坏和侵蚀

---

❶ Hong, Y. - y., Khei, M. Dynamic multiculturalism: The interplay of socio - cognitive, neural, and genetic mechanisms ［M］. In V. Benet - Martinez & Y - y. HONG (Ed.), The Oxford handbook of multicultural identity, 2014.

❷ Hong, Y. A dynamic constructivist approach to culture: Moving from describing culture to explaining culture ［M］. In R. Wyer, C - y. Chiu, & Y - y. Hong (Eds.), Understanding culture: Theory, research and application. New York: Psychology Press, 2009: 3 - 23.

❸ Wu, Y., Yang, Y. - Y., & Chiu, C. - Y. Responses to religious norm defection: The case of Hui Chinese Muslims not following the halal diet ［J］. International Journal of Intercultural Relations, 2014, 39: 1 - 8.

❹ 彭璐珞. 理解消费者对文化混搭的态度：一个文化分域的视角 ［D］. 北京：北京大学博士学位论文, 2013.

后，被试倾向于表达出更强烈的对外文化排斥反应及促使美国文化纯洁化的倾向。❶

黑志燕❷对生活在北京的"盖头姑娘"的研究发现，"盖头"对于来自西北在北京求学的穆斯林女大学生来说，不再单纯是一种穿戴的服饰，而具有神圣的宗教意义，是表达虔诚伊斯兰信仰和保持民族、宗教文化纯洁性的标识。研究发现，很多"盖头姑娘"是来到北京这一穆斯林文化氛围并不浓厚、甚至面临被同化可能的都市之后，其穆斯林的民族身份以及伊斯兰教的宗教认同才日益清晰、凸显化，在穿戴上坚持戴上"盖头"，并虔诚严格遵守伊斯兰宗教仪式。

生活在欧洲的穆斯林移民目前是欧洲人口数量庞大的少数族群之一，在欧洲这一强调公民身份高于族群身份的语境中，以及在社会经济的弱势地位中其族群认同被强烈凸显。从20世纪60年代到90年代，欧洲清真寺数量的增长可以看出在文化冲撞与共生的语境下，穆斯林移民以宗教为基础的族群认同被逐渐凸显和强化的过程。1961年西欧清真寺仅有361座，其中350座位于希腊，西德和英国各有10座，荷兰有5座，法国有4座，意大利、瑞典和奥地利分别只有1座。到1991年，西欧清真寺增加到4845座左右，法国、德国、英国分别有1500座、1000座和600座，荷兰、希腊和比利时分别增加到400座、400座和300座。

在此期间，欧洲的穆斯林组织及其人数也在增多，成为有效团结穆斯林移民、表达其群体利益诉求的重要形式。另外，欧洲穆斯林移民的后代，在社会经济的被边缘化环境以及宗教文化与意识形态与欧洲主流社会冲撞的语境中，他们通过佩戴头巾、要求大学中增加穆斯林神学课程等形式，重新定位自己在非穆斯林社会中的族群文化认同，追求与其父母不同的更"纯洁"、更"正统"的伊斯兰运动。❸

二、移民与文化依恋（cultural attachment）

故乡对于游子具有符号性意义，"乡愁"（nostalgia）寄托其中的丰富情

❶ Cheng，Y. Y. Social psychology of globalization：Joint activation of cultures and reactions to foreign cultural influence. PhD dissertation，University of Illinois at Urbana – Champaign，2010.
❷ 黑志燕. 盖头姑娘的信仰生活与穆斯林认同——以北京市戴盖头女大学生为例［D］. 北京：中央民族大学硕士学位论文，2011.
❸ 郭灵风. 欧洲穆斯林"头巾事件"：代际差异与社会融合［J］. 欧洲研究，2010（4）：101 – 113.

感，母文化认同、亚群体认同对移民、少数族群来说也具有类似"乡愁"的情感支持功能。

身份认同中包含的情感因素在很多研究中曾被验证过。例如 Routh 和 Burgoyne 对人们对于国家概念的研究中发现，人们对国家的认同中包含两种依恋，一种是具有情感性的，由国家符号、文化符号和历史符号组成的文化依恋，一种是由教育、健康关爱和经济体制等组成的功能依恋。❶ Rothi、Lyons 和 Chryssochoou 发现，人们的国家认同可以区分对传统文化的认同和对公民身份的认同。❷

相关的政治学研究将人们的国家认同分为赞同性的国家认同及相应获得的政治－法律公民身份和归属性的国家认同及相应获得的文化－心理公民身份。❸ 也有关于族群的研究❹将人们的族群认同分为工具性功能和情感性功能两种，情感是族群认同中不可缺少的重要部分。

从定义上看，认同是个人将自我与单位、组织、社群甚至国家进行联系、自我归类的过程。个人对于群体的认同具有寻找归属和依恋的意味，正如子女之于父母养育者，游子之于故乡的情感，所以在国家、民族、族群的语境中，才会出现"祖国"（motherland）、"同胞"、"兄弟姐妹"这样富含情感的称谓。

康萤仪等由个人依恋风格理论提出文化依恋的概念，并指出人们对文化也有不同焦虑、回避和安全型的依恋，并通过对生活在新加坡的印尼人的文化依恋风格研究发现，与母文化（印尼）形成的安全型依恋能够帮助跨文化个体更好地适应客居的文化环境，感受到更少的歧视，并能够获得更多的主观幸福感。对跨文化个体来说，母文化是一种心理资源，与母文化建立起的良好情感关系能够帮助个体顺利度过跨文化适应阶段。❺

---

❶ Routh, D., & Burgoyne, C. Being in two minds abouta single currency：A UK perspective on the Euro［J］. Journal of Economic Psychology, 1998, 19：741 – 754.

❷ Rothi, D., Lyons, E., & Chryssochoou, X. Nationalattachment and patriotism in a European nation：A Britishstudy［J］. Political Psychology, 2005, 26：135 – 155.

❸ 肖滨. 两种公民身份与国家认同的双元结构［J］. 武汉大学学报（哲学社会科学版），2010（1）：76 – 83.

❹ 袁娥. 民族认同与国家认同研究述评［J］. 民族研究，2011（5）：91 – 103.

❺ Hong Y – y., Fang, Y., Yang, Y., &Phua, D. M. Cultural attachment：A new theory and method to understand cross – cultural competence［J］. Journal of Cross – Cultural Psychology, 2013, 44：1024 – 1044.

第三节　现实情境中的身份认同

在全球化的时代，文化混搭、碰撞、冲突与共生塑造了人们不同的身份认同，也迫使人们在多重身份间进行选择与管理，文化会聚心理学提供了解读人们多重身份选择及多元文化认同管理过程的新视角。[1] 在此基础上的文化会聚认同（polycultural identity）研究基于以往多元文化认同管理诸理论（multicultural identity management theories），却又有所区别，在理解现实社会情境中更有解释力。

已有的多元文化认同理论更多聚焦于个体水平，探讨个人遭遇不同文化情境时如何获得多重身份，个人在不同文化中如何管理、选择及整合多重身份认同。例如社会认同复杂性理论对身份多重性容忍程度差异的探讨；[2] 社会认同理论提出社会流动、社会竞争及社会创造等概念，描述个体在不同文化、社会情境中，对不同身份的选择与取舍的过程性机制；[3] 文化适应理论视角中对母国文化认同与客居国文化认同的选择与区分。[4]

文化会聚认同研究不再将视角局限于个体水平仅仅讨论个人对多重身份选择的动态过程，而是将原有多元文化认同管理研究进一步推进，具体归纳为以下三个方面。

一是关注宏观层面的文化互动模式对人们身份认同的建构。正如前文的回顾发现，在不同文化混搭机制中人们的多元文化认同管理模式相差迥异。当文化混搭发生在神圣性文化领域时，人们感知内群体文化被污染与同化，其原有的亚群体认同将被提醒并凸显化；相反，当文化混搭发生在物质性领域时，人们内群体身份并不会被激活，从而能够实现多元文化认同的并存和融合。

---

[1] Morris, M. W., Chiu, C-y., & Liu, Z. Polycultural psychology [J]. Annual Review of Psychology, 2015, 66: 24.1–21.29.

[2] Roccas, S., & Brewer, M. B. Social identity complexity [J]. Personality and Social Psychology Review, 2002, 6: 88–106.

[3] Tajfel, H., &Turner, J. C. The social identity theory of intergroup behavior [M]. In S. Worchel& W. Austin (Eds.), Psychology of intergroup relations. Chicago: Nelson–Hall, 1986.

[4] Berry J. W., Phinney J. S., Sam D. L., Vedder P. Immigrant youth: acculturation, identity, and adaptation [J]. Applied Psychology, 2006, 55: 303–332.

二是纵向的历史视角。如文化会聚主义对文化的解读，当前文化表现出的形态是不同文化相遇、碰撞、渗透、影响、关联、交融的历史性结果。❶❷从生态心理学视角及文化变迁的过程来看，人们多元文化认同的管理同样逃不脱包括政治制度、文化政策、经济及国体选择、社会流动等历史性的建构。❸

文化会聚认同研究认为，个人管理多重身份与多元文化认同并不是简单非我即他的取舍，不是舍弃旧有亚群体认同、母国文化认同，获得主流群体认同的过程，而是不同身份认同之间的并存并相互支撑的过程。例如，已有研究发现，对母文化认同及安全的母文化依恋对移民在客居国文化适应中具有情感支持功能。因而，文化会聚认同研究强调，需要结合历史发展、文化政策等宏观、生态视角探讨个人的多元文化认同管理，不能将多元文化认同管理过程仅仅视为个体化的心理、行为机制。

三是情境化的动态视角。正如众多研究者达成的共识：文化是文化成员共享的知识、规范，❹是文化成员共同编织的意义之网。因而，文化对个人的影响是动态的、断续的、情境性的，而非固化的、静态的、持久不变的。❺

文化会聚认同研究也有同样的结论：多元文化认同的管理受文化情境影响，人们被特定文化符码（icon）激活凸显特定文化身份。❻文化会聚认同研究情境性的、动态化的观点也促使研究者有不同的研究范式与特殊发现。例如在以往国家认同的研究中，研究者倾向于将国家认同作为固化的概念，使用量表进行个体差异的量化考评；❼而情境性的认同研究视角却发现，国家认同分为制度性维度与情感性维度，启动不同"国家"概念维度，国家认同对人们

❶ Prashad, V. Everybody was Kung Fu fighting: Afro – Asian connections and the myth of cultural purity [M]. Boston, MA: Beacon Press, 2001.

❷ 邹智敏，江叶诗. 文化会聚主义：一种关系型的文化心理定势 [G] //赵志裕，吴莹. 中国社会心理学评论（第九辑）. 北京：社会科学文献出版社，2015：63 – 96.

❸ 陈咏媛，康萤仪. 文化变迁与文化混搭的动态：社会生态心理学的视角 [G] //赵志裕，吴莹. 中国社会心理学评论（第九辑）. 北京：社会科学文献出版社，2015：224 – 263.

❹ 赵志裕，康萤仪. 文化社会心理学 [M]. 刘爽，译. 北京：中国人民大学出版社，2011.

❺ Morris, M. W. , Chiu, C – y. , & Liu, Z. Polycultural psychology [J]. Annual Review of Psychology, 2015, 66: 24. 1 – 21. 29.

❻ Hong, Y. – y. , Khei, M. Dynamic multiculturalism: The interplay of socio – cognitive, neural, and genetic mechanisms [M]. In V. Benet – Martinez & Y – y. HONG (Ed.), The Oxford handbook of multicultural identity, 2014.

❼ 王嘉毅，常宝宁. 新疆南疆地区维吾尔族青少年国家认同与民族认同比较研究 [J]. 当代教育与文化，2009（5）：1 – 6.

行为影响效果不同。❶

一、多民族国家中的身份认同

2014 年 9 月 18 日苏格兰举行独立公投，由苏格兰选民自主决定是否脱离英国，投票结果于第二天宣布，苏格兰人以 55% 的反对票留在大不列颠联合王国。之前，据英国 BBC 新闻报导，2011 年的民意调查显示 62% 的苏格兰人只承认"苏格兰人"身份，只有 18% 的苏格兰人承认他们是"苏格兰人"和"不列颠人"。❷

苏格兰人的身份认同代表了当下多民族国家建构国家身份与原初民族身份共同遇见的冲突与困扰。历史上苏格兰与英格兰本是两个不同的民族国家，苏格兰人是凯尔特人的后裔，英格兰人是盎格鲁－撒克逊人的后裔，中世纪时，两个国家经常发生战争，苏格兰人曾与法国人结盟作为英格兰人的敌方。

1707 年，两个国家合并成"联合王国"，苏格兰在外交、军事、金融及宏观经济政策等事务上受英国国会管辖，但内部的立法和行政上却有自治的权力，更重要的是苏格兰人有自己的文化传统，苏格兰风笛、男式格子短裙是苏格兰传统文化的符号，而以塑造大侦探福尔摩斯与苏格兰场的柯南·道尔，及《哈利·波特》的作者 J. K. 罗琳被苏格兰人视为当下的文化符号。

18、19 世纪英国国力如日中天，甚至吞并了北爱四郡，这时"国家"的概念强于族群观念，并不见苏格兰人独立的声音。"二战"后，英国国力不如从前，苏格兰在其辖区又探测到丰富的石油和天然气资源，在经济利益与主张独立的苏格兰民族党的推动下，以及文化、宗教等情感因素的渲染下，多数人更认同"苏格兰人"族群身份，而联合王国的国家认同逐渐式弱。

与苏格兰相似的是，魁北克的法裔居民也曾两次使用公投的方式表达过自己的强烈族群身份认同。魁北克人曾在 1980 年和 1995 年两次进行独立公投，1980 年支持独立的赞成票占 40.44%，1995 年魁北克第二次独立公投，赞成派与反对派势均力敌，支持独立派仅仅以 1% 的弱势败北。魁北克法裔的身份认同有一定文化历史原因，这种魁北克人对自己法裔身份的认同与早期英法的殖民统治及对魁北克地区争夺有关，也是自英法殖民统治直至法国战败放弃魁北克殖民权的历史时期就形成的。

---

❶ 于海涛，张雁军，乔亲才. 全球化时代的国家认同：认同内容及其对群际行为的影响 [J]. 心理科学进展，2014（5）：857－865.

❷ http：//www.bbc.com/news/uk－scotland－24282271，2013－9－26.

2010 年的民调显示，70% 的魁北克人首先认为自己是魁北克人，然后才认为自己是加拿大人，16～24 岁的年轻人仅有 18% 首先认同自己的加拿大身份。魁北克人在通用英语的加拿大联邦境内保持着独特的法国习俗，城市建筑景观非常形似法国，漫步魁北克城让人觉得自己身处欧洲，与北美摩天大厦的城市建筑风格完全不同。

在苏格兰与魁北克独立公投背后，我们可以看到统一的主权国家公民身份与次级的族群身份的较量。在多民族的主权国家中如何建构人们的国家认同？国家认同的建构如同族群身份形成一样，需要依托共同的经济基础、制度因素、文化积淀、社会互动而形成统一的思想、价值观、意识形态上的共识。事实上，在南斯拉夫的国家认同建构及其解体的历史过程中可以看到，形成国家层面上的共识、意识形态对建构国家认同甚至国体统一的重要性，反之，在制度设计等因素上过于强调族群认同会削弱国家认同的整合性，将会导致国家的解体。

1945 年 12 月 22 日由铁托领导的南斯拉夫共产主义联盟解放南斯拉夫全境，成立 "南斯拉夫联邦人民共和国"。新中国成立后，铁托提出了一个整合南斯拉夫境内多民族的治理计划，推行了一场叫作同胞与团结运动（brotherhood and unity campaign），以便形成一种共同的南斯拉夫认同。其中，铁托小心避免南斯拉夫最大民族塞尔维亚族作为共同的层面的认同，而有意削减塞尔维亚人的权力，却赋予科索沃和伏伊伏丁两个自治省更多自治权。其中共产主义意识形态成为抵消各族群民族主义情绪的意识形态，而铁托本人也因实施成功的经济改革及强硬的外交手段在南斯拉夫人中具有非常高的克里斯玛式的领导权威，成为南斯拉夫统一的符号和象征。

1960 年之后，随着进一步经济自由化，各共和国更为自主，中央国家的权力被逐渐削弱。1974 年的宪法变革赋予各共和国和两个自治省以中央银行、警察、教育和司法系统。1980 年铁托去世后，没有后继者可以替代铁托继续扮演民族统一的符号性角色。而塞尔维亚人在铁托去世后对其被削弱权力的诉求与争夺，以及南斯拉夫建国前族群间争斗历史成为 1991 年南斯拉夫解体直至造成了之后多年各微型国家战争及冲突的局面。[1] 当然，南斯拉夫的解体原因有多种，西方分裂势力的干预也是重要原因之一。

---

[1] 科塔姆，尤勒，马斯特斯，等. 政治心理学 [M]. 胡勇，陈刚，译. 北京：中国人民大学出版社，2013.

国际近些年来众多"民族自决"造成多民族国家解体的例子背后，人们思考更多的问题是"国家"靠什么力量凝聚？分析内在的机制发现，建构稳固的、同一的"国家认同"是其中的关键。

马戎曾将传统多部落帝国向现代民族国家的转型分为三类。❶

第一类是分裂成各个独立的国家，例如奥斯曼帝国解体后，其下辖的巴尔干半岛、中东和北非地区国家各自独立。

第二类是建立多族群民族国家，例如中国当下的体制就是这种具有独立国家认同的体制，及彼得大帝和后继沙皇领导的俄国，及甲午战争后的清朝都自觉不自觉地向这一方向努力，通过政治和文化的整合，淡化统辖下的各族群之间政治、经济和文化差别。

第三类是多族群联邦国家，如同南斯拉夫和苏联的体制，这种体制下现行的工商业和行政体系会使联邦下的各群体之间边界更清晰，文化特征更显著。

分析发现，第二种政体形式中国家认同的建构更加稳固，亚群体的族群认同相比之下不太强烈；而在南斯拉夫和苏联政体中，族群认同得到凸显，靠政治意识形态整合起来的国家认同在政治变化中又显得脆弱不堪一击，从而导致国家的分裂。

二、全球化与移民的多元身份认同

在传统社会中人们的身份随着社会关系的稳固而显得相对稳定，相反，在社会变迁的时代，随着社会流动的频繁，人们的身份认同也发生相应的改变，其中，在移民身上更能凸显身份的转换。一方面是背井离乡的地域空间转换在文化、风俗及生活上对认同的建构；另一方面也可能是包含社会经济因素的地位转换对人们认同的重新塑造。在诸多社会科学学科中，研究者们从不同角度都曾对移民认同这一重要问题进行过探讨。

城市社会学创始人帕克20世纪初在对芝加哥及其他美国城市的外国移民群体深入的田野观察研究基础上，分析认为，接触、融合、同化是移民适应移入地文化的不同阶段，并提出"边缘人"的概念，指出"边缘人在两种文化和两种社会的边缘，这两种文化和社会从未完全相互渗透和融合"，移民作为

---

❶　马戎. 21 世纪的中国是否存在国家分裂的风险？［G］//马戎. 族群、民族与国家建构：当代中国民族问题［M］. 北京：社会科学出版社，2012：192－253.

"边缘人是命运安排其生活在两个社会中，并处于不仅仅是不同而且是敌对的文化中，……在这两种不同且难以融合的文化被全部或部分融合过程，他的心灵备受煎熬"❶。

同被视为芝加哥学派的社会学家托马斯与兹纳涅茨基合著的《身处欧美的波兰农民》曾对 20 世纪初移入美国的波兰移民生活进行详尽描述。早期芝加哥学派的社会学家们较多从文化与认同转化的角度探讨了美国移民的文化适应问题。

世界上很多国家都是移民国家。以美国为例，在美国历史上曾出现两次移民浪潮，第一次以爱尔兰人为主的移民浪潮，主要集中在铁路建设、运河开凿，第二次移民浪潮中大部分以东欧人为主，有波兰人、意大利人、东欧犹太人等。移民对母文化认同与原有的祖国认同的关系一直是研究者们关注的焦点。心理学家约翰·贝利曾在对加拿大移民研究的基础上总结移民的文化适应及对母文化及移入国文化认同，从而将移民文化适应策略分为四类，即同化、边缘化、融合、分裂。

纵观当下，移民及认同仍然是世界范围内产生族群冲突、社会矛盾甚至产生恐怖主义的重要原因。2015 年 1 月 7 日，巴黎一家漫画《查理周刊》遭遇恐怖袭击，造成 12 人死亡，袭击者是三名法国穆斯林，遭遇袭击的可能原因是该周刊曾发表过影射伊斯兰教先知穆罕默德的漫画。这起恐怖袭击事件反映了在法国社会、甚至包括英国、德国、意大利、荷兰等欧洲发达国家中，存在的严重的阿拉伯穆斯林移民后裔与本土白人的族群冲突。

随着"二战"后欧洲经济的复苏及对劳动力的需求，大批西亚北非阿拉伯劳工通过招募协议进入欧洲国家，以荷兰为例，1963 年、1969 年荷兰政府分别与土耳其、摩洛哥签署劳工招募协议，大批穆斯林劳工及其家庭为单元的永久移民进入荷兰。据相关数据显示，2013 年穆斯林人口占荷兰总人口的5.5%。穆斯林人口在法国、德国、英国、意大利的比例分别为 10%、3.7%、4.8%、2.4%。穆斯林移民在欧洲各国人口比例逐渐增大，引起了欧洲主流社会的恐慌，甚至被欧洲右翼主义者称之为欧洲正在被"阿拉伯化"。

对欧洲的穆斯林移民来说，其从事的工作多是底层的非技术性工作，这种情况在二代甚至三代移民身上并没有得到改善，同等教育水平下西欧穆斯林

---

❶ Park, R. E. Human migration and the marginal , man. American Journal of Sociology, 1928, 33: 881－893.

的失业率大于本土欧洲人，而穆斯林又有着严格的宗教习俗，其居住多为集中的穆斯林聚居区，❶ 在居住上呈现一定的自我隔离状态，这些制度和文化环境的共同建构使西欧穆斯林的族群认同更加凸显，对移入国文化及制度更不认同。有研究表明❷，二代的欧洲穆斯林移民追求更为"纯洁"、更"正统"的伊斯兰运动，不仅是出于对父母传统的拒绝，更是对边缘化的社会经济地位的抗拒。

在中国城市务工的农民工也是一个庞大的移民群体，2013 年国家统计局发布的数据显示，进城务工的农民工人数已经达到 2.69 亿。受中国"农业户口"与"非农户口"的城乡居民户籍身份划分的影响，在城市工作、生活的农民工的身份也呈二元分裂状态。从制度上，户籍带来教育、社保、医疗、住房甚至收入等制度性待遇与城市居民不同，另一方面，制度性排斥与长期在城市生活并逐渐脱离农村社区环境的现状，使农民工的身份认同也处于模糊的、不确定状态。

有研究发现，农民工的社会认同并不是单一维度的，而是一种矛盾性多元化的状况，很少有绝对的城市认同或乡土认同，在城市务工的农民工常常陷入"区隔"与"融入"的认同选择困境中。❸

另一个对杭州新生代农民工的调查发现，超过五成半的新生代农民工既不认同新杭州人的身份，也不认同农民工身份，他们的身份认同建构呈现出一种"不确定性"。"他们可能知道认同新杭州人身份并不现实，因为大城市并不容易安家落户；但是接受农民工身份，如果返乡，也不符合他们出生长大的环境和经历，不符合他们的期待。如果留在工业园区或制造业的不同企业跳来跳去，长期漂泊不定，也不符合他们的期待，他们遇到的是双重排斥，遇到的是别无选择的选择，这种没有未来的漂泊身份，让他们不敢奢求未来。"❹

针对移民面临的问题，各个国家和政府也逐步探索改变移民现状，探索移民融入主流社会、整合移民积极认同的方法。以东莞市为例，东莞市是一个以

---

❶ 陈昕彤，石坚. 欧洲穆斯林移民多重认同的构建 [J]. 西南民族大学学报（人文社会科学版），2013（7）：27－31.

❷ 郭灵风. 欧洲穆斯林"头巾事件"：代际差异与社会融合 [J]. 欧洲研究，2010（4）：101－113.

❸ 郭星华，邢朝国. 社会认同的内在二维图式——以北京市农民工的社会认同研究为例 [J]. 江苏社会科学，2009（4）：54－60.

❹ 杨宜音. 新生代农民工过渡性身份认同及其特征分析 [J]. 云南师范大学学报（哲学社会科学版），2013（9）：76－85.

制造业为主的移民城市，外来务工人员超过千万，是东莞重要的移民群体。自2008年起，在社会人士、政府机构、外来务工人员代表共同倡导下，媒体宣传开始用"新莞人"替代"外来工"的称谓，政府推行积分入户制度，改变外来务工人员的身份，并建设"新莞人"服务局、新莞人子女学校、新莞人廉价公寓，实施新莞人培训工程，吸引新莞人参与东莞事务管理，在人大政协中有新莞人代表等政策，从制度上建构"新莞人"这一新移民身份，甚至政府官员曾明确提出"淡化新老莞人概念，强化东莞公民意识"的思想，进一步解决移民及移民身份带来的社会问题。❶

总之，人们的族群认同、国家认同、文化认同、甚至地域认同，是经过长久的时间被不同社会、政治、文化、历史环境建构出来的，因而研究人们多元文化认同管理的过程，需要考虑历史性的、时间维度上的诸多因素。

---

❶ 南方工报，http：//www. nfgb. com. cn/NewsContent. aspx？id = 47337&pageNum = 1，2013 – 9 – 25.

第八章　文化变迁

　　文化社会心理学因为深刻描绘了不同文化之间的差异而引人关注，更因为严谨地揭示了文化如何影响和塑造个体的心理而引起心理学的文化革命。然而，现代化和全球化让很多人见证传统文化和地区文化面临的冲击，越来越多的人开始相信文化不是一成不变的，而是可能正在经历着前所未有的深刻变迁。相比于其他社会科学很早就系统地研究社会和文化变迁的课题，社会心理学直到最近才有意识地将文化变迁作为一个重要研究课题来研究。这当然有赖于社会心理学在跨文化心理和文化启动研究方面获得深入发展所奠定的理论基础，如个人主义－集体主义和文化框架转换。但是有关文化变迁重要理论问题的争论，如现代化理论与文化传承理论，却也让我们看到了以社会心理学视角为核心的文化变迁研究在某种程度上受到了社会学等社会科学经典理论的滞后性影响，如滕尼斯有关礼俗社会和法理社会的区分不约而同地受到多个文化变迁研究者的热切关注。不过，文化社会心理学对于文化变迁的研究，由于心理学对价值观、信念、认知、动机等个体心理层面的关注，而令社会与文化变迁的研究焕发了新的生机和活力，为该领域作出了独特的贡献。

第一节　文化变迁的概念与研究主题

文化社会心理学有关"文化"的含义是文化变迁概念的基础，而现代化和全球化及其引起的社会变迁构成了文化变迁研究的催化剂。文化变迁研究主要是将文化社会心理学所发现的空间上的跨文化差异维度转变成时间上的文化变迁维度，再就其变化的方向进行描述。现代化和全球化将时间和空间维度积聚到一起，则使文化变迁研究变得更加复杂。

一、文化变迁的概念

（一）文化变迁

文化变迁正受到文化社会心理学家越来越多的关注，但很少有研究者给文化变迁下一个明确的定义。从字面上看，文化变迁应指文化发生改变的过程和结果。就"改变"而言，含义相对简单。就"文化"而言，含义则极其复杂。根据文化包含内容的宽泛程度，可将文化变迁理解为以下几种含义。第一，从社会层面来看，文化变迁涉及正式制度、非正式制度和生活惯例的修正、废除和重建。因此，社会层面的文化变迁内涵与社会变迁的内涵存在较多交叉。第二，从个体层面来看，文化变迁使一个人的文化框架得到修正，并且/或者使其他解释框架得到发展。[1] 这里的文化框架，在广义上可理解为个体所具有的用来适应外部环境的价值、心理和行为系统；[2] 狭义上可理解为用来界定文化的某个单一的心理层面，比如价值观、信念、态度、人格特质、道德等任何一

---

❶ 赵志裕，康萤仪. 文化社会心理学 [M]. 刘爽，译. 北京：中国人民大学出版社，2011：267.

❷ Greenfield P. M. The Changing Psychology of Culture from 1800 through 2000 [J]. Psychological Science，2013，24 (9)：1722 –1731.

种心理层面。

　　跨文化心理学长期以来形成了以个人主义－集体主义价值观对比来描述跨文化差异的传统，这种空间的跨文化差异逐渐被用来描述时间维度上的传统社会和现代社会的差异，以及从传统社会到现代社会的变迁。很多文化社会心理学家将文化变迁的研究建立在社会学对礼俗社会（传统社会）转变到法理社会（现代社会）的经典论述基础上。❶　相应地，研究者通常以个人主义（独立我）－集体主义（依赖我）作为文化框架探讨文化变迁。有时，这种文化框架被当作文化征候群来看待，个人主义或集体主义内涵了一组心理和行为系统；有时，这种文化框架被具体为某一特定的心理或行为。例如，最近的研究发现，随着社会的发展，人们的自恋水平不断提高，其中自恋即可看成个人主义价值观的一种表现。❷

（二）文化变迁的背景

1. 社会变迁

　　顾名思义，社会变迁是指社会现象发生的改变。在社会学家看来，社会变迁是一个十分复杂的概念。究竟哪种社会现象在改变？在什么层次上改变？以及改变有多快？不同研究者对这些问题的回答，代表了不同的社会学理论视角。在梳理各种社会变迁定义的基础上，史蒂文·瓦格（Steven Vago）给社会变迁下了一个综合定义，即社会变迁是指社会现象发生的有计划或无计划的、质或量的改变，这些改变可以从改变内容、改变层次、改变持续周期、改变程度和改变速率等五个相互联系的成分进行分析。❸　改变内容包括社会结构、社会功能、人际关系、群体活动等各种社会现象；改变层次包括个体层次、群体层次、组织层次、制度层次、社会层次等五个层次；改变持续周期是指长期改变或短期改变；改变程度是指改良、改革或革命；改变速率是指改变的快或慢、持续或间歇、有序或动荡。

　　文化社会心理学家对社会变迁的关注主要集中于价值观、态度、行为等方

---

❶　Greenfield P. M. The Changing Psychology of Culture from 1800 through 2000 ［J］. Psychological Science，2013，24（9）：1722－1731. Kashima Y.，Bain P.，Haslam N.，et al. Folk Theory of Social Change ［J］. Asian Journal of Social Psychology，2009，12（4）：227－246. Oishi S. The psychology of Residential Mobility：Implications for the Self，Social Relationships，and Well－Being ［J］. Perspective on Psychological Science，2010，5（1）：5－21.

❷　Twenge J. M.，Konrath S，Foster J. D.，et al. Egos Inflating over Time：A Cross－Temporal Meta－Analysis of the Narcissistic Personality Inventory ［J］. Journal of Personality，2008，76（4）：875－903.

❸　Vago S. Social Change ［M］. Prentice Hall，2003：10.

面在个体和群体层次所发生的改变，并不太注重改变持续周期、改变程度和改变速率等社会变迁成分。由于社会变迁涉及的变迁内容具有整合性和系统性，文化社会心理学家有时也关注组织层次、制度层次和社会层次等宏观社会现象的改变，但通常将它们看作影响个体和群体层次社会变迁的远端因素。因此，虽然社会变迁和文化变迁在概念上存在很多交叉，文化社会心理学家经常不加区分地交替使用这两个术语，但从很多学者的研究中可以看出社会变迁经常被看作文化变迁产生的原因（如图 8 – 1）。

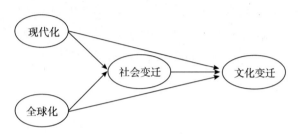

图 8 – 1　文化变迁与相关概念的关系

2. 现代化与社会转型

现代化是指近代以来在世界绝大多数社会所发生的以工业化、市场经济和科层制为核心的社会变迁，以及在城市化、社会流动和职业分工方面的社会变迁，而这些变迁又引起了人们在价值和目标追求方面的改变，个体的心理自主性较之以往不断得到增强的过程。[1] 如果说有人类社会历史以来，社会无时无刻都在发生着变迁，那么，近代以来的现代化过程产生的社会变迁在改变程度上是史无前例的，以至于很多学者认为现代化以后的社会在性质上与过去的社会完全区别开来，形成现代社会与传统社会相对立的二元对比话语。可以说，现代化是近两百年人类社会变迁的最重要影响因素。

然而，不同国家和地区的现代化存在巨大差异。发达国家的现代化是早发内生型现代化，非西方不发达国家的现代化是后发外生型现代化。发展社会学在分析世界经济政治格局不平衡的基础上，用社会转型来描述某些发展中国家的社会变迁。[2] 所谓社会转型，是指比一般现代化更为复杂的社会变迁过程。以中国的社会变迁为例，它不是简单地从传统到现代的过程，而是有着独特的

---

❶　Smith P. B. , Fischer R. , Vignoles V. L. , et al. Understanding Social Psychology Across Cultures: Engaging with Others in a Changing World [M]. Sage, 2013: 361.

❷　孙立平. 社会转型：发展社会学的新议题 [J]. 社会学研究, 2005 (1): 1 – 24.

过程、逻辑、机制和技术。以研究中国社会转型为主旨的转型社会心理学旨在揭示西方社会心理学所不能揭示的对解释中国社会转型比较有效的文化变迁规律，在此基础上的研究成果是组成"中国经验"的重要组成部分。❶因此，以社会转型为背景的文化变迁研究（以及华人本土心理学）发现了与现代化理论不一样的文化变迁模式。

3. 全球化

全球化是指世界各地的人们受信息技术、更大范围的人口流动和大众传媒的影响，在世界观、思想、文化等方面越来越趋于一体化和相互依赖的过程。❷全球化和现代化都是造成社会和文化变迁的重要力量（如图8-1）。然而，21世纪以来，人们谈论全球化比谈论现代化更多。与现代化相比，全球化的含义更加丰富，它不仅包含工业化和城市化的力量，还包含互联网、移民、气候变暖等更多更复杂的力量。全球化对社会和文化产生的影响首要的是全球一体化，这方面对文化变迁的影响和冲击与现代化有类似之处。然而，全球化时代比以往任何时代更有力地将不同文化背景的人聚集到一起，在促进不同文化交流融合的同时，也深刻地凸显了不同文化之间的差异。因此，全球化在促进不同社会和文化在变迁方向上趋同一致的同时，也增强了人们追求文化多样性的反应。❸

综上，文化变迁的概念经常与社会变迁、现代化、全球化等几个概念相伴出现，它们之间的关系可用图8-1表示。对文化社会心理学家而言，个体或社会在心理和行为层面的文化变迁是他们最关心的问题。当他们提到社会变迁时，通常将社会变迁看作文化变迁的前因变量。在更宏观的背景下，现代化和全球化是影响社会和文化变迁最重要的两个因素，因此常常成为开展社会变迁和文化变迁研究的理论背景。当然，引起社会和文化变迁的原因远不止现代化和全球化，意识形态、社会竞争与冲突、政策变化、经济形势、社会结构应变（structural strains）等因素都会成为社会和文化变迁的来源。❹不过，大多数文

---

❶ 方文. 转型心理学：以群体资格为中心［J］. 中国社会科学，2008，（4），137-147；杨宜音. 人格变迁和变迁人格：社会变迁视角下的人格研究［J］. 西南大学学报（社会科学版），2010，36（4）：1-8.

❷ Smith P. B. , Fischer R. , Vignoles V. L. , et al. Understanding Social Psychology Across Cultures: Engaging with Others in a Changing World［M］. Sage, 2013：361.

❸ 赵志裕，康萤仪. 文化社会心理学［M］. 刘爽，译. 北京：中国人民大学出版社，2011：307-318.

❹ Vago S. Social Change［M］. Prentice Hall, 2003：11-39.

化变迁的较系统研究可以放在现代化（与社会转型）和全球化的背景中进行考察。

专栏 8 – 1 展示了人们对全球化的认知，从中可看到全球化与现代化概念的区别。

专栏 8 – 1　人们对全球化的认知❶

在心理学视角下研究全球化的一项首要工作是考察人们对全球化及相关概念有哪些朴素的认知（lay psychology）。丹尼尔·杨（Daniel Y J Yang）和同事通过分析"全球化101"网站的文章搜集整理了有关全球化的 53 个概念或话题对象，分别让来自中国大陆、香港、台湾和美国的四个大学生样本对这 53 个项目在以下几个方面进行评价，即与全球化的关联度有多高？与现代化的关联度有多高？与西方化的关联度有多高？与美国化的关联度有多高？问题采用 1 至 7 点量表来测量。此外，由于 53 个项目来自美国网站，可能有偏差，所以研究者分别让中国大陆、香港和台湾的被试列举了一些他们认为与全球化有关的项目，加入 53 个项目中一起进行评价。结果发现，不同地区的人对全球化的认知类似，都与对现代化、西方化和美国化的认知不同。同时，不同地区的认知也有些许差异。

下面表 8 – 1 和表 8 – 2 是据此研究结果整理出的中国大陆和美国两个样本的数据，包含 53 个项目中被评价与全球化关联度比较高的 26 个项目，中国大陆被试自己列举的 22 个与全球化联系紧密的项目，被评价为与全球化、现代化、西方化和美国化关联度高低有差异的项目举例，以及被评价为与全球化、现代化、西方化和美国化关联度分数之间的相关系数。

表 8 – 1　中国大陆和美国样本的全球化项目认知

通用的全球化项目			中国大陆的全球化项目		全球化与其他对比
1. 互联网	10. 世界银行	19. 华尔街	BBC	联想	高全球化 – 低现代化
2. 计算机	11. 全球变暖	20. 星巴克	博客	市场经济	奥林匹克
3. WTO	12. 移民	21. eBay	花旗银行	奔驰	移民

---

❶ Yang D., Chiu C. Y., Chen X., et al. Lay Psychology of Globalization and Its Social Impact [J]. Journal of Social Issues, 2011, 67（4）：677 –695.

通用的全球化项目			中国大陆的全球化项目		全球化与其他对比
4. 联合国	13. Facebook	22. 苹果电脑	基督教	新东方	可乐
5. 麦当劳	14. 好莱坞	23. 中国制造	学英语	NGO	高全球化 - 低西方化
6. 自贸协定	15. 耐克	24. 迪斯尼	污染	凤凰卫视	全球变暖
7. VISA 卡	16. 可乐	25. 丰田	环境保护	摇滚	护照
8. 飞机旅行	17. YouTube	26. 艾滋病	外语教学 - 科研	渣打银行	高现代化 - 低全球化
9. 奥林匹克	18. 护照			出国留学	任天堂 Wii
			海尔	时代周刊	混合动力汽车
			嘻哈音乐	世博会	高西方化 - 低全球化
			IBM		奥巴马
					芭比娃娃

注：通用的 26 个全球化项目排序按照评价与全球化关联度从高到低排序。

表 8 - 2　对 53 个项目在 4 类认知上的相关系数

	全球化	现代化	西方化
现代化	0.75 (0.59)		
西方化	0.74 (0.61)	0.60 (0.78)	
美国化	0.65 (0.54)	0.50 (0.73)	0.89 (0.90)

注：表内数字为中国大陆样本，括号内为美国样本。

综合这些结果可以得出几个结论。①全球化与现代化虽然具有相似性，但是两个不同的现象和概念，最能代表全球化的项目包括信息科技、全球商业品牌、全球贸易和国际协调组织、地理流动、全球灾害等五类项目。这些类别与现代化具有明显的不同。②西方化和美国化具有极高的相关，人们在认知上对两者几乎没有区分。但两者与全球化可以区分开。③中国人比美国人对全球化与现代化的区分更不明显，可能是由于中国的全球化和现代化过程几乎同时进行，没有明显的先后顺序。④同时，中国人对全球化与西方化/美国化的区分也相对不明显，还不如对现代化与西方化/美国化的区分更明显。⑤有很多在中国人自己看来是全球化的项目，并不具有普遍性，这些项目很多是代表西方输入中国的事物（如 BBC、NGO、基督教）以及中国进入西方的事物（如海尔、用外语发表学术论文）。

二、文化变迁的研究背景与研究主题

文化社会心理学发展的历史，基本上也是文化变迁研究的历史。从这个意义上，文化变迁不只是文化社会心理学的一个研究主题，也是文化社会心理的一种研究视角。第一章和第二章已经介绍了文化社会心理学的历史发展，这里仅对文化社会心理学的不同发展阶段与文化变迁研究有何关系作简单描述，文化变迁研究的具体内容留待后面三节详述。

（一）文化变迁研究的背景

1. 人的现代性研究

在跨文化心理学大发展之前，文化人类学就特别关注对不同文化的描述以及考察文化对心理的塑造作用，以至于后来被称为心理人类学。然而，文化人类学更多地将文化看作一种如何通过社会化等过程代代传递的相对稳定的意义系统，并不关心文化本身的变迁。反倒是社会学很早就建构了传统社会与现代社会相对比的叙述模式，到 20 世纪六七十年代产生了人的现代性研究，考察不同国家和地区在现代化的过程中人的心理素质的作用。这种对心理素质的关注在文化人类学关于国民性研究与本土心理学关于人格变迁研究之间起到了过渡作用，使心理学的色彩更加浓厚。同时，也奠定了文化变迁研究在心理层面使用"传统 – 现代"对比框架的传统。现代化与人的现代性研究的主要代表人物有英克尔斯（Inkeles）、麦克里兰（McClelland）。

2. 跨文化心理研究

受到心理测量技术的影响，跨文化心理学在 20 世纪 70 年代开始获得迅速发展。从霍夫斯泰德（Hofsted）对 IBM 公司员工的跨文化调查到英格尔哈特（Inglehart）主持的全球价值观调查，从特里安迪斯（Triandis）有关个人主义 – 集体主义文化症候群的理论分析到马库斯（Markus）和北山忍（Kittayama）将独立我 – 依赖我的概念引入主流的社会认知研究，学界对跨文化差异的理解不断深入。尤其是文化与认知研究的绝大多数成果均建立在北美与东亚进行比较的基础上。这种比较似乎与"传统 – 现代"的对比框架有诸多平行之处。因此，随着世界价值观调查等大型调查的持续和大数据的推动，进入 21 世纪，跨文化心理学利用过去所发现的东西方文化差异维度，来描述文化从传统到现代时间维度上的变迁，成为一种新的趋势。

3. 本土心理研究

在人的现代性研究在国际学界衰落之时，由于华人本土心理研究的核心精神与该领域关注发展中国家的传统相契合，使中国人的现代性与人格变迁研究获得了持续的发展，并且在很多方面超越了人的现代性研究，引领了后来的本土心理学研究。这方面最有代表性的要数杨国枢有关中国人现代性和传统性的研究。该研究不仅持续了 30 多年，而且在研究思路、研究工具和理论建构方面都发生过较大的转变，对该系列研究的分析几乎可以囊括文化变迁研究的所有理论层面，其具有的原创性和超前性使它在文化变迁研究领域独树一帜。

4. 全球化与多元文化研究

在全球化的背景下，不同文化之间的融合与冲突成为整个社会科学的一个重要研究主题。在文化与认知研究将实验法引入文化心理的研究之后，研究者越来越不满足于将文化研究限定在国家或地区对比的范围内。接着，文化启动的研究应运而生，同一文化的被试接受不同文化范式的启动。再之后，被试本身的文化多元性在文化心理的实验中得到反映，产生了双文化启动的研究。文化社会心理学的这些变化使得文化从具体的地域（国家或地区）解放出来，文化本身变成抽象的和动态的成分，可以在个体头脑里发生启动、转换和"加减乘除"的变化。此时，文化的本质及不同文化之间的关系问题成为文化变迁新的研究主题。

（二）文化变迁研究的主题

在文化社会心理学不同的发展阶段，对文化变迁关注的侧重点也不同。然而，不管什么研究背景，哪个发展阶段，文化变迁的研究都离不开两个核心主题——文化变迁模式和文化变迁机制。

文化变迁模式涉及不同文化的变迁是趋于一致还是保持或增强多样性。由于现代化趋同假设的影响，大多数人的现代性研究和跨文化心理研究都隐含着随着社会发展不同文化会变得越来越相似的，最终变成统一的现代文化的观点。而大部分本土心理研究和部分跨文化心理研究认为传统文化会得到继承和保留。全球化与多元文化研究则直接探讨文化之间以什么方式共存或融合的问题。

文化变迁机制涉及究竟是何种因素构成了文化及其变迁的原因，以及如何厘清众多的文化传统成因及文化变迁的影响因素。通过前面的分析和图 8 - 1 的框架，可以说现代化、全球化和社会变迁的宏观因素都可看作文化变迁的原因。然而，这些因素不仅数量众多，而且彼此交叉融合，还很难测量和操控。例如，工业化、城市化、社会流动、市场经济、传媒影响、全球变暖、社会分层、家庭结构、老龄化，等等。

此外，研究者还发展了普通人对文化变迁有何种认知的研究，成为文化变迁的第三个研究主题。文化变迁认知与文化变迁模式有一定的联系，但更关注普通人在主观上如何看待文化变迁的规律，而后者则是通过数据（尤其是纵向数据）客观描述文化变迁的方向和趋势。

专栏 8 – 2 展现了如何以居所流动作为切入点系统地考察文化变迁。

专栏 8 – 2　幸福与否取决于搬家次数？❶

现代社会，人们为了寻找更好的教育、更好的工作或更好的居住环境，经常从一个地方搬到另一个地方，频繁的搬家形成了居所流动（residential mobility）。作为社会变迁对个体生活影响的一个缩影，居所流动在自我、人际关系和幸福感三大方面改变着我们的文化。

居所流动与自我概念

"自我"之所以成为重要的研究课题，与自我从"扎根在稳固的社会网络关系中到流动在无根的短暂社会关系中"这种社会变迁有密切的关系。在居所稳定的社会，个人的社会角色和身份比较稳固，成为界定自我概念的首要因素。在居所流动水平高的社会，个人的社会角色和身份经常发生变动而不稳定，此时，个人的人格特质或技能成为更为稳定的界定自我概念的因素。例如，那些居所流动频繁的美国篮球运动员更愿意以"一个好的后卫"而不是"某某队队员"来看待自己；那些上大学以前搬家次数多的人认为人格特质比群体身份更能代表自我的核心内容。

居所流动与人际关系

居所流动不仅影响人们如何看待自我，也影响人们如何看待人际关系。研究发现，上大学以前搬家次数较多的美国大一学生在校内有更多的 facebook 朋友，两个月之后，他们交的新朋友也更多。对于人际关系的形成，居所流动的人往往基于性格和共同兴趣，居所稳定的人往往基于共同的群体身份。居所稳定的人的人际关系包含着更多的责任和义务，居所流动的人的人际关系则更加自由，不受责任和义务的限制。研究发现，提到朋友时，居所稳定的人想到了物质上和其他方面的互相帮助，而居所流动的人很少想到这些。此外，居所稳定的人认为人际敏感性是良好的人际关系的

---

❶ 韦庆旺. 幸福与否取决于搬家次数？［N］. 中国社会科学报，2011 – 5 – 31.

保障；居所流动的人则认为活跃、有能量和有创造性对于人际关系更重要。这也是为什么察言观色对于居所稳定的中国人很重要，而幽默对于居所流动的美国人很重要的原因。

居所流动与主观幸福感

居所流动损害人的社会网络和人际关系，会造成很大的不安和压力。对7000个美国中年人的研究发现，居所流动与各种幸福感指标有负相关，频繁变更居所的人在接下来的10年里的死亡率也更高。居所流动不仅影响自己的幸福感，也影响他人的幸福感。与居住在稳定社区的人相比，周围邻居频繁流动的人更容易患精神疾病。除了个体幸福感，居所流动还会影响社会和谐和社区幸福感。居所流动的社会往往将人际关系看作是条件性的，用短暂的功利目的来衡量，居民对社会和社区的认同和归属感比较低，流动水平高的社区犯罪率更高。研究发现，居所流动水平高的美国大学生在校足球队获胜以后，更愿意穿校服，失败则不愿意穿，而且获胜以后，他们会说"我们赢了"，而失败以后，他们会说"他们输了"。相反，居所稳定的社会，居民的认同感则是稳定无条件的。

居所流动是大多数现代人都能感受到的社会生态环境特征，也是现代人典型生活方式的一大特征。从微观视角而言，居所流动频率的增加可看作文化变迁（如自我概念的改变）产生的原因；从宏观视角而言，居所流动频率的增加又是社会变迁（如城市化）和全球化（如经济一体化）的结果。对居所流动的研究可触及文化变迁研究相关的三大主题。①文化变迁模式。从普遍性上看，居所流动变得越来越频繁是全球的普遍趋势，因而居所流动不管对哪个地区的人都会产生类似的改变；然而，居所流动作用于不同的国家或地区，也可能因为不同文化有不同的应对反应而产生不同的文化变迁结果。②文化变迁机制。不同文化传统的形成本身可能与居所流动高低的特征相关，而作为影响文化变迁的因素，居所流动又与工业化、城市化和全球化等多种因素存在嵌套或交叉。如何厘清众多的文化传统成因及文化变迁的影响因素？③文化变迁认知。我们每个人都或多或少体验过自身或感知到他人居所流动的经验，加之受到大众传媒有关居所流动现象报道的影响，会形成自己对居所流动引起文化变迁的认识。

第二节　文化变迁模式

早在 20 世纪 60 年代到 70 年代，西方心理学界流行人的现代性研究，研究者注重考察现代人所具有的心理特质，以及探索培养现代人心理特质的方法。台湾的杨国枢有关个人现代性和个人传统性的研究承此脉络，并对其背后隐含的文化变迁之现代化趋同假设有所超越。然而，近年在以个人主义－集体主义价值观对比为核心框架的跨文化研究基础上发展的文化变迁研究，在主流社会心理学阵营重新发掘了现代化理论。与此同时，与之针锋相对的文化传承理论和文化启动范式下有关多元文化整合的讨论，均提出了文化变迁的不同模式。

一、现代化理论

（一）现代化理论的基本观点

现代化理论起初是社会学关于社会变迁的理论，它将近代以来在世界范围内发生的社会变迁看作是从传统社会到现代社会的变迁过程。首先，现代化理论认为传统社会与现代社会在政治、经济、社会、文化、心理上是性质完全不同的两种社会形态。从传统社会到现代社会的变迁具有内容广泛、层次多样、持续时间长、程度深和速率快的特点，即现代化是社会根本的系统性社会变迁过程。其次，传统社会是落后的社会，现代社会是先进的社会，现代化产生的社会变迁是现代社会取代传统社会的一种社会进步过程。再次，现代化过程使不同社会的变迁具有趋同性，即现代化的趋同性假设。换言之，不管一个社会的经济、政治、历史、文化现状如何，在现代化的影响下最终都将被工业化、市场经济等现代社会所具有的特征强力塑造成统一的模样。

对传统社会与现代社会特征的描述是现代化理论的一个基础工作。尽管这样的理论众多，但被文化社会心理学家引用最多的是滕尼斯（Toennies）对礼俗社会（gemeinschaft）－法理社会（gesellschaft）的分析。❶传统社会是礼俗社会，主要由紧凑稳定的家庭、亲属和教众构成；每个人终其一生住在一个社

---

❶ Oishi S. The Psychology of Residential Mobility：Implications for the Self，Social Relationships，and Well－Being［J］. Perspective on Psychological Science，2010，5（1）：5－21.

区里，被自己的先赋地位所塑造；人与人之间的关系是全目的（all-purpose）关系；虽然向上层社会流动的机会比较少，但是个人的位置也比较稳定，个体也非常清楚自己是谁，他们的自我是有根的；传统社会的典型是乡村和亲缘社区。现代社会是法理社会，利益组织代替家庭和亲属关系成为主导；个体的评价依赖于个人通过自己的能力和技能获得的成功和地位；人际关系不是全目的的，而是每种关系与特定的活动有关；社会流动相对容易，个体的自我是无根的；现代社会的典型是城市陌生人社会和以商品交换为主的社会。

专栏8-3进一步描绘了传统社会和现代社会的特征。

专栏8-3　社会变迁的"传统—现代"框架

嘉志摩佳久（Yoshi Kashima）等人在自编的研究社会变迁的实验材料里，虚构了两个名叫 Nuroshi 和 Zinata 的社会。❶ 实际上，Nuroshi 就是传统社会，Zinata 就是现代社会。下面是对两种社会的描述。

Nuroshi 人生活在小镇上。他们从事手工劳动，春种秋收，自给自足。除了食物，衣服和其他工具也是自己制作。大多数人对这些手工劳动驾轻就熟，如果谁掌握了特殊的技术，会受到极大的尊重。对这些手工劳动的熟悉是人们工作的重要条件，例如懂得如何建造庇所。Nuroshi 人自己或以家庭为单位从事生产。自己不能生产的东西，他们用自己生产的东西到镇上的市场上交换。Nuroshi 人尊重传统，小心地使用新技术。他们喜欢长时间地使用同一个东西，坏了就尽量修理。这里没有大众传媒，他们对世界其他地方发生的事情了解不多。

Zinata 人生活在大城市。他们非常依赖技术和工业化。大多数食物和其他商品都通过规模生产提供，非常丰富。他们强调正规教育，尤其是在科学方面的教育。一个有知识和技术素养的人非常受到尊敬。对技术的熟悉是做好工作的重要条件。Zinata 人从仓储超市获得商品，很多日常任务需要依赖他人完成。他们喜欢变化和发展，他们有一种时新的需求感，所以他们在东西变旧以前就不断更新他们的所有。媒体的发达意味着他们了解世界其他地方发生了什么。

---

❶ Kashima Y., Bain P., Haslam N., et al. Folk Theory of Social Change [J]. Asian Journal of Social Psychology, 2009, 12（4）：227-246.

（二）从社会现代化到人的现代化

虽然大多数现代化研究以社会为分析视角，关注现代化过程中整个社会在经济、政治、社会结构等方面的变迁，但有些研究者以人为分析视角，关注现代化过程中人在价值观念、思想形态及生活习惯等方面的变迁，产生了人的现代化研究，也称为人的现代性或个人现代性（简称现代性）研究。个人现代性是指现代化社会中个人所具有的一套认知态度、思想观念、价值取向及行为模式。❶ 个人现代性研究与一般的现代化理论具有类似的观点。第一，传统社会的人具有个人传统性，现代社会的人具有个人现代性，个人传统性与个人现代性是相反的两种人格特质。第二，随着社会从传统社会变迁到现代社会，社会中的人也由传统的人变成现代的人。一个人所具有的传统性特征越强，他完成现代性的转化就越困难。第三，不管不同传统社会中的人具有什么样的传统性特征，现代化终将使不同社会中的人转变成统一的具有现代性的人。

20 世纪 60 年代到 70 年代，探讨个人现代性的研究很多，以英克尔斯的研究最为著名。❷ 英克尔斯认为，在现代化的发展过程中，除非人民的态度和能力同经济社会等其他形式的发展步调一致，否则国家建设和制度的建立只是徒劳无益的行动。尤其对于那些现代化属于后发外生性的国家来说，如果它的人民继续生活在较早的时代，这个国家要迈进 21 世纪是不可能的。为了理解现代化过程中的个人变化，形成更有效的公共政策以加速新国家的发展。英克尔斯和同事在世界范围内选择了 6 个发展中国家（阿根廷、智利、印度、以色列、尼日利亚、孟加拉），开展了一个大规模的社会调查。该研究在每个国家选取 1000 人作为调查对象，这些人包括农民和产业工人以及在城市中从事传统职业的人。描述现代人的特征并编制个人现代性量表是这项研究的基础工作。由于与现代化理论具有相似的观点，所以尽管英克尔斯历尽艰辛，在著作中花费整整 3 章，用长达 80 多页篇幅去描述量表编制过程的科学性，但量表的使用最终还是得到一个用 0 到 100 分表示的个人现代性综合分数（表 8－3 列举了英克尔斯所界定的个人现代性特征）。❸ 一个人在这个分数上得分高，被认为现代性高，得分低则被认为传统性高。言外之意，个人现代性和个人传

---

❶ 杨国枢 . 中国人的心理与行为：本土化研究［M］. 北京：中国人民大学出版社，2004：365.

❷ 英克尔斯，史密斯 . 从传统人到现代人：六个发展中国家中的个人变化［M］. 顾昕，译 . 北京：中国人民大学出版社，1992.

❸ 风笑天 . 英克尔斯"现代人研究"的方法论启示［J］. 中国社会科学，2004，（1）：66-77.

统性是一个维度的两极，两者相冲突。在考察了不同国家各种现代化因素（如学校教育、大众传媒、工厂、城市化）对现代性的影响之后，英克尔斯得出结论：现代性是一种更普遍的人类特性，它在意义上是泛文化的，在关系上是超越国家的；在发展中国家，受现代化因素的影响，国民是可以建立起来现代性的；如果国民没有建立起现代性，无论是快速的经济成长还是有效的管理，都不可能发展。

台湾学者杨国枢继承了个人现代性研究的传统，从 20 世纪 60 年代末开始就在台湾开展个人现代性的研究，直到 1985 年，累积了大约 20 项实证研究，然而在基本观点上与西方的现代性研究并没有太大区别。通过杨国枢对个人现代性特征的总结来看（见表 8-3），与英克尔斯没有太大差别，只是增加了很多跨文化心理研究的个人主义价值观内涵。❶ 反倒是当个人现代性研究的热潮已经在国际学界退去之后，杨国枢在 1985 年之后加入本土心理学视角继续坚持个人现代性（以及个人传统性）研究，取得了令人瞩目的成果。其所探讨的文化变迁模式超越了现代化理论。

表 8-3　英克尔斯和杨国枢所界定的个人现代性特征

英克尔斯界定的现代性	杨国枢总结的现代性特征	
乐于接受新经验	拥有个人效能感	场独立
准备接受社会的变革	与亲属融合度较低	移情和共感的能力
意见成长	平等主义态度	对信息的需求
积极获取信息	对创新和变迁的开放性	喜欢冒风险
面向现在或将来	性别平等的观念	非本土导向
拥有个人效能感	成就动机	世俗化信念
喜欢计划	个人主义导向	对城市生活的偏好
可依赖性或信任感	独立性或自力更生	学业与职业抱负
重视专门技术	积极参与	
教育与职业的志愿	对他人宽容与尊重	
了解并尊重别人的尊严	认知和行为的灵活性	
了解生产及过程	未来取向	

❶ Yang K. S. Will Societal Modernization Eventually Eliminate Cross – Cultural Psychological Differences [G] // MH Bond. The Cross – Cultural Challenge to Social Psychology. Newbury Park，CA：Sage，1988：67 – 85.

（三）个人主义价值观变迁

随着现代化理论受到批评，个人现代性研究在 20 世纪 80 年代开始逐渐衰落。继之而起的以科学心理测量进行跨文化价值比较的研究（参考第四章），经过大量的理论和数据积累，反复发现个人主义价值观在全世界范围内有不断提升的趋势，重新发掘了早期现代化理论的基本观点。

在考察社会与文化变迁时，帕特里夏·格林菲尔德（Patricia M Greenfield）将人的文化价值观、心理、行为，与经典的礼俗社会和法理社会相联系，使宏观社会生态环境的变迁与文化和心理变迁有了一一对应的关系。❶ 她提出的社会变迁与人类发展理论（the theory of social change and human development）认为：与法理社会对应的文化是以独立和独特自我为核心的个人主义价值观、心理和行为，强调个人选择、自我独特性、个人财富积累、物质主义、以儿童为中心和个人的内在体验；与礼俗社会相对应的文化是以依赖家庭和社区为核心的集体主义价值观、心理和行为，强调个人对集体的义务和责任，注重他人福祉导向、宗教信仰、尊重权威、归属感和外在行动。该理论有关个人主义 – 集体主义价值观的对比描述正是跨文化心理学在跨文化差异方面最核心的理论。

一旦文化社会心理学家将社会变迁的"传统社会（礼俗社会）– 现代社会（法理社会）"框架与"个人主义 – 集体主义"文化对比相结合，用"个人主义不断提高，逐渐取代集体主义"来描述文化变迁就成为理所当然的结论了。这方面的研究证据非常多，下面列举几种主要证据。①霍夫斯泰德发现，在 20 世纪 60 年代和 70 年代两次研究的 19 个国家中，有 18 个国家在个人主义的项目上出现了显著的增长。❷ ②英格尔哈特领导的世界价值观调查也发现很多国家的价值观都在朝着个人主义价值观的方向发展。❸ ③借用 Google 的图书大数据，研究发现过去两百年美国出版图书中表征个人主义的词汇占比不断提高。❹ ④与

---

❶ Greenfield P. M. The Changing Psychology of Culture from 1800 through 2000 ［J］. Psychological Science，2013，24（9）：1722 – 1731.

❷ Hofstede G. Culture's Consequeces：International Differences in Work – related Values ［M］. Beverly Hills，CA：Sage，1980.

❸ Inglehart R. ，Baker W. E. Modernization，Cultural Change and the Persistence of Traditional Values ［J］. American Sociological Review，2000，65（2）：19 – 51.

❹ Greenfield P. M. The Changing Psychology of Culture from 1800 through 2000 ［J］. Psychological Science，2013，24（9）：1722 – 1731. Twenge J. M. ，Campbell WK，Gentile B. Increases in Individualistic Words and Phrases in American Books，1960 – 2008 ［J］. PLoS ONE，2012，7（7）：e40181. Grossman I，Varnum MEW. Social Structure，Infectious Diseases，Disasters，Secularism and Cultural Change in America ［J］. Psychological Science，2015，26（3）：311 – 324.

个人主义相关的社会人际关系结构指标（如离婚率、成年人独居比例、一孩家庭比例）水平在多个国家显现不断提高的趋势。❶ ⑤文化产品（如广告、课本、建筑）中的个人主义信息表征越来越多。❷ ⑥随着年龄和时代表现出个人主义价值观不断提升的代际变迁。❸

二、文化传承理论

尽管以现代化理论为指导的文化变迁研究在验证现代化理论的同时，也不时发现与现代化理论不一致的结果，但这些结果只得到了少数学者的重视。例如，英克尔斯的研究发现一些非现代化的本土社会改革（孟加拉和以色列的农业合作社）也可以有效提高个人的现代性。❹ 英格尔哈特指出，虽然许多国家的价值观正朝着相同的现代性方向发展，但是众多不同文化差异的空间定位上仍维持着地域性的分组（即地理位置相近的国家文化也相似，所以没有完全趋同）。❺ 杨国枢则把发生在中国人身上的人格变迁描述为是从他们独特的文化遗产中出现的，如从服从他人的倾向到以享受为导向的人格变迁，并不是典型的现代性代替与之相冲突的传统性的过程，而是以往现代性研究中不曾出现的以传统性为基础的与现代性相结合的变迁模式。❻ 这些研究发现表明：文化变迁并不是一个现代性取代传统性或个人主义取代集体主义的简单过程；传统性或某个社会的文化传统可能具有一定的稳定性，会随着社会变迁得到一定程度的继承，这就是文化变迁的文化传承理论。

在某种意义上，考察一个社会的文化传统在当前人们生活中的心理表现和

❶ Hamamura T. Are Cultures Becoming Individualistic? A Cross - Temporal Comparison of Individualism - Collectivism in the United States and Japan [J]. Personality and Social Psychology Review, 2012, 16 (1): 3 - 24.

❷ Morling B., Lamoreaux M. Measuring Culture outside the Head: A meta - Analysis of Individualism - Collectivism in Cultural Products [J]. Personality and Social Psychology Review, 2008, 12 (3): 199 - 221.

❸ 苏红，任孝鹏. 个人主义的地区差异和代际变迁 [J]. 心理科学进展，2014, 22 (6): 1006 - 1015.

❹ 英克尔斯，史密斯. 从传统人到现代人：六个发展中国家中的个人变化 [M]. 顾昕，译. 北京：中国人民大学出版社，1992: 287 - 308.

❺ Inglehart R., Baker W. E. Modernization, Cultural Change and the Persistence of Traditional Values [J]. American Sociological Review, 2000, 65 (2): 19 - 51.

❻ Yang K. S. Will Societal Modernization Eventually Eliminate Cross - Cultural Psychological Differences [G] // MH Bond. The Cross - Cultural Challenge to Social Psychology. Newbury Park, CA: Sage, 1988: 67 - 85.

作用，是本土心理学的一个主要任务。● 因此，本土心理学从研究内容到研究视角都具有文化传承理论的特点。❷ 例如，叶光辉对孝道的研究发现，在当代中国社会，孝道仍然是指导社会互动的重要原则。❸ 翻开两卷本的《华人本土心理学》，可见大多数章节都是社会取向、关系主义、家族主义、孝道、脸面观、儒家文化、传统的人己观等与传统文化有关的概念和主题。❹ 虽然本土心理学没有明确及系统地阐述"随着社会变迁，传统文化会得到传承而保留"的观点，但这反而说明这个观点是本土心理学无需证明的根本前提预设。

最近，有学者在使用综合的个人主义（及集体主义）测量指标对美国和日本的文化变迁进行比较的基础上，明确提出了文化传承理论以反驳现代化理论。❺ 该理论基于这样一个疑问：既然现代化理论认为现代化程度与个人主义文化相关，而日本与美国的现代化程度相当，那么日本的个人主义文化水平应该也与美国相当。然而，美国和日本虽然都在某些指标上表现出了个人主义价值观的提升，但在很多指标上表现出了社会关系价值的回归和文化传统得到持续继承的趋势。该研究通过综合美日等国家统计年鉴数据和大型社会心理调查的数据发现，美国的离婚率虽然在 20 世纪 60～80 年代之间迅速提高，但 80 年代之后却持续下降，且尊重父母的价值观越来越受到重视；日本的集体主义价值观得到了稳定的发扬，表现为社会义务、社会和谐和社会贡献价值的增强和个人权利的减弱。不仅如此，作者还对文化传统之所以能够得到传承的机制进行了解释。首先，虽然现代化的影响不可避免，但传统会塑造现代化的效果；其次，人们对文化传统在主观上进行表征，使得文化可以脱离最初的环境依赖而获得持续的继承性；再次，文化传统还会通过社会化过程、沟通、传媒和法律系统得以巩固和传播。

三、文化整合理论

文化整合理论既涉及现代化过程中如何处理传统文化与现代文化的关系，

● 杨中芳. 传统文化与社会科学结合之实例：中庸的社会心理学研究 [J]. 中国人民大学学报，2009，(3)：53 - 60.

❷ 俞国良，韦庆旺. 比较视野中社会心理学的发展路径 [J]. 上海师范大学学报（哲学社会科学版），2014，43 (5)：136 - 144.

❸ 叶光辉，杨国枢. 中国人的孝道：心理学的分析 [M]. 重庆：重庆大学出版社，2009.

❹ 杨国枢，黄光国，杨中芳. 华人本土心理学 [M]. 重庆：重庆大学出版社，2009.

❺ Hamamura T. Are Cultures Becoming Individualistic? A Cross - Temporal Comparison of Individualism - Collectivism in the United States and Japan [J]. Personality and Social Psychology Review, 2012, 16 (1): 3 - 24.

又涉及全球化过程中如何处理多元文化之间的关系。前者是在批判现代化理论的基础上发展起来的，后者是在多元文化启动和文化动态建构论的基础上发展起来的。

（一）个人传统性与个人现代性

当个人现代性研究随着现代化理论受到诸多批判而在国际学界衰落之际，杨国枢吸收本土心理的视角继续发展现代性研究，开启了现代性研究的第二个阶段。1985 年前后，杨国枢对自己的理论立场和研究策略进行了反省，作了 4 个转变。①从对立到分离，即传统性和现代性可能不是一个连续体的两极，而可能是各自独立的变量。②从一元到多元，即传统性和现代性可能不是单维变量，而是多维变量。③从单范畴到多范畴，即现代性和传统性在不同生活范围中可能是不同的，应在不同生活范围中加以测量。④从普同性到本土性，即现代性和传统性研究的重心可能是本土性的，而不是跨文化普适性的。❶

这一改变重新确立了现代性研究的方向，在更新了个人现代性量表的基础上，编制了新的个人传统性量表。经过多次施测，个人传统性和个人现代性的心理成分逐渐清晰。更重要的是，新的研究策略超越现代化理论，回答了"个人传统性和个人现代性可否同时并存"这一重要的理论问题。❷ 如图 8 - 2 所示，个人传统性包含遵从权威、孝亲敬祖、安分守成、宿命自保、男性优越 5 个成分；个人现代性包含平权开放、独立自顾、积极进取、尊重情感、男女平等 5 个成分。这两组心理成分，大致有个对应关系，但却不一定是完全矛盾的。

如图 8 - 2 所示，根据传统性与现代性的各成分之间的相关系数特征，杨国枢将传统性和现代性的关系分为四类。①遵从权威、安分守成、男性优越三个传统性成分与平权开放、两性平等两个现代性成分都呈显著的负相关。由此推论，在现代化过程中，它们以原有强度与平权开放、两性平等同时长期并存的可能性不大。②孝亲敬祖与独立自顾呈负相关，与乐观进取则呈正相关。在现代化过程中，独立自顾增强幅度微小，而乐观进取增强幅度颇大，由此可推知，孝亲敬祖减弱的幅度应比较微小。③作为一项现代性的心理特征，尊重情

---

❶　杨国枢. 中国人的心理与行为：本土化研究［M］. 北京：中国人民大学出版社，2004：367 - 371.

❷　同上，第 418 - 463 页。

感与所有五项传统性心理特征都无明显的负相关（亦无正相关），不致产生有所抵触的情形。④宿命自保与独立自顾呈正相关，表示这一旧一新两成分不但互不抵触，反而有相辅相成的倾向。可见，个人传统性和个人现代性在某些成分上是可以共存的。杨宜音总结了大陆学者使用杨国枢量表所进行的个人传统性和现代性研究，可惜的是这些研究大多针对不同群体的传统性和现代性差异进行描述，并没有就文化变迁进行深入分析。❶ 不过，侯玉波在15年之后利用杨国枢理论对大陆改革开放与文化观念变迁进行分析，表明该理论具有很好的解释力。❷

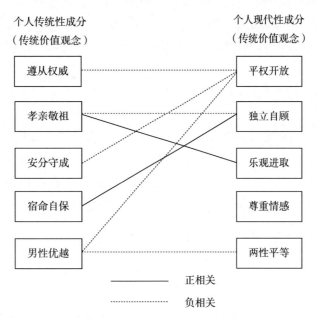

图8-2　个人传统性与个人现代性的各成分之间的相关图式

（二）自主-关系型自我

"自主-关系型自我"（the autonomous - relational self）是在子女价值（Value of Children，VOC）变迁和家庭变迁模型（A Model of Family Change）的跨文化研究基础上提出的一个概念。早期关于子女价值的研究发现，随着社会经济发展，子女对家庭的经济和实用价值（小时候帮父母劳动、长大了赡

---

❶ 杨宜音. 人格变迁和变迁人格：社会变迁视角下的人格研究 [J]. 西南大学学报（社会科学版），2010，36（4）：1 - 8.

❷ 侯玉波. 改革开放与中国人观念的变迁 [J]. 政工研究动态，2008：13 - 14，17.

养父母）有所减少，但父母寄予子女的心理价值（爱、陪伴、自豪感等）要么保持，要么有所增加。❶ 基于此，库查巴莎（Kagitcibasi）提出了存在于不同的社会 - 经济 - 文化背景下的三种家庭关系模型。❷ ①依赖型家庭模型。它在传统的、贫穷的、集体主义社会文化背景下比较普遍，也存在于富裕社会中的低社会经济地位群体中。不管是子女年幼时还是已经长大成人，依赖型家庭在生计上对子女都有很强的依赖性。因此，父母对子女采取控制而不是放任的养育方式，着重培养子女的服从性。②独立型家庭模型。它在现代的、富裕的、个人主义社会文化背景下比较普遍。子女不是家庭的财富，而是负担（现代都市生活的生活成本和教育成本很高），对家庭只具有心理上的情感价值。因此，父母对子女采取放任而不是控制的养育方式，着重培养子女的自主性。③心理依赖型家庭模型。它出现在经历城市化、现代化和经济发展的集体主义社会文化背景下，尤其是这些社会的中产阶级群体中。随着生活更加富裕，教育水平不断提高，家庭对子女的情感依赖得到了维持，但物质方面的依赖却削弱了。因此，父母对子女仍会采取控制的养育方式（为了维持情感），同时允许子女发展自主性。

心理依赖型家庭模型的发现，挑战了"要么依赖要么独立"的非此即彼二元思维。西方心理学有关个人主义 - 集体主义的理论有一个隐含观点：独立必然意味着人际分离，人际分离是个体获得独立性的前提（典型的情况是子女与父母的人际分离）。这种通过分离获得能动性的方式，被称为分离能动性（disjoint agency）。❸ 在自主性与能动性之间划等号，使得"个体主义 - 集体主义"以及"独立我 - 依赖我"这两对长期在跨文化社会心理学中占支配地位的概念（及其测量）存在混淆，个人主义和独立我被定义为自主和分离的结合，集体主义和依赖我被定义为他控和关系的结合。而实际上，"自主 - 他控"属于能动性维度，"分离 - 关系"属于人际距离维度（如图 8 - 3）。个人主义和独立我并不必然排斥关系，集体主义和依赖我也并不意味着一定没有自主性。在区分能动性和人际距离两个维度的基础上，库查巴莎让兼具看似矛盾

❶ Kagitcibasi C. Old - age Security Value of Children：Cross - national Socioeconomic Evidence ［J］. Journal of Cross - Cultural Psychology，1982，13（1）：29 - 42.

❷ Kagitcibasi C. The Autonomous - Relational Self：A New Synthesis ［J］. European Psychologist，1996，1（3）：180 - 186.

❸ Markus H. R，Kitayama S. Models of Agency：Sociocultural Diversity in the Construction of Action ［J］. Cross - cultural differences in perspectives on self，2003，49（1）：1 - 57.

的自主和关系两者的自我概念得以现身，即"自主－关系型自我"。❶ 从文化变迁的角度看，这一自我概念从另一个侧面表明了个人传统性和个人现代性可以并存，或者说个人主义的价值观和集体主义的价值观可以并存。

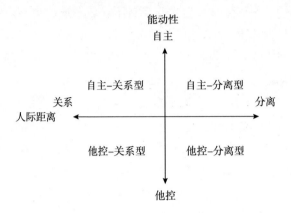

图 8 - 3 自我 – 关系型自我图式

（三）多元文化研究

不同文化之间的互动，在历史上已非常普遍。全球化将不同文化会聚在同一空间，令本来已经非常普遍的文化互动变得更加普遍，也使如何处理多元文化之间的关系成为文化变迁的重要课题。第一章所讲的文化社会心理学的第三和第四次浪潮，第二章所讲的双元文化启动范式与文化框架转换，第四章所讲的多元文化主义与文化会聚主义，第七章所讲的双元文化认同整合，以及第九章所讲的文化混搭心理，均从不同角度对这一主题进行探讨。这里的讨论着重将多元文化研究与现代化理论和文化传承理论进行对比。

让我们用多个文化之间关系的话语重述现代化理论和文化传承理论。现代化理论是说文化变迁将会发生一个文化取代另一个文化，而且所有不同国家或地区的传统文化都终将被现代文化所取代。文化传承理论是说文化变迁导致一个祖承文化在受到另一个强有力的外来文化冲击的情况下，这个祖承文化传统仍然能够保持。而多元文化研究则更倾向于将两个或更多文化放置在平等的情况下（尽管完全平等几乎不可能）去探讨它们之间究竟会发生什么样的"物理"或"化学"反应。彭璐珞和赵娜列举了不同文化混搭在一起可能产生的 9

---

❶ Kagitcibasi C. Autonomy and Relatedness in Cultural Context: Implications for Self and Family [J]. Journal of Cross - Cultural Psychology, 2005, 36 (4): 403 - 422.

种共存（也包含转化）模式。❶ 然而，大多数的共存模式只是理论和逻辑上的推理，系统的研究不多。研究比较多的是全球化和文化混搭中的文化融合和文化排斥两种文化互动反应。❷ 显然，文化融合比文化排斥更具有文化变迁的意涵。因此，下面着重讨论双元文化认同融合。

正如第七章所讲，双元文化认同融合是指一个双文化人（如亚裔美国人）同时认同两种文化，但在对待两种文化认同的关系上，存在兼容还是对立的个体差异。❸ 那些对双元文化认同兼容的人，更具有文化框架转换的行为，例如在美国文化启动下表现出内归因，在中国文化启动下表现出外归因。有趣的是，不管是高融合还是低融合的人，他们都具有相当的双元文化认同程度。经典的文化适应策略理论将个体从一种文化到另一种文化生活所采取的适应策略分为4种：整合、同化、隔绝/孤立、边缘化。❹ 其中，整合策略是指既重视保持祖承文化特征（个人身份）又重视适应移居地主流文化（与当地社会的联系）的双高策略。然而，研究发现双元文化认同高融合和低融合的人都倾向于使用整合策略。❺ 因此，双元文化认同融合的测量通常先筛查选取那些对双元文化身份都认同的被试，然后再施测双元文化认同融合量表。

双元文化认同融合量表的结构包含两个维度：文化距离感和文化冲突感。研究发现，文化距离感与外语学习和多元文化经验有关，外语水平越高、双元文化经验越多，对两种文化的距离感知越小；而文化冲突感则与文化间关系和文化歧视等因素有关，属于比较深层的心理过程。从文化变迁的角度看，一个文化能否吸收另一个文化而得到更新，有赖于两个文化之间的关系。如果两个文化之间的关系比较平等及和谐，在充分互动之后有可能发生文化融合的文化变迁；如果两个文化之间的关系不平等及有冲突，所发生的互动则会产生文化的排斥。就非西方国家的现代化而言，在很大程度上当地的传统文化能否与现

❶ 彭璐珞，赵娜. 文化混搭的动理：混搭的反应方式、影响因素、心理后果及动态过程 [J]. 中国社会心理学评论，2015，（9）：19－62.

❷ Chiu C. Y, Gries P. , Torelli C. J. , et al. Toward a Social Psychology of Globalization [J]. Journal of Social Issues, 2011, 67 (4): 663–676.

❸ Benet－Martínez V. , Leu J. , Lee F. , et al. Negotiating Biculturalism: Cultural Frame Switching in Biculturals with Oppositional versus Compatible Cultural Identities [J]. Journal of Cross－Cultural Psychology, 2002, 33 (5): 492–516.

❹ Berry J. W. , Kim U. , Power S. , et al. Acculturation Attitudes in Plural Societies [J]. Applied Psychology: An International Review, 1989, 38 (2): 185–206.

❺ Benet－Martínez V, Haritatos J. Bicultural Identity Integration (BII): Components and Psychological Antecedents [J]. Journal of Personality, 2005, 73 (4): 1015–1050.

代文化（与西方文化有交叉）融合，关键就在于如何看待传统文化与现代文化的互动关系（相关讨论详见第四节）。

多元文化认同的融合与否是宏观多元文化之间互动与文化变迁在微观个体身上的投射，对个体面对文化的行为有重要的影响。专栏8－4描述了它的一些可能后果。

专栏8－4　文化认同的分隔❶

有些多元文化者不会将他们的几种文化认同整合为一种综合性认同或一种协同认同，反而会分隔这些文化认同。他们感到自己的多种文化认同是互相对立的，会使这几种认同保持各自独立的状态，并感到这几种认同之间存在着冲突。以居住在北美的第一代亚洲移民为例，他们中有些人可能会觉得自己只不过是生活在美国的亚洲人。这些人害怕失去自己的祖承文化认同，也害怕被主流文化同化。他们常常缺乏提高自己英语水平的动机。而对第二代亚裔美国人来说，有些人会觉得他们大体上是一个美国人，并认为自己夹在两种文化之间。这些人往往不了解他们的母语，也不渴望提高母语水平。

那些将自己的文化认同进行分隔的亚裔美国人可能会主要认同祖承文化，或主要认同主流美国文化，但不会同时认同两种文化。一项实验让亚裔美国人看一则面霜广告。这则广告或是包含强调个性的劝说信息（"你的面部是否像你的指纹那样独特？"），或是包含强调人际关系的信息（"你的面部是否能够反映出你的家庭状况？"），或是既强调个性又强调人际关系的信息（"你的面部是否能够反映出你的家庭状况？是否像你的指纹那样独特？"）。与那些有混合双文化认同的亚裔美国人相比，有分隔认同的亚裔美国人更喜欢强调某一个方面的信息（强调个性的信息或强调人际关系的信息），而对同时强调两个方面的信息的喜爱程度更低。这个结果表

---

❶ 赵志裕，康萤仪. 文化社会心理学［M］. 刘爽，译. 北京：中国人民大学出版社，2011：323.

明，当某则广告包含的信息与双文化者的文化认同一致时，这些个体会更喜欢这则广告；如果某些信息包含两种不同文化中的观念，那么有混合认同的双文化者更喜欢这类信息；而有着分隔认同的双文化者会认为这类信息所包含的观念互相冲突，因而不喜欢这类信息。

第三节　文化变迁机制

研究者往往将文化成因和影响文化变迁的因素放在一起探讨，不加区分。即使清晰区分了不同的文化成因及影响文化变迁的因素，也并不代表完全理解了文化变迁的机制。完整的文化变迁机制还需对文化进化和传播的过程作出本质的解释。

一、文化成因

（一）社会—历史—哲学—宗教

人类社会在早期形成了几种主要的文化，如以汉文化为核心的中国文化，以希腊文化为核心的西方文化。跨文化心理学所谈的文化差异实质是以这些文化为基础（尤其是以东西方文化对比为基础），全球化所谈的多元文化互动也离不开几种主要的文化（如以哲学—宗教为核心区分的几大文化）。那么，究竟人类早期几种文化形成的原因是什么呢？一般来说，学界使用社会、历史、哲学和宗教等综合的因素来解释这些文化成因。

尼斯贝特（Nisbett）和彭凯平（Peng Kai - ping）等人在解释为什么东方文化具有整体式思维而西方文化具有分析式思维时，追溯到了两种文化在2000 多年前的社会历史背景，尤其是不同的哲学传统。❶ 他们这样描述两种社会：

中国人的社会生活是互相依存的，人们所追求的不是自由而是和谐——道家学说中的人与自然的和谐，儒家思想中人与人之间关系的和谐。同样，中国

---

❶　Nisbett R. E. , Peng K. , Choi I. Culture and Systems of Thought: Holistic versus Analytic Cognition [J]. Psychological Review, 2001, 108（2）: 291 –310.

哲学的目标是道而不是发现真理。思想不能用来指导行动，那么这种思想就是徒劳的。世界是复杂的，万事万物是相互联系的，物体（和人）的相互联系不是杂乱的堆砌而是像绳子一样交织在一起的。

希腊人向往自由，不愿受约束，他们热衷于口头的争论和辩论，力图发现人们所追求的真理。他们认为他们自己是有着特别属性的个体，在社会中是彼此独立的单元，他们可以掌握自己的命运。同样，希腊哲学的出发点是把独立的物体——人、原子、房子——作为分析的单位来研究物体的属性。世界在本质上并不复杂，世界是可知的，人们应该做的就是要了解物体的特质，以便识别出与之相关的类别，然后用相关的规律来分析这些类别。

尼斯贝特等人对文化成因的解释主要是一种理论猜想，很难用实证研究来验证。不过，英格尔哈特所领导的世界价值观调查从另外一个侧面对这种综合的文化成因理论提供了实证支持。专栏8-5对此进行了详细的分析。

> **专栏8-5　世界价值观调查的文化时空差异与文化传统❶**
>
> 　　通过第四章，我们知道世界价值观调查抽取了两个主要的价值观维度，即自我表达与生存价值和世俗-理性与传统价值。第一个维度的生存价值关注人身与经济安全；自我表达价值则会优先考虑诸如环境保护、对外来人口的接纳、认可同性恋、呼吁性别平等，以及要求广泛参与经济政治决策之类的社会问题。第二个维度的传统价值会强调宗教、父子纽带、依从权威以及传统家庭价值的重要性，对离婚、堕胎、安乐死和自杀持负面态度，传统价值观强的社会一般拥有较高的民族自豪感与民族主义；而世俗-理性价值与传统价值刚好相反，可以看作是现代性或现代价值观的体现。
>
> 　　世界价值观调查从1981年起，已经完成了6波调查（1981—1984年，1990—1994年，1995—1998年，1999—2004年，2005—2009年，2010—2014年），并以两个价值观维度为轴绘制了文化地图（参阅第4章）。
>
> 　　纵览6波调查，从时间维度上看，不同国家的价值观在整体上呈现自我表达价值观越来越高、世俗-理性价值观越来越高的文化变迁趋势。从空间维度上看，不同国家的价值观在文化地图上呈现出按地域分组的特征，

---

❶　本专栏综合利用了世界价值观调查网站的资料，访问时间为2016年7月。网址如下：http://www.worldvaluessurvey.org/wvs.jsp.

且不管不同国家的文化随着时间如何变迁，它们所组成的地域性分组结构大体是稳定的，也就是同一时间不同国家在文化地图上的相对位置比较固定。这充分说明了绝大多数文化在外部因素（如现代化因素）的影响下，在发生变迁的同时，保持了各自的文化传统。那么通过分析地域性分组区分这些文化传统的因素即是文化传统的成因所在。

在英格尔哈特的概念里，自我表达价值观是后现代的特征，受经济发展水平和财富的影响比较大；世俗－理性价值观是现代价值观的体现，受宗教的影响比较大。以第6波调查所得的文化地图来看，横轴上越靠右的国家，经济发展水平越高；纵轴上越靠上的国家，宗教越不发达。而不同颜色所分成的组别，每个组里边的国家在地域上都是相互接近的，也意味着他们有类似的社会—历史—哲学—宗教。拿中国所在的儒家文化圈这一组别来说，中国和日本都在这个组里，但是经济发展水平不一样，所以一个靠左，一个靠右；然而，中国是儒家文化的发源地，日本由于地理位置接近而受影响，两个国家在纵轴上几乎处于同一水平线上。从另一个角度看，在文化地图中，日本与其经济水平相当的美国距离比较远。这说明：从横轴来看，自我表达价值观所受经济水平的影响，在很大程度上要依托于不同文化传统所奠定的基础；从纵轴来看，世俗－理性的价值观并不是现代化的绝对产物，而是与不同的文化传统具有交互作用。这些分析也可以与上一节有关文化变迁模式的讨论相呼应。

（二）自然生态理论

绝大多数有关文化成因和文化变迁影响因素的理论都可以归为文化的生态适应理论，即某种文化的形成是为了适应特定的生态环境，而文化变迁的方向也是为了适应改变了的生态环境。徐江等人将影响文化的生态因素分成远端因素和近端因素，前者指气候、传染病率、生存方式等自然生态因素，后者又分为社会制度（如教育、经济）和社会情境（如居所流动、工作流动）等社会生态因素。[1] 这里将自然生态因素作为文化的成因，而把社会生态因素作为文化变迁的影响因素。

---

[1] 徐江，任孝鹏，苏红. 个人主义/集体主义的影响因素：生态视角 [J]. 心理科学进展，2016，24（8）：1309－1318.

1. 生产方式理论

生产方式理论认为不同社会的文化是其不同的生产和生存方式造成的。典型的几种生产方式是农业（agriculture）、狩猎采集（foraging）、园艺业（horticulture）和游牧（pastoralism）。科恩（Cohen）在考察美国南北文化差异时，发现在南部存在一种荣誉文化。[1] 当自己和家人遭到侮辱时，人们期望男性用武力作出回应，以维护自己和家族的荣誉。这种荣誉文化即是早期游牧生产方式产生的"男性依靠英勇和战斗获得威望"这一文化在当代的表现。虽然这些生产方式倾向于塑造不同的文化形态，但在当前讨论现代化和聚焦个人主义－集体主义文化对比的大背景下，它们又均被放在个人主义－集体主义的框架中来讨论。例如，研究者通过对农民、渔民和牧民进行考察，发现他们的个人主义－集体主义的得分也不同。

2. 大米理论

大米理论认为即使是同一种生产方式，也可能产生不同的文化，由此挑战了生产方式理论。该理论关注的是在农业上最普遍的两种耕作方式：种植小麦和种植水稻。种植水稻比种植小麦（也包含玉米、大豆等）需要更多的灌溉和劳动。在种植水稻的地区，人们需要合作才能完成对灌溉系统的建设、疏通和协调，以及对水稻的收获和运输。相反，在种植小麦的地区，由于不需要复杂的灌溉系统，收获和运输的工作量也比较小。因此，那些自古以种植水稻为主的国家或地区会形成集体主义文化，而那些自古以种植小麦为主的国家或地区会形成个人主义文化。通过对个人主义指标的综合测量，研究证实了在中国历史上的麦区长大的大学生比在稻区长大的大学生具有更高个人主义价值观。[2]

3. 自然灾害理论

作为一种生存环境，自然灾害对文化的产生也有重要的作用。有的学者认为，自然灾害的发生会降低人们的控制感，增强人与人之间的相互依赖，因此，自然灾害发生率更高的国家或地区有更高的集体主义水平。[3] 另外的学者

---

[1] Cohen D. , Nisbett R. E. , Bowdle B. F. , et al. Insult, Agression, and the Southern Culture of Honor: An "Experimental Ethnography" [J]. Journal of Personality and Social Psychology, 1996, 70 (5): 945 – 960.

[2] Talhelm T. , Zhang X. , Oishi S. , et al. Large – scale Psychological Differences within China Explained by Rice versus Wheat Agriculture [J]. Science, 2014, 344 (6184): 603 – 608.

[3] Triandis H. C. Ecological Determinants of Cultural Variations [G] // R. S. Wyer, C. Chiu, Y. Hong, et al. Understanding Culture: Theory, Research and Applications. New York, NY: Psychology Press, 2009: 189 – 210.

认为，发生自然灾害时，人们会产生焦虑和应激，而焦虑和应激使人们减少对社会情境信息的关注，这对形成集体主义价值观具有阻碍作用。❶ 最近的研究支持了后面这种观点。❷

4. 传染病理论

人类历史从古至今都受到传染病的威胁。然而不同的自然环境，传染病的发病率也不同。例如，相对于高纬度地区而言，赤道地区的传染病发病率更高。从传染性的危害上来说，相对于内群体成员携带的病菌，外群体成员携带的病菌危害更大。人们在长期一起生活的过程中，对内群体成员携带的病菌产生了抗体，对外群体成员携带的病菌则没有抗体。外群体成员携带的病菌更加容易突破免疫系统的防护，从而使人受到感染，致死的可能也比较大。因此，传染病高发的地区更容易形成集体主义价值观。❸

5. 气候—财富理论

该理论认为一个国家或地区气候的不适宜（过冷或过热）给人们的生存和生活带来了挑战，而资源或财富是成功应对挑战的关键。当气候恶劣并且资源或财富不足的时候，人们会通过互相合作的方式来获取资源从而满足自己的需求；当气候恶劣但资源或财富充足的时候（或者当气候适宜的时候），人们有充足的资源来面对挑战（或面对的挑战较小），对合作的需求不高。因此，气候恶劣且资源或财富不足的国家或地区，会形成集体主义的文化，而气候恶劣但资源或财富充足的国家或地区，会形成个人主义的文化。❹

二、文化变迁的影响因素

本章第一节提到，现代化、全球化、社会变迁是影响文化变迁的背景，大多数文化变迁的影响因素都在这几个概念的背景下产生。

---

❶ Varnum M. E. W. , Grossmann I. , Kitayama S. , et al. The Origin of Cultural Differences in Cognition: The Social Orientation Hypothesis [J]. Current Directions in Psychological Science, 2010, 19: 9 – 13.

❷ Grossman I. , Varnum M. E. W. . Social Structure, Infectious Diseases, Disasters, Secularism and Cultural Change in America [J]. Psychological Science, 2015, 26 (3): 311 – 324.

❸ Fincher C. L. , Thornhill R. , Murray D. R. , et al. Pathogen Prevalence Predicts Human Cross – Cultural Variability in Individualism/Collectivism [J]. Proceedings of the Royal Society B: Biological Sciences, 2008, 275 (1640): 1279 – 1285.

❹ Fischer R. , van de Vliert E. Does Climate Undermine Subjective Well – being? A 58 – Nation Study [J]. Personality and Social Psychology Bulletin, 2011, 37 (8): 1031 – 1041.

（一）财富与社会阶层

经济发展水平的提升是现代化的一个主要结果，而且容易客观量化。不管是国家财富还是个人社会经济地位都可以方便地找到客观指标来衡量。因此，即使不去有意识地设计，财富和社会阶层的变量也经常被包含在大型的社会调查里。从霍夫斯泰德到英格尔哈特，众多跨文化研究通过数据积累反复出现一个稳定的结果：财富水平与个人主义价值观有密切的联系。不管是空间的跨文化差异，还是时间上文化变迁，个人主义总可以通过财富水平来预测；不管是国家层面的价值观，还是个人层面的价值观，财富都是个人主义的强有力的解释因素。

乔加斯（Georgas）等人试图简化有关文化的生态和社会政治因素，在精选之后构成生态学（如最高月降水量）、经济学（如服务行业从业人员占人口的百分比）、教育（如高等教育的注册比率）、大众传媒（如每1000人中的电话数量）和人口（如人口增长率）等五个因子，再进行二阶因子分析得到一个因子，可以解释在多种多样的生态指标中80%的变异，最后将其命名为富裕程度。❶ 他们结合英格尔哈特的研究，得出结论认为：财富和宗教是主要的生态文化因素，决定着文化以及文化变迁。

克劳斯（Kraus）及其合作者发展了社会阶层的心理学，通过心理测量和实验的方法发现，高社会阶层的个体具有个人主义文化的认知特征，低社会阶层的个体具有集体主义的认知特征。格林菲尔德将社会经济地位的提升纳入到法理社会的生态因素群中，作为引起个人主义价值观的生态因素。库查巴沙有关子女价值、家庭模型、自主关系型自我的文化变迁研究也将社会阶层作为考察的最重要的因素之一。这些均表明，社会阶层对文化变迁有重要影响。

（二）现代化因素

现代化的因素包罗万象，其中尤以工业化、城市化、学校教育和大众传媒的发达为现代化过程的核心定义性特征。我们都无可否认这些因素对文化变迁的作用。然而这些因素通常被作为文化变迁的背景来对待，而且彼此交叉混合在一起，既难以直接研究，又无法相互厘清和控制。例如，选取城市样本和农村样本来考察城市和农村的文化差异，如何控制学校教育和大众传媒的影响？在直接比较说明这些现代化因素对文化变迁的影响方面，英克尔斯的研究可称

---

❶ Georgas J., Van de Vijver F., Berry J. W. The Ecocultural Framework, Ecosocial Indices and Psychological Variables in Cross – cultural Research [J]. Journal of Cross – Cultural Psychology, 2004, 35（1）: 74 – 96.

为典范。❶

第二节提到，英克尔斯和同事在世界范围内选择了6个发展中国家（阿根廷、智利、印度、以色列、尼日利亚、孟加拉），开展了一个大规模的社会调查研究。该研究在每个国家选取 1000 人作为调查对象，这些人包括农民和产业工人以及在城市中从事传统职业的人。该研究有两个优势。一是选取的研究对象为新兴开展现代化的国家，这等于是将现代化引起的文化变迁置于发生学的显微镜下，很多被调查者刚刚接触某一种现代化因素，受到综合影响的程度还比较小。二是采用了配对技术，通过多次选择找出两组只在某种现代化因素影响方面存在差异的被试。专栏 8 - 6 展示了英克尔斯对样本配对技术的使用过程。

专栏 8 - 6　工厂是培养现代性的学校❷

首先，他试图通过不同的对象组别来替代不同时间点的测量，即通过比较两类人，"他们在所有其他的特征方面大致是相似的"，只是其中一类比另一类"有更多的工厂经历"。由于两部分人在其他所有的特征上——性别、年龄、教育、宗教、文化等都是相似的，只有工作经历不同，因此，他们在测量的结果上所存在的任何差别都只能归因于工厂工作的经历。

"我们没有对同一个人在进入工厂之前和在工厂工作一段时间之后进行比较，相反，我们是比较两个人，他们在其他的特征方面大致是相似的，只是其中一位比另一位有更多的工厂经历。"但问题是："我们怎么能够确定那些观察到的差异是因为工厂工作的影响而产生，而不是因为在招募农民为工业劳动力时已经根据他们的心理特征而使他们有所差异呢？"这也就是说，怎样才能排除"心理素质决定了一个人是否离开农村进入工业"的观点对结论的影响呢？为了回答这一挑战，英克尔斯设置了两条保卫线。一是抽取了一个刚刚进入工厂的农民所组成的样本，其作用是用来与那些身处农村的农民进行比较，如果二者在现代性上没有差别，那么"心理因

---

❶ 英克尔斯，史密斯. 从传统人到现代人：六个发展中国家中的个人变化 ［M］. 顾昕，译. 北京：中国人民大学出版社，1992.

❷ 风笑天. 英克尔斯"现代人研究"的方法论启示 ［J］. 中国社会科学，2004，(1)：66 - 77.

素决定论"就难以成立；二是即使新工人比留在农村的农民更加现代化，我们也可以通过比较新工人与有一定工厂经历的有经验的工人的现代性来说明工厂经历的作用。

尽管这三组对象的抽取及其相互之间的比较似乎已经满足了回答研究问题的需要，但是，英克尔斯丝毫没有放松对其他可能存在的缺陷的警惕性。在现实社会中，工厂是与城市联系在一起的，进入工厂成为工人的同时，人们也成为了城市人。因此，一个明显的疑问是：城市生活是否同样具有使人们现代化的作用呢？如果是，我们又怎么能够确定是工厂而不是城市是现代化的学校呢？

这对研究者的目标又是一个严重的考验和挑战。为了回应这一挑战，英克尔斯又抽取了第四个样本——城市中的非工业工人。这些人具有与工厂工人同样的城市生活背景，却缺乏工厂经历。这样，当比较发现工厂工人比农民更加现代，而城市非工业工人却并不如此，那么就可以认为，正是工厂工作而不是单纯的城市生活经历使得个人向更加现代的方面转变。实际上，这第四个群体所起到的是一种控制变量的作用——控制城市生活对研究假设的影响。

类似这种为了回答研究问题所进行的研究设计，在正确的逻辑推理的引导下贯穿于整个"现代性研究"的始终。比如，要确立工厂工作经历的作用，除了要排除城市经历的影响外，还必须排除与现代性相关的大众传播媒介接触、学校教育等因素的影响。英克尔斯为此又采取了配对、部分相关分析等多种方法来对这些因素进行控制。

通过深入系统的数据分析和理论推理，英克尔斯比较了学校、大众传媒、工厂经历、工厂本身的现代化程度、城市经历、城市生活是否工业工人、城市经历的量与质、农村出身还是城市出身、农业合作社经历、家庭与学校对比等众多因素对个人现代性的影响作用，最终得出三点结论。①工厂是培养现代性的学校，一个人在工厂工作的经历对他的现代性影响最大，超过学校教育和大众传媒的作用。②即使不在工厂里工作，在城市里生活的经历对个人的现代性也有一定影响，这在那些从事服务业、商业、交通业的人身上都有所体现。当然，如果只在城市生活但没有任何工作，则不会具有现代性。③农业合作社（在科层制组织方面与工厂有类似特征）经历对个人现代性也有一定的促进作用，这也从另一个方面说明类似工厂经历的作用，而表面的城市生活经历对现代性并不重要。

（三）社会生态理论

与作为影响文化远端因素的自然生态因素相比，社会生态因素是文化变迁的近端原因。尽管对社会生态与文化和个体心理之间关系进行宏观和综合描述时倾向于无所不包，但寻找贴近个体心理的社会生态因素并采用心理学的方法进行考察是近年文化变迁研究的一个趋势。该方面研究的优势有两个：一是发展对所研究生态因素的测量和操作化方法；二是在通过实验研究考察因果关系的基础上，建构更小型的可检验的理论。

居所流动理论是这种社会生态理论的代表。❶ 首先，居所流动可以在多个层次进行测量。在个体层次，一个人从小到大搬家的次数即是他的居所流动指标；在群体层次，一个群体在一定时期内成员流动的比率即是该社区的流动指标；在社会层次，一个社区（城市、国家）的流动人口状况即是该社区（城市、国家）的流动指标。其次，居所流动可以通过实验的方法来操控。实验中，被试需要参加两个阶段的模拟人际互动。在第二个阶段，有的被试要更换互动对象，有的被试不更换互动对象。更换互动对象的一组界定为流动，不更换互动对象的一组被界定为稳定。实验在这些操控之后，再考察被试的合作行为，即建立了居所流动与人际互动和人际关系之间的因果关系。

与居所稳定的人相比，居所流动的人会形成个人为中心的自我概念，交朋友广泛而肤浅，对群体和社区的认同更以功利为导向，幸福感也比较低（参考专栏8－2）。图8－4进一步建构了居所流动的理论模型。居所流动通过形成开放的、流动的和短暂的社会网络（social networks）导致自我、社会关系和幸福感的文化变迁。换言之，社会网络在居所流动与自我、社会关系和幸福感之间起到部分中介作用。同时，自我、社会关系和幸福感的特征也会反过来影响社会网络，而社会网络也会影响居所流动。至于自我、社会关系和幸福感会不会影响居所流动，关系则不那么明显。

---

❶ Oishi S. The Psychology of Residential Mobility：Implications for the Self, Social Relationships, and Well－Being［J］. Perspective on Psychological Science, 2010, 5（1）：5－21.

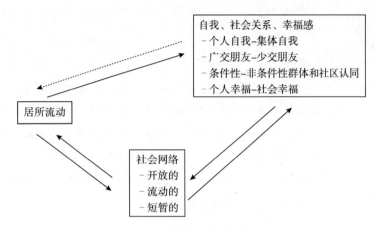

图 8-4　居所流动与自我、社会关系和幸福感的关系

三、文化生态互动论

几乎绝大多数有关文化成因和文化变迁影响因素的研究都可以归为文化的生态适应理论，主张文化具有适应其所在的生态环境的作用。如果生态环境发生改变，文化必须作出改变才能适应新的环境，这就产生了文化变迁。然而，单纯的生态适应观点虽然比较容易解释现代化理论，但无法解释文化传承理论以及更复杂的文化变迁现象。

杨国枢的文化生态互动论，超出了一般的生态适应观点，提出并不是所有文化成分都具有同等的适应功能，不同的文化成分以及不同的文化个体在文化变迁过程中也有产生不同的变迁轨迹。在多年个人传统性与个人现代性的基础上，杨国枢提出了文化变迁的文化生态互动论（cultural - ecological interactionism）。[1] 首先，他将个人现代性视为现代化的社会文化变迁过程中某一社会大多数人共同的心理与行为，并根据三种范围（普同性心理与行为、特殊性心理与行为、独有性心理与行为）和两种功能（功能性心理与行为、非功能性心理与行为）将其组合分为六种。然后就不同的心理与行为种类在文化变迁的规律上提出了如下核心假设。

第一，在任何一个社会中，民众不同类别的心理与行为受到该社会的生态环境特征、经济社会形态及社会生活方式所决定或影响的程度不同。功能性的

---

[1] 杨国枢. 中国人的心理与行为：本土化研究 [M]. 北京：中国人民大学出版社，2004：418 - 463.

心理与行为是适应社会生态环境所必需的，比非功能性的心理与行为更多地受到这些因素的影响。普同性心理与行为因为与人类基本身心结构与功能有密切联系，不易受到社会生态等外在因素的影响；特殊性心理与行为是适应某类社会（如农耕社会、游牧社会等）的共同社会生态等外在因素所必需的，因此受这些因素的影响比较大；独有性心理与行为的情形比较复杂，其中功能性心理与行为比非功能性心理与行为受社会生态等外在因素影响更大。

第二，现代化过程中的生态、经济及社会变迁主要是从某种传统社会转变为工商社会。为了适应工商社会，民众会逐渐形成各种新的心理与行为，即现代性心理与行为，其强度会逐渐增大。而原有适应传统社会的心理与行为在内涵上将有所转变，在强度上将有所削弱，并继续在某种程度上保持下来，并不消亡。

第三，在社会变迁中，适应传统社会和现代社会的心理与行为可能呈现某种程度的相反特性，其变迁趋势有两种。①某些传统的心理与行为是适应传统社会的主要心理与行为，某些现代的心理与行为是适应现代社会的主要心理与行为。前者随着现代化急剧下降，后者随着现代化急剧上升。②某些传统的心理与行为是适应传统社会的次要心理与行为，某些现代的心理与行为是适应现代社会的次要心理与行为。前者随着现代化缓慢下降，后者随着现代化缓慢上升。

第四，在现代化过程中，两类心理与行为的变迁速度和程度的个体差异可以分为四种。①简单传统型。即以传统性心理与行为特征为主的个体类型。②简单现代型。即以现代性心理与行为特征为主的个体类型。③强势混合型。即传统性和现代性两类心理与行为特征皆高的个体类型。包括冲突性强势混合型和非冲突性强势混合型。④弱势混合型。即传统性和现代性两类心理与行为特征皆低的个体类型。

第四节　对文化变迁的认知

我们每个人在生活中都体验过社会生态环境和人们价值观的变化，对社会与文化变迁有自己的看法，这些看法从另一个侧面反映了文化变迁的规律。文化变迁认知是指人们对文化变迁模式和规律的看法，是文化变迁模式投射和沉淀于个体认知的结果。

一、社会变迁的民间理论

社会变迁的民间理论（Folk Theory of Social Change，FTSC），用来指代普通人理解社会变迁规律的一般认知框架。❶ 该理论基于传统社会到现代社会的变迁过程来描述社会变迁，提出人们对社会变迁有三种信念。①自然论信念（naturalism belief），认为社会从传统到现代的变迁是一个自然的过程。②普遍论信念（universalism belief），认为社会从传统到现代的变迁是一个普遍的过程。持有两种信念的人，认为每一个国家或社会的变迁都必然经历相似的从传统到现代的过程。如果一个国家当前还比较传统，那么随着时间的发展将会越来越现代；如果一个国家当前的现代化程度不高，那么它一定与另一个现代化程度较高国家的过去某个时段具有相似的特征，因为该国家也是从类似的现代化程度较低阶段发展过来的。不难发现，这两种信念与现代化理论所展现的社会变迁模式相似，只不过，这里强调的不是对社会变迁本身模式的描述，而是人们对社会变迁模式的认知。这种认知当然可能受到了社会变迁事实的影响，但更多地是个体的一种主观看法。

FTSC 的第三种信念是变迁信念（change belief），指人们对社会变迁发生何种内容转变的看法。研究者通常会问被试，他们认为过去和未来的社会或过去和未来社会中的人，在某些品质上与现在相比是多还是少。例如 100 年前的中国社会与现在相比，技术创新是多了还是少了，30 年后的中国人与现在相比，能力是更高还是更低。人们对这类问题的基本看法是，随着社会变迁，社会的科技经济发展水平会越来越高，人们的能力和技能也会越来越高；但同时社会失序（social dysfunction）会越来越严重，人们的热情和道德水平也会越来越低。换言之，人们认为社会变迁向好的一面改变的同时，不可避免地伴随着向坏的一面的改变。

人们对未来社会变迁的信念会影响人们当前的态度和行为，嘉志摩佳久和同事提出了一个整合的集体未来的理论框架（collective futures framework），将变迁信念作为社会变迁背景影响当前心理与行为的中介。❷ 如图 8 - 5 所示，

---

❶ Kashima Y., Bain P., Haslam N., et al. Folk Theory of Social Change [J]. Asian Journal of Social Psychology, 2009, 12 (4): 227 - 246.

❷ Bain P. G., Hornsey M. J., Bongiorno R., et al. Collective Futures: How Projections about the Future of Society are Related to Actions and Attitudes Supporting Social Change [J]. Personality and Social Psychology Bulletin, 2013, 39 (4): 523 - 539.

气候变暖、群体权力、政府政策等引起的社会变迁会影响人们对未来的看法，表现为认为未来社会在发展与失序及未来社会中的人在特质和价值观方面，与现在相比有何变化，这些对未来的看法决定了人们是否支持当前的某个政策或是否做出某种行为。例如，如果 2050 年全球气候变暖的趋势得到缓解，那么人们是否会在当前做出环保行为，取决于他们是否认为 2050 年与当前相比，（在气候变暖的趋势得到缓解的条件下）社会失序更少，人们更为他人着想，更温暖和有道德。

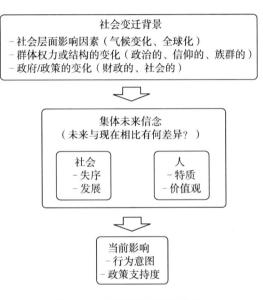

图 8 - 5　集体未来的理论框架

正像社会变迁模式不只是现代化理论一种模式，人们对社会变迁的认知也不只是 FTSC 一种。嘉志摩佳久和同事在使用新的统计方法分析以往数据的基础上，将人们对社会变迁的认知由原来的一种扩充至三种。FTSC，即前述认为未来社会有好的一面也有坏的一面的认知；乌托邦/敌托邦（utopianism/dystopianism，U/D），即认为未来社会总体上越来越好（或越来越坏）的认知；扩展/萎缩（expansion/contraction，E/C），即认为未来社会好坏两方面都更扩展（或更萎缩）的认知。❶ 要理解这三种认知，必须了解 Kashima 的研究过

---

❶ Bain P. G., Kroonenberg P. M., Kashima Y. Cultural Beliefs about Societal Change: A Three – Mode Principal Component Analysis in China, Australia, and Japan [J]. Journal of Cross – Cultural Psychology, 2015, 46 (5): 635 –651.

程，他在让被试评价未来社会的人与当前相比特质有何变化时，不仅呈现了不同的特质，还对每一种特质进行了积极和消极的描绘，即给被试呈现反义词。例如，被试在判断未来社会的人与现在相比在能力方面的高低时，需要在胜任（competent）和有技能的（skilled）两个积极形容词上作判断，也要在不聪明的（unintelligent）和不自律的（disorganized）两个消极形容词上作判断。FTSC 认为未来社会有好有坏，好坏是指不同特质；U/D 认为未来社会越来越好，是指特质的积极描述指标；E/C 是指当同样的人格品质从积极和消极两个角度进行描述的时候，被试均认为会随着社会变迁提高/降低的认知。

专栏 8－7 展示了韦庆旺和时勘如何运用社会变迁认知理论探索民众对中国社会变迁认知的特征。

专栏 8－7　民众对中国社会变迁的认知❶

中国人对社会变迁的认知可能与西方人对社会变迁的认知不同。然而，以往研究在考察社会变迁认知的内容维度时仍然以西方人的社会变迁认知内容为基础，而这些内容并不能涵盖中国社会变迁的某些重要方面。例如，五四运动提倡科学和民主，这里的科学属于以往研究所考察的发展维度，但民主在以往研究中并没有涉及，是否它也属于发展的维度，还是具有独立于发展的独特含义？有鉴于此，笔者在考察中国民众的社会变迁认知时，参考有关近代东西文化论战的资料，加入了更贴近中国社会背景的传统、道德和民主等新的社会变迁内容。研究的方式是在广州进行入户调查，询问人们对 1000 年前、100 年前、30 年前和 30 年后的中国社会和中国人与现在相比，在各种指标上是多了还是少了。结果有以下主要发现。

1. 传统与现代逐渐融合

探索性因子分析的结果表明，虽然民众对 1000 年前的中国社会、100年前的中国社会、30 年前的中国社会和 30 年后的中国社会的认知内容均包含 4 个维度，但构成 4 个维度的内容不同（见下表）。从"道德"内容由与"传统"相联系，到与"传统"分离，再到跟"民主"走到一起，可以推论出两个相互联系的观点。一是随着社会的变迁，"道德"的含义可能

---

❶ 韦庆旺，时勘. 社会变迁与文化认同：从民众心理认知看古今中西之争［J］. 苏州大学学报（教育科学版），2016，（2）：1－14.

发生了变化，人们越来越赋予道德更现代的意义（例如从强调个人性私德到强调社会性公德）；二是经由"道德"在"传统"与"民主"两个维度之间的穿梭，可看出传统与现代相冲突的紧张关系得到了缓解。

表8-4 民众对过去和未来中国社会的认知在因子结构上的变化

	因子结构
1000 年前	F1（发展），F2（公平、传统、道德），F3（民主），F4（失序）
100 年前	F1（发展、公平），F2（传统、道德），F3（民主），F4（失序）
30 年前	F1（发展），F2（公平、传统），F3（道德），F4（民主、失序）
30 年后	F1（发展），F2（公平、传统），F3（道德、民主），F4（失序）

注：4 个时间点的 4 个维度为因子分析的结果，但 4 个维度里面的子维度划分基于数据和理论两方面考虑。每个子维度包含 1~4 个题目，共 15 个题目，题目内容参见下图。

这一点可以通过多维尺度分析的结果得到佐证（如图 8-6）。民众对 100 年前中国社会的认知，那些构成"传统/道德"一端的题目（传统文化、道德模范、职业道德、社会信任）与构成"现代/科学民主"一端的题目（民主、个人自由、科学发展、技术创新、经济发展、市场机制），形成了一个维度（横轴）；而这些题目在对 30 年后中国社会的认知中，全部聚集在"好社会"一端（横轴），只不过所谓的"好社会"，又分为是温情度很高还是发达度很高（纵轴）。

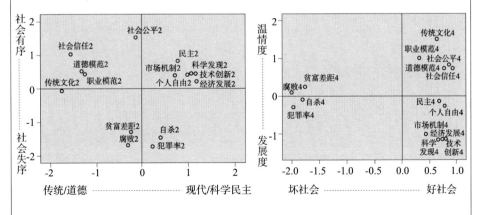

图8-6 民众对 100 年前（左）和 30 年后（右）中国社会的认知（多维尺度分析结果）

2. 积极指标总体线性增长

笔者不仅考察了人们对中国社会变迁的认知，还考察了人们对中国人品质变迁的认知。在保留以往研究中涉及的能力和热情维度的同时，我们增加了自信、胆怯、顺从等内容。民众对中国社会变迁和中国人品质变迁的认知，总体上呈现随着时间线性增长的趋势。被试不仅认为我国的经济发展和科技创新将进一步向好发展，还认为我国社会的民主、公平、传统和道德水平也将进一步提高。此外，人们还认为，中国人的能力和才能在未来也将进一步增强，同时中国人的自信水平也将进一步提升。这个结果进一步支持了中国人的社会变迁认知具有"乌托邦"的模式，即认为未来的中国社会和中国人总体上会越来越好。

3. 好与坏相互激荡凸显社会活力

如果结合积极指标与消极指标来看，清晰地呈现出社会变迁的民间理论所提出的第三种"扩展"的认知模式。热情和冷漠是从积极和消极两个角度对同一品质的描述，自信和胆怯也是从积极和消极两个角度对同一品质的描述。在相当长的一段时间内，民众认为这两种同一品质不管从积极角度描述还是从消极角度描述，都呈现共同增长的趋势（30 年后自信和胆怯冷漠这种共变趋势不明显）。相关分析的结果从另一个角度验证了上述结论。民众对 1000 年前、100 年前、30 年前和 30 年后中国人品质变迁的认知，胆怯冷漠得分分别与自信和热情得分的 8 个相关系数，全部是显著的正相关。根据以往研究，这种"扩展"的社会变迁认知模式凸显了民众对中国社会活力的感知。

二、文化变迁信念

（一）文化本质论

本质论（essentialism）指普通人对社会类别是否有其本质的看法，是内隐理论的一种。[1] 持有本质论观点的人认为社会分类具有一个内在的不可观察的实体，这个实体导致分类成员的表面特征，并且是恒定不变的和不可能通过人

---

[1] 高承海，侯玲，吕超，万明钢．内隐理论与群体关系 [J]．心理科学进展，2012，20（8）：1180－1188.

为的干预而改变的。这里的社会类别可以是对任何社会群体的分类，例如种族、民族、性别、社会阶层、宗教、文化。哈斯拉姆（Haslam）等人通过考察人们对 20 种社会分类在 9 种本质论观点上的评分，发现本质论包含自然类别（natural kind）和群体实体性（entitativity）两个维度。❶ 前者指一种社会分类的稳定性、不可改变性、必要性、离散性和自然性；后者指一种社会分类的信息性、统一性、内在性和排他性。一种社会分类越具有自然类别属性，越具有群体实体性，人们对该社会类别就越持有本质论的看法。但是，人们对不同社会类别使用不同的维度持有本质论。例如，在性别上倾向于使用自然类别形成本质论，在政党上倾向于使用群体实体性形成本质论。考虑到文化作为一种社会分类，在自然类别属性和社会类别属性（群体实体性）之间更接近社会类别属性，因此群体实体性比自然类别对是否持有文化本质论影响更大。

个体对某种社会类别持有本质论观点，与他对该群体和外群体的态度具有紧密的联系。❷ 本质论者在进行群体知觉时更关注与刻板印象一致的信息，更多地采取原型表征策略加工相关信息，很容易对群体形成刻板印象。同时，本质论者更倾向于从内在的生物因素解释群体差异（尤其像种族这种接近自然类别的群体），似乎为群体的不平等现状和劣势群体持久的边缘化提供了正当性理由，也削弱了不同群体及其成员之间相互交往的兴趣。如果个体遭遇偏见，本质论者更不能面对和接受，并且在未来与偏见持有者的交往中表现出更多的退缩行为。此外，群体本质论会加强个体对内群体的认同，进一步增加对外群体的偏见。对于弱势群体成员，持有本质论观点使他们更僵化地依附于他们的群体。可见，本质论经常被认为对群际关系产生负面影响。

在全球化的时代，每一种文化都因为与其他文化的接触而产生自己的文化是否与其他文化不同以及自己的文化在面对其他文化的冲击时是否应该作出改变的问题。文化本质论正是个体在这两个问题上的固有信念，而这些信念势必对文化间关系有很大的影响。目前，虽然直接使用文化本质论作为概念的研究并不多，但香港学者基于种族本质论为主体的大量群体本质论的研究文献，对

---

❶ Haslam N. , Rothschild L. Ernst D. Essentialist Beliefs about Social Categories [J]. British Journal of Social Psychology, 2000, 39 (1): 113 – 127.

❷ 高承海，侯玲，吕超，万明钢. 内隐理论与群体关系 [J]. 心理科学进展, 2012, 20 (8): 1180 – 1188.

文化本质论进行了深入的理论分析。❶ 与以往研究强调本质论对群际互动产生负面影响的观点不同，她们跳出弱势群体成员的个体认同建构，从社会群体间的权力结构着眼，认为文化本质论对于弱势群体具有积极的作用。对于弱势群体而言，文化本质论可以提高群体凝聚力，抵抗来自支配群体的主导，以及保护自己的文化传统。这些基于宏观社会结构对文化本质论进行分析的观点，很适宜分析我国民初以来的古今中西文化论争。专栏8-8介绍了韦庆旺和时勘在这方面所进行的尝试。

专栏8-8　中国文化的实体论与不变论❷

　　笔者将文化本质论看作具有整合性的理论框架，用来解释几种主要的对待中国文化的态度。首先，通过梳理东西文化论战的资料，将中国文化态度分为三种，并开发相应的量表。一是肯定中国文化的态度，包括5题（α=0.85），例如中国文化发掘和保持自己的独特性有利于它对世界的贡献，中国文化有能力转变其传统形态而进入现代形态；二是否定中国文化的态度，包括4题（α=0.88），例如中国文化缺乏现代化最重要的品质，中国文化必须进行根本的改变和彻底的改造；三是维护中国文化的态度，包括3题（α=0.77），例如很多西方文化的思想都可以在中国文化中找到源头，从长远发展方向看中国文化比西方文化更有前途。其次，根据社会类别本质论的二维结构，从实体论和不变论两个角度测量中国文化本质论。1题测量实体论：中国文化和西方文化有本质的不同。2题测量不变论（α=0.90）：中国文化是不可改变的，中国文化是可以改变的（反向题）。最后，考察民众对现代化的两种态度，即西学为体和中学为体。前者用2题测量（α=0.66）：现代化应以认真学习西方文化为基础，以发扬中国文化为辅；现代化主要是彻底地学习西方文化，要少谈中国文化。后者用1题测量：现代化必须以发扬中国文化为基础，以学习西方文化为辅。我们通过网络对全国范围内的602位民众进行问卷调查，发现中国文化本质论可以很好地解释对待中国文化和现代化的态度。

---

❶ Chao M. M. , Kung F. Y. An Essentialism Perspective on Intercultural Processes [J]. Asian Journal of Social Psychology, 2015, 18 (2): 91 - 100.

❷ 韦庆旺, 时勘. 社会变迁与文化认同：从民众心理认知看古今中西之争 [J]. 苏州大学学报（教育科学版）, 2016, (2): 1 - 14.

因子分析的结果表明，中国文化本质论包含两个维度。实体论，强调中国文化与西方文化的异质性；不变论，认为中国文化不可改变。从表8-5的相关系数看，实体论和不变论两者之间几乎是零相关，说明它们彼此相互独立。肯定中国文化和维护中国文化的态度得分较高，否定中国文化的态度得分较低。同时，3种中国文化态度之间皆有显著的相关。肯定中国文化的态度与维护中国文化的态度之间呈显著的正相关，两者分别与否定中国文化的态度呈显著负相关。再看实体论和不变论与其他变量的相关，全部呈现了不同模式，表明两者在对待中国文化和现代化的态度上具有完全不同的作用。

表8-5　中国文化本质论的结构及其与对传统文化和现代化的态度之间的相关（N=602）

	M（SD）	1	2	3	4	5	6
1. 实体论	4.17（1.06）						
2. 不变论	2.76（1.00）	-.04					
3. 肯定中国文化	5.54（0.77）	.23**	-.12**				
4. 否定中国文化	2.93（1.25）	-.04	.04	-.42**			
5. 维护中国文化	5.01（1.00）	.20**	-.11**	.52**	-.20**		
6. 西学为体	3.03（1.39）	.00	.09*	-.35**	.54**	-.14**	
7. 中学为体	5.36（1.18）	.12**	-.08	.46**	-.22**	.37**	-.23*

注：量表均为7点量表；*，$p < .05$；**，$p < .01$。

表8-5的结果似乎表明肯定中国文化的态度与维护中国文化的态度是相似的。然而，如果用中国文化本质论的实体论和不变论预测这两种文化态度，即可看出两者的差别。实体论和不变论在肯定中国文化的态度上具有交互作用（如图8-7）：对于中国文化实体论者，是否认为中国文化不可改变均不影响其肯定中国文化的态度（得分高）；对于中国文化非实体论者，认为中国文化可以改变比认为中国文化不可改变的信念提升了肯定中国文化的态度。实体论和不变论在否定中国文化的态度上也有类似的交互作用：对于中国文化实体论者，是否认为中国文化不可改变均不影响其否定中国文化的态度（得分低）；对于中国文化非实体论者，认为中国文化不可改变比认为中国文化可以改变的信念提升了否定中国文化的态度。也就是说，如果仅以不变论代表本质论，那么对中国文化持否定态度的人持

有最强的中国文化本质论。然而，就实体论而言，他们并不认为中国文化与西方文化有本质的不同，好像又具有非本质论的观点。实体论和不变论在维护中国文化的态度上没有交互作用。

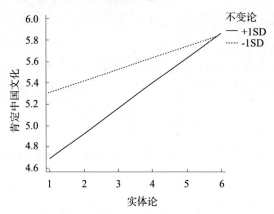

图 8 - 7　中国文化实体论和不变论在肯定中国文化上的交互作用

　　中国文化本质论不仅可以解释对中国文化的态度，还可以解释对现代化的态度。从相关分析的结果看，实体论与中学为体显著正相关，不变论与西学为体显著正相关。换言之，越认为中国文化与西方文化不同，越支持现代化以发扬中国文化为基础；越认为中国文化不可改变，越支持现代化以学习西方文化为基础。结合实体论和不变论对中国文化态度的交互作用结果，可发现以两个维度描述中国文化本质论具有重要的意义。首先，同样属于本质论的内容，但实体论和不变论与对中国文化和现代化的态度之间却有着不同方向的关系。实体论与肯定中国文化的态度和坚持以中国文化为基础的现代化态度相联系，而不变论不利于肯定中国文化的态度，并与坚持以西方文化为基础的态度相联系。其次，认为中国文化与西方文化具有本质不同的实体论是对中国文化积极态度的基础和保障。因为，对于中国文化实体论者，无论是否持有中国文化不变论，都有较高的肯定中国文化的态度，以及较低的否定中国文化的态度。然而，当民众持有中国文化非实体论观点时，如果同时认为中国文化不可改变，就会产生最极端的否定中国文化的态度。

（二）文化会聚主义

如果说 FTSC 与对文化变迁方向的认识有关，文化本质主义是对文化是否可变以及不同文化间是否可以通约的认识，那么文化会聚主义（ploycultural-ism）则认为任何文化都不是"纯粹"的，在它的形成和发展过程中，无时无刻不与其他文化处在一种相互影响的关系之中，文化是一个动态建构的过程。❶ 首先，文化会聚主义与文化本质主义不同，文化会聚主义主张文化互动，文化本质主义主张文化区隔。其次，文化会聚主义与 FTSC 产生的文化趋同主义不同；文化会聚主义隐含着文化变迁并不会选择某种文化作为主导，而是由文化互动产生新的文化（也可以说没有新旧，因为文化本身一直在变）；文化趋同主义认为随着文化变迁将有一种现有文化占据主导，同化其他文化。

相比于 FTSC 和文化本质主义，文化会聚主义的信念在充分全球化和多元文化混搭成为常态的情境下，变得更加显著（参考第四章和第九章）。而 FTSC 更典型地体现在全球化和西方化的早期阶段，即对全球化的本地反应（local response）尚未充分沉淀的情境下；文化本质主义的信念则隐含着文化本位主义。研究发现，文化会聚主义主张文化学习（cultural learning）和文化适应（cultural adaptation）。而文化本质主义主张文化独特性，倾向于保护文化传统，排斥其他文化。FTSC 主张西化和现代化，尽管人们认为现代化会带来很多问题，但仍然认为这种改变是社会变迁的一个自然的和普遍的过程。

---

❶ Morris M. W., Chiu C. Y., Liu Z. Polycultural Psychology ［J］. Annual Review of Psychology, 2015, 66: 631 – 659.

第九章　文化混搭心理研究

第一节　全球化与文化混搭现象

　　经济资本的流动、信息科技的发达、全球社区的建立、国际旅行乃至移民的盛行，各种文化越来越难"遗世独立"。[1] 随着全球化的进程和外来文化流入本地，遭遇、体验不同文化成为人们日常生活中的重要经验。例如人们对全球连锁品牌的消费是全球化的重要方式，以普通中国人的日常消费为例，在饮食上，有近几十年风靡中国的洋快餐麦当劳、肯德基、必胜客等，也有星巴克咖啡、可口可乐等受中国人喜爱的饮料。再如年轻人熟悉并喜爱的洋服装品

---

[1] 赵志裕，康萤仪. 文化社会心理学 [M]. 刘爽，译. 北京：中国人民大学出版社，2011：300－330.

牌，耐克、阿迪达斯、优衣库、H&M、ZARA 等，如图 9 – 1 所示。

图 9 – 1　全球连锁的日常消费品牌

　　文化混搭（culture mixing）带来的文化冲突或文化融合现象越来越成为重要的社会文化现象和研究者关注的课题。

　　美国人类学家华生曾主编《金拱向东：麦当劳的本土化》一书，探讨全球化浪潮对本地文化的影响过程。该书研究者们发现，麦当劳餐厅给东亚社会带来了现代化的革新，以及例如排队等美国式消费行为的规训。人类学家阎云翔曾在该研究中对北京的麦当劳进行观察，他发现与那些相对高价或者更为高档的中国餐馆相比，总体上出入麦当劳的人们行为更加自制，对人比较礼貌，说话声音较低，并且尽量不往地上扔垃圾。❶ 从中可见，在全球化过程中，美国连锁快餐文化在东亚社会的传递——通过消费者进行饮食行为上的规训，使他们履行隐含其身上的合同：消费者能够自己端盘、入座、饭后帮助清理，公司提供廉价快捷的服务，达到向顾客转移企业部分劳动力成本的目的；另一方面，也可以看到文化通过全球性消费，对不同社会中个人行为的影响过程。

　　全球化浪潮对文化与人们生活的深入影响也可以从少数民族日常消费中窥见一斑。人类学家刘志扬曾在 2002—2003 年对西藏拉萨市北郊的娘热谷地进行过田野调查，并记录了人们的日常消费及礼物交换中的文化变化。在正式场合和非正式场合，啤酒、可乐等食品混杂在藏族人传统食物和日用品的消费中，以礼物的形式在正式场所与非正式场所中交换和消费，可见全球化对人们生活的深刻影响。

　　43 岁的村民边巴为我找出了两份不同时期婚礼的礼单，一份是他自己在

---

　　❶ 邓燕华. 管中窥豹：消费革命静悄悄——读《金拱向东——麦当劳在东亚》［EB/OL］.《二十一世纪》网络版第五十五期.

2003 年藏历新年初五参加外甥婚礼时所送礼物的清单，一份是 1980 年他结婚时邻居向他赠送贺礼的礼单。2003 年 2 月参加外甥婚礼礼单内容：300 元红包一个，藏茶 20 斤，拉萨啤酒 1 箱，百事可乐 1 箱，价值 170 元的绸缎被子一床，45 元男式礼帽一个，80 元的藏装一套。1980 年邻居送给边巴的贺礼礼单内容，香皂两块，毛巾 2 条，酥油 2 斤，藏茶 2 块，青稞 30 斤，大米 20 斤，卡塞 1 袋。还有两份清单，分别是 2004 年和 1986 年藏历新年边巴去哥哥家参加家庭聚会时送给哥哥的礼物清单。2004 年藏历新年礼物是青稞、卡塞、苹果四斤、啤酒、白酒、水果糖、可乐；1986 年藏历新年礼物是卡塞、酥油、青稞、藏茶。

纽约州立大学"全球化 101"网站认为，"全球化"研究关注的现象是指在信息科技的支援下，通过国际贸易与投资，不同国家的人民、商业组织和政府不断互动与融合，对全球环境、文化、政治体制、经济发展与民生造成的影响。

过去社会学家对全球化的研究，主要集中在全球化对经济和社会的影响，近期已有较多学者认识到全球化带来的文化交流和冲击也很重要，这些学者指出，全球化一方面导致政治、经济和文化思想跨国界的迅速传播，另一方面也可能带来侵蚀地方传统文化的恐慌，全球化促进发达国家及发展中国家的经济发展，也可能会强化国家和宗教文化之间积极或消极的互赖关系。[1]

到目前为止，从心理学视角探讨因全球化而倍增的文化交流和冲击造成的社会心理影响的研究仍屈指可数。本世纪之初，心理学家 A. 班杜拉曾指出，信息技术及全球化给人类行为带来了革命性的影响，他曾呼吁心理学家要关注全球化改变人们命运及生活的心理过程。

然而，心理学偏重个体心理研究的微观研究方法，使之在讨论全球化这一宏观问题中几乎失语，例如截止到 2011 年 6 月的美国心理学会数据库（psycARTICLES database）中，以"全球化"为关键词的论文仅有 32 篇，其中实验研究的论文仅有 4 篇。[2][3]

关于全球化的系统研究多集中在相邻学科中，例如消费者行为研究、文化

---

[1] 赵志裕，康萤仪. 文化社会心理学 [M]. 刘爽，译. 北京：中国人民大学出版社，2011：300－330.

[2] Chiu, C. - Y., Gries, P., Torelli, C. J., & Cheng, S. Y - Y. Toward a social psychology of globalization. Journal of Social Issues, 2011, 67：663－676.

[3] 吴莹，杨宜音，赵志裕. 全球化背景下的文化排斥反应 [J]. 心理科学进展，2014 (4)：721－734.

与人类学研究、政治社会学研究等领域，在社会心理学领域仍然对这一问题进行系统化的发掘与认识。本章试图整理已有心理学理论探索，以及近几年文化混搭心理研究成果，为今后深入研究作铺垫。探讨文化交融与碰撞如何在心理过程中体现，以及可以从哪些角度探讨文化混搭心理的过程和机制。

一、跨文化适应理论

加拿大心理学家约翰·贝瑞（John Berry）在其多年研究的基础上，[❶] 提出了移民在跨文化适应过程中可能出现的不同心理机制。贝瑞认为，移民在跨文化适应过程中，实际受到两种文化的影响，即母国文化（original culture）和移入国或客居国文化（host culture）的影响。可以从两个维度探讨这两种文化在个体身上的作用效果：一是保持母国文化和身份的倾向性；二是移入国文化群体交流的倾向性。

根据这两种动机的强弱，移民个体的反应又可分为四类（见表9–1）。一是既有强烈保持原有文化及身份的动机，又有强烈融入移入国文化的动机，个体将用整合的方式来进行文化适应；二是个体不愿意保持原有文化身份，而与移入国文化有频繁互动，个体选择接受移入国文化同化的方式来应对文化的碰撞；三是个体重视原有文化身份，避免与移入国文化的互动与交流，他们采用分离的方式进行文化适应；四是个体既不能保持原有文化身份，又不被接受移入国文化，他们表现出边缘化的适应方式。

表9–1　文化适应的四种应对方式

		保持原有文化的动机及态度	
		高	低
融入移入国文化的动机与态度	高	整合 integration	同化 assimilation
	低	分离 separation	边缘化 marginalization

约翰·贝瑞的文化适应理论自20世纪90年代末提出，较好概括了人们在文化混搭情境中的反应模式，也开创了跨文化心理学研究探讨文化适应的新领域。但是，贝瑞的文化适应理论更偏好于从个体角度来探讨文化应对的过程，对于不同文化间的碰撞等宏观的情境性因素在理论中较少体现，而关注宏观社会情境因素与个体反应之间的互动过程，却是社会心理学家更关心的内容。

---

❶ Berry, J. W. Immigration, acculturation and adaptation ［J］. Applied Psychology: An International Review, 1997, 46: 5–34.

二、文化分域理论

全球化会不会导致地方文化被同质化？不同情境中的文化碰撞是否会导致人们有差别的反应？

研究者认为全球化并不会导致文化的同质化，每种文化中包括物质性文化与意义性文化，物质性文化与人们谋生方式和经济活动有关联，而意义性文化决定着人们的生活目的与意义、自我与他人的关系等。当国家被纳入世界市场后，虽然全球化的物质性文化在该国流行，但是地方性的意义性文化并不那么容易被改变。❶

青年学者彭璐珞近期提出文化分域理论（cultural domains theory）❷，详尽解释了不同领域的文化混搭可能引发人们不同行为反应。这一理论将文化分为三个不同领域：物质性领域（material domain）、象征性领域（symbolic domain）和神圣性领域（scared domain）。

物质性领域关乎日常生活中的物质世界，涉及人们的谋生方式。社会生活中诸如商业、技术、科学和时尚等领域皆属于物质性领域。人们通常以实用性价值来评估它们对于人类生活的重要性。

象征性领域包含文化中具有象征性的传统和实践。被特定的文化群体成员所共分享，并被看作一种文化中的象征性符号。例如，对大多数中国人来说，长城、京剧、青花瓷等都属于象征性文化领域。

神圣性领域包含了人们的形而上学的宇宙观念，关乎人生的意义和终极价值，其要素构成社会的核心价值体系。该领域被大多数社会成员公认为神圣性的、终极性的、道德性的、不可侵犯的。

三个领域中人们的基本信念和价值观并不相同，体现在易变性（malleability）、可交换性（fungibility）、传统性（traditionality）和判断原则（judgment principle）上。

在三个文化领域中，物质性领域具有很高的易变性，随时代发展而迅速变化。例如，信息、科技、时尚等物质性领域的元素都随着社会发展的进程日新月异，与时俱进。相较而言，象征性领域的要素则表现得更为稳定。在全球化

---

❶ 赵志裕，康萤仪. 文化社会心理学 [M]. 刘爽，译. 北京：中国人民大学出版社，2011：311－312.

❷ 彭璐珞. 理解消费者对文化混搭的态度——一个文化分域的视角 [D]. 北京：北京大学博士学位论文，2013.

进程当中，相较于经济、贸易和技术的变革，象征性文化的变化十分缓慢。如在家庭和人际关系领域，源远流长的地方文化传统仍然维持着它们的影响力。而神圣性领域则更为稳定，由于其根植于人类生活的最核心价值，因而几乎可以抵御社会变迁的影响。

在可交换性上，物质性领域具有最强的可交换性，象征性领域次之，而神圣性领域最低。

在传统性上，人们虽然接受现代社会在物质文明上的进步，但更倾心于传统社会的道德价值。所以，神圣性领域更尊重传统，而物质性领域则更崇尚新价值。由于传统习俗是文化成员获得存在感的重要来源，因此，象征性领域也相对更为重视传统而非创新。

在社会判断原则方面，人们倾向于将实用性、计算性的判断原则应用于物质性领域，将规范性、类别化的判断原则应用于象征性领域，将道德性、道义论的判断原则应用于神圣性领域。

中西合璧，共祭神圣先祖

——临平清明祭祖典礼隆重举行

2012年4月5日

由省炎黄研究会、临平市文化局、市文明办联合主办的壬辰年临平市清明祭祖典礼，于本市重要的文化遗产地——临平公祠拉开序幕。

此次清明祭祖凸显"慎终追远，缅怀先祖"寓意，值此天清地明，万物复苏的时节，数百市民齐集公祠，共祭先人。典礼过程中，全场肃立，鸣钟、击鼓、礼乐、敬献供品、焚香、祭拜、恭读祭文等环节紧凑进行，以此忆念先祖，表达绵绵不尽的追思和凭吊。此外，本届清明祭祖典礼还向国际化迈出了一大步，增加了国际化元素，象征神圣情怀的普世性，突出国际融合的特色。

本届祭祀典礼的一个特色环节是"饺子+比萨祭供"（左图）。在鲜花、水果之外，市民代表献供地方特色的"临平饺"和一款意大利比萨饼。在临平传统中，本地百姓清明节常以特产临平饺献祭，寄托对先人的至诚缅怀和忆念。而由于历史原因，本地意大利侨胞较多，比萨饼也常作为祭奉的供品。

据悉，临平清明祭祖典礼已连续举办了四年，对弘扬中华文化核心价值、传承民族精神、增进民族认同感和归属感，都起到了很好的作用。

图9-2　实验启动材料：虚拟的神圣领域中的文化混搭❶

---

❶ 彭璐珞. 理解消费者对文化混搭的态度——一个文化分域的视角 [D]. 北京：北京大学博士学位论文, 2013.

图 9 - 2 的研究通过实验启动发现，与物质性领域的文化混搭现象比较，人们对神圣性领域的文化混搭现象的反应更消极，有更多的文化排斥反应，即当内群体神圣性文化遭遇侵蚀或被污染时，人们表现出强烈的对外文化排斥的反应，以保护群体文化的纯洁性。并且进一步探讨发现，通过启动人们物质性的思维方式，例如引导他们思考商业品牌及事物功能属性，启动物质文化的环境，有助于减少文化排斥反应。❶

另一项关于中东巴以冲突的研究进一步证实了以上的理论。Gingers、Atron 等人❷以巴勒斯坦人与以色列人为被试，使用现场实验法探讨在族群冲突和解过程中神圣性符号（例如耶路撒冷对于以色列的神圣意义、约旦河西岸和加沙对于巴勒斯坦人的神圣意义）的重要性。

当使用物质性手段（例如金钱的补偿）来解决涉及神圣性符号带来的冲突问题时，人们的生气厌恶情绪反应及暴力性反抗倾向显著提升；当使用非物质性和解手段时（例如对方就神圣价值观作出的道歉），人们的暴力性反抗倾向显著减弱。这一研究发现，将文化冲突问题视为一个神圣性价值观问题时，使用物质性补偿的动机将会使双方冲突更加强烈。这一研究说明，神圣性与象征性价值对族群的重要性远远高过于其他价值观（例如经济价值）。❸

笔者等人关于回族文化的研究也有同样的结论，❶ 当人们发现神圣性文化面临被污染的可能时，他们表现出明显的文化净化反应，保护文化纯洁性的倾向更加强烈。

总之，以上理论解释了在全球化进程中，人们遭遇文化混搭后如何反应的过程。是接受外来文化，还是排斥外来文化；是保留原有文化认同，还是丢弃它？在何种情境中，人们会对文化混搭状况反感、排斥、焦虑；在何种情境中，人们又会管理并有效利用外来文化资源，使文化混搭成为创造力的来源。这些问题将在下节中详细讨论。

---

❶ 彭璐珞. 理解消费者对文化混搭的态度——一个文化分域的视角 [D]. 北京：北京大学博士学位论文，2013.

❷ Gingers, J., Atron, S., Medin, D., Shekaki, K. Scared Bouders on Relation Resolution of Violent Political Conflict [J]. Proceeding of the National Academy of Sciences, 2007, 104 (18)：7357 - 7360.

❸ Atron, S., Axeirod, R., Davis, R. (2012). Scared Barries to Conflict Resolution [J]. Science, 2012, 371 (24)：1039 - 1040.

❹ Wu, Y., Yang, Y. - Y., & Chiu, C. - Y. Responses to religious norm defection：The case of Hui Chinese Muslims not following the halal diet [J]. International Journal of Intercultural Relations, 2014 (39)：1 - 8.

第二节　文化混搭中的排斥与融合反应

人们如何应对外群体文化与本地文化的碰撞和混杂，何种条件下这种文化的混杂将激起人们对外群体文化的排斥行为和消极的心理反应？哪些个人因素又将会强化或减弱这种文化排斥反应？本节将重点介绍社会心理学视角下对文化排斥及文化融合反应的研究。

在群体间的接触中，人们对待外来文化的态度可以简单分成两种：对外文化的排斥反应（exclusive reaction）与和对外文化的融合反应（integrative reaction）。赵志裕等人研究过文化接触中的融合反应，指出文化融合可能激起个体的消极情绪，但却是激发人们创造性思维的重要途径。文化排斥反应是指在文化接触中害怕内群体文化被污染与威胁的情绪反应，是一种本能的快速反应，伴随着消极情感体验，并且会进一步导致对外来文化疏离拒绝和攻击的反应，为了更好区别两种文化应对方式所具有的特点，赵志裕等研究者曾总结了对外来文化的排斥反应与融合反应的差异，如表9–2。[1]

表9–2　对外来文化的排斥反应与接受反应（Chiu et al，2011）

排斥反应	融合反应
反应的本质：害怕文化污染或侵蚀的情绪反应	针对解决问题和完成目标的反应
反应的特点：迅速的、本能的、自发的	缓慢的、深思熟虑的、需要努力的
对全球文化或外文化的知觉：文化威胁	文化资源
身份凸显度：高	低
文化情感反应：消极的，包括嫉妒、害怕、生气、厌恶、怜悯	积极的，包括欣赏、羡慕
行为反应：排斥性的，包括疏离、拒绝与攻击	接受性的；包括接受、融合与综合
强化原因：保护传统文化完整性与生命力的需求	文化学习心理强
减弱原因：认知需求	寻找固定答案与文化共识的需求

---

[1]　Chiu, C. – Y., Gries, P., Torelli, C. J., & Cheng, S. Y – Y. Toward a social psychology of globalization［J］. Journal of Social Issues, 2011, 67：663–676.

总的来看，文化排斥反应是一种快速的、本能的且自发的反应，是一种将外来文化或全球文化作为威胁的反应，同时伴随消极情绪体验，并反应出人们保护本地文化纯洁性的动机；而融合反应却是一种理性的、经过深思熟虑的反应，将外来文化作为一种资源，反应出人们学习性的动机。

一、对文化混搭的消极反应：文化排斥

2007 年，针对星巴克入驻故宫事实，某知名主持人在博客里发表评论，认为星巴克作为全球化和西方连锁商品符号入驻代表中国文化的神圣场所是一种文化的污染。

……星巴克，虽然东西不坏，甚至还为赚中国人的钱做了些本土化改造，但终究是美国并不高级的饮食文化的载体和象征，在西方已经成为一种符号。开在故宫附近或许可以，但开在故宫里面，成为世界对于中国紫禁城记忆感受的一部分，实在太不合适。这不是全球化，而是侵蚀中国文化。

《人民日报》首先刊发了该主持人的文章，随后，国内几百家媒体对此事件予以了关注，均用大篇幅进行了报道。国际上，也有超过 250 多家的国外知名媒体对此事进行了报道。在网络上，人们对这件事的关注度更高，帖子发出仅仅几日，点击量就增至 50 万，许多网友表示支持。这篇博文引起巨大的反响迫使星巴克在众多网民舆论压力下被迫从故宫搬出（百度百科，星巴克）。2007 年 7 月 15 日，在星巴克撤离故宫不久后，该主持人在其博客里写道：

故宫管理者的这个最新决定合理、明智。全球很多著名的世界文化遗产的管理机构在这方面也都是这样做的。故宫里本来就应该只有一个品牌，那就是——故宫。不让别的品牌出现，不是排斥，更不是垄断，而是保护故宫自身民族品牌及其厚重的文化象征意义的完整性。

"保持自己核心民族文化传统的完整性"不仅仅是主持人及网民的心声，也代表着人们面对全球化过程中的外来文化的流入，所共有的对民族文化完整性、纯洁性遭遇破坏的焦虑和担忧。文化混搭带来的冲突到"星巴克搬离故宫事件"这儿并没有画上句号，相反如很多人所预期的那样，这仅仅是全球化企业与中国传统文化发生冲突的开始。

2012 年，星巴克入驻杭州灵隐寺，同样引发大量反对意见，集中在外国公司的商业文化对本地佛教文化符号的污染，甚至有网友编了笑话来调侃外来商业文化对灵隐寺佛教文化可能产生的侵蚀："施主，请问您是要大杯（悲）

还是超大杯（悲）？"；"大师，请问我能续杯（悲）么？"❶

全球化带来的外来文化与本地文化的冲突并不仅仅发生在中国，同样也是全世界人们共同面临的问题。

2009 年麦当劳进驻卢浮宫引发法国民众抗议，一方面他们担心法国艺术受消费主义的污染，另一方面也是法国人抵制美国流行文化输入的行为表现。❷

2012 年在洛杉矶发生大规模游行，反对在唐人街附近设立沃尔玛超市，当地民众担心，沃尔玛的到来将使唐人街变成一个没有移民工作和生活的历史区域，唐人街居民的生活形态将被改变。❸

以上案例可以看出，在全球化带来的文化碰撞与混搭中，人们会产生对本地文化的担忧和焦虑，并用排斥反应来保护本地文化的纯洁性。其中，何种心理及认知机制将影响和决定这一排斥过程，下文将综合已有研究详细探讨。

二、文化混搭的认知心理机制：联合文化启动效应

人们在文化混搭的情境中会同时同地遭遇两种文化，对不同文化间差异的知觉也更加敏锐，更强调文化的刻板属性，这种对文化差异性的知觉可能使个体将文化作为一个心理框架去理解或阐释当前的经历，赵志裕等研究者将这种现象称之为联合文化启动效应（joint cultural activation effect），也称之为双文化启动效应。❹ 当特定的边界条件出现时，联合文化启动效应将会激发人们对外文化的排斥反应。

为了探究这种双文化启动效应在最小文化接触（minimal intercultural contact）情境中是否出现，研究者们用双文化启动实验范式进行了验证，以赵志裕等人的实验研究为例。❺

实验 1 以中国大陆人为被试，将之分成单文化组和双文化组，然后给不同

---

❶ 星巴克入驻灵隐寺 是全球化 or 文化冲突？［EB/OL］. 合肥在线，2012. http：//news. hf365. com/system/2012/09/24/011767793_ 01. shtml.

❷ 麦当劳进驻卢浮宫刺痛法国人 被指文化入侵［EB/OL］. 中国日报，2009. http：//www. chinadaily. com. cn/hqbl/2009 – 10/10/content_ 8775665. htm.

❸ 洛杉矶唐人街万人反沃尔玛大游行，老外也上阵. ［EB/OL］. 加拿大华人网，2012. http：//www. sinonet. org/news/world/2012 – 07 – 01/211637. html.

❹ Chiu, C. – Y. , Mallorie, L. , Keh, H. – T. , & Law, W. （2009）. Perceptions of culture in multicultural space：Joint presentation of images from two cultures increases ingroup attribution of culture – typical characteristics［J］. Journal of Cross – Cultural Psychology，2009，40：282 – 300.

❺ 同上。

组被试分别看不同图片。单文化组的被试看到一组两张并列麦当劳汉堡印刷广告的图片；双文化组的被试看到一组麦当劳广告和中国月饼并列的图片。接着，被试读到两组关于天美时（Timex）手表的广告，广告内容分别包含个体主义价值观和集体主义价值观的信息，被试的任务是评价哪组广告更会被中国人接受。

以往研究发现●，中国人认为中国人比西方人更倾向于接受集体主义价值观，这种主体间的知觉经验可以看作是文化内的共识性认知，按照双文化启动效应假设，在双文化启动情境中，这种主体间共享经验作为一种文化刻板属性将会被强化。结果支持假设：在双文化启动下的中国被试认为包含集体主义信息的广告词更容易被中国人接受。

Torelli 等研究者❷以美国人为被试复制了这一研究，证明在双文化启动条件下，被试更倾向于认为个体主义的广告词会被美国人接受。也即是双文化启动条件能强化人们的文化刻板化知觉，认为美国人更偏爱个体主义取向的广告内容，中国人更偏爱集体主义取向的内容。

Chiu 等人在实验 2 以美国人为被试讨论双文化情境中美国人的文化反应倾向。实验中被试被分成单文化启动组和双文化启动组，分别看两组不同的广告图片。随后，研究人员测量两组被试对文化间的差异的知觉。以往实验结果发现美国人更会采用特质性归因（disposition attribution），而不是情境性归因（situational attribution），更倾向于采用分析性思维而不是直觉性思维。实验结果证明双文化启动能提高人们对文化间差异的知觉：双文化组的被试更倾向于认为其他美国人会采用特质性归因和分析性思维。❸

双文化启动效应还表现在双文化呈现能够强化人们对文化差异的知觉，使人们知觉的文化距离增大。Torelli 等在第二个研究中以美国人为被试，证明双文化启动效应能增大人们对文化距离的知觉。研究中测量了不包括美国文化的

---

❶ Zou, X., Tam, K. P., Morris, M. W., Lee, S. - L., Lau, I. Y. - M., & Chiu, C. - Y. Culture as common sense: Perceived consensus versus personal beliefs as mechanisms of cultural influence［J］. Journal of Personality and Social Psychology, 2009, 97: 579 - 597.

❷ Torelli, C. J., Chiu, C. - Y., Tam, K. - P., Au, A. K. - C., & Keh, H. T. Exclusionary reactions to foreign culture: Effects of simultaneous exposure to culture in globalized space［J］. Journal of Social Issues, 2011, 67: 716 - 742.

❸ Chiu, C. - Y., Mallorie, L., Keh, H. - T., & Law, W. Perceptions of culture in multicultural space: Joint presentation of images from two cultures increases ingroup attribution of culture - typical characteristics［J］. Journal of Cross - Cultural Psychology, 2009, 40: 282 - 300.

四种文化在被试眼中的距离。四种文化分别为：加拿大、墨西哥、英国与波多黎各文化。在实验开始时，双文化组评审贴有英国商标能代表墨西哥文化的商品，单文化组评审贴有英国商标但却没有任何文化标志的商品。随后被试在固定表格中画出四种文化的位置。结果发现，相比单文化组，双文化组被试对不相似文化（例如波多黎各与加拿大）之间的知觉距离显著增大。这一实验验证双文化呈现（bicultural exposure）情境会增大人们对文化差异性的知觉。❶

双文化启动效应在现实社会情境中也得到了证明，陈侠和赵志裕在调查中发现，长期生活在不同文化混杂的社会情境中的城市居民，相比农村居民更能知觉文化价值观的差异，中国城市居民相比农村居民更期待中国人坚持中国传统价值观（例如孝道、谦虚），更期待西方人遵守传统西方价值观（例如个体主义、自由）。❷

三、文化排斥反应出现的条件

（一）文化符号（cultural symbol）受到威胁

双文化共同呈现在某些条件下特别容易唤起人们的排斥反应（exclusionary reactions）。首先，当启动双文化的事物分别是本地文化和外来文化的象征或标志物时，双文化共同呈现更容易唤起人们的排斥反应。例如麦当劳被认为是可可殖民主义的象征，星巴克被视为西方中产阶级的符号。当这些外来文化的象征侵入象征本地文化或内群体文化的空间时，双文化呈现将激起人们对外来文化的排斥反应。

Yang❸ 的研究证实了这一过程。研究 1 以中国人为被试。所有被试都认为长城是中国文化的标志。一半被试（镶嵌组）看麦当劳的商标镶嵌在长城里的图片，另一半被试（并列组）看麦当劳商标在长城之外并列呈现的图片。镶嵌组和并列组各有一半被试看到强调麦当劳作为美国文化象征的广告语——"自由、独立、美国文化尽在麦当劳"，其余被试看到强调麦当劳作为普通快

❶ Torelli, C. J., Chiu, C. - Y., Tam, K. - P., Au, A. K. - C., & Keh, H. T. Exclusionary reactions to foreign culture: Effects of simultaneous exposure to culture in globalized space [J]. Journal of Social Issues, 2011, 67: 716 - 742.

❷ Chen, X., & Chiu, C. - Y. Rural - urban differences in generation of Chinese and Western exemplary persons: The case of China [J]. Asian Journal of Social Psychology, 2010, 13: 9 - 18.

❸ Yang, D. Y. - J. Clashes of civilizations: critical conditions for evocation of hostile attitude toward foreign intrusion of cultural space [J]. PHD dissertation, University of Illinois at Urbana - Champaign, 2011.

餐代表的广告语——"快捷、方便、美味尽在麦当劳"。结果发现，只有当麦当劳被认为是美国文化象征，并且其商标镶嵌在长城时，被试才会觉得麦当劳代表文化入侵，因而对麦当劳作出消极的反应（如图9-3）。

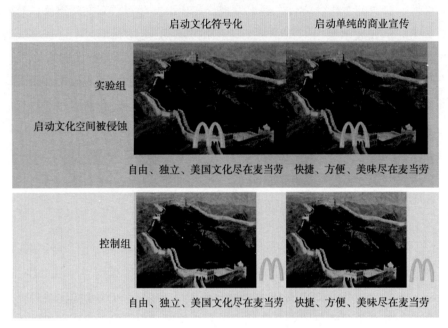

图9-3 文化符号被威胁的实验启动图❶

这一结果并不仅限于中国人，Yang 在研究2把被试换成美国人，重复了研究一的概念设计。当看到毛泽东像镶嵌在象征美国的自由女神像上时，并视毛泽东为中国政治文化象征的条件下，美国人会表现出更强烈的文化排斥反应。这种保护内群文化的神圣性象征的行为，在 Yang 的第三个研究同样被验证：被告知在世贸遗址附近（相比远处）建清真寺，且认为世贸遗址是美国文化象征的，美国人对伊斯兰文化表现出更强烈的排斥反应。

（二）文化的侵蚀（intrusion of culture）

对文化入侵性的知觉也将强化双文化启动的排外效应，Cheng 的系列研究

---

❶ Yang, D. Y. - J. Clashes of civilizations: critical conditions for evocation of hostile attitude toward foreign intrusion of cultural space [J]. PHD dissertation, University of Illinois at Urbana - Champaign, 2011.

证明了这点。❶ 研究1分别以中国人和美国人为被试，并将被试分成四组：美国文化启动组、中国文化启动组、文化中性启动组以及双文化启动组。在美国文化启动组中，被试同时看到两张代表美国文化的图片；在中国文化启动组中，被试同时看到两张代表中国文化的图片；在文化中性启动组中，被试同时看到两张云彩图片；在双文化启动组中，被试同时看到一张代表美国文化的图片和一张代表中国文化的图片（如图9-4）。

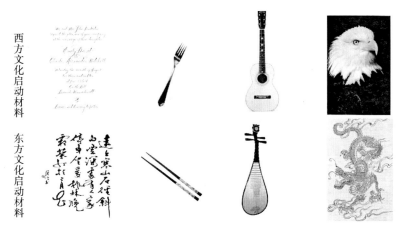

西方文化启动材料

东方文化启动材料

图9-4　代表不同文化的实验材料❷

在这操作之后，中国被试读到一篇文章，讲述美国儿童图书出版商将要在北京开展促进美国民间故事在中国传播的业务；而美国被试则读到一篇文章，讲述中国儿童图书出版商将在纽约开展业务，推动中国民间故事在美国人中的传播。之后被试评估外国出版商有多强烈的企图要将外国文化传入本地社区，此外，被试表示他们会何种程度上长期关注全球化对本土文化的侵蚀现象，以及在何种程度上会支持对这家外国公司的税收优惠政策或将这家外国公司赶出社区。

研究结果发现，与美国被试相比，中国被试对全球化侵蚀本土文化的问题有更强烈的关注。这与西方国家作为全球资本输出国，其在经济和军事上的优势，以及近百年西方国家对东方的殖民侵略历史对人们理解文化之间关系问题

---

❶ Cheng，Y. Y. Social psychology of globalization：Joint activation of cultures and reactions to foreign cultural influence ［J］. PhD Dissertation，University of Illinois at Urbana - Champaign，2010.

❷ 图片来源同上。

有一定的联系。在本实验中，当双文化组的中国被试认为外国出版商试图将美国文化传入中国的可能性越高，越倾向于表现出排斥外国公司的行为。其他实验组的中国被试的反应不受文化入侵意图的影响。相对应的是，美国被试在本土文化受侵蚀问题上表现出较低的关注水平，同时也不认为中国出版商对本地文化有威胁，因此没有作出排外反应。

在研究2中，Cheng让美国被试先阅读一篇社会科学研究结果的概述，其中报告了美国核心价值观在全球化影响下受侵蚀的证据，借此提高被试对文化威胁的关注。之后重复研究一的操作。结果发现，与研究一的中国被试反应一致，当双文化组的美国被试认为中国出版商试图将中国文化传入美国的可能性越高，越倾向于表现出排斥中国公司的行为。

（三）存在动机（existential motivation）的凸显

文化具有延续性，因而文化对生活其中的文化成员来说是让自身死而不朽的媒体。社会心理学研究发现，人们处在被死亡提醒状态中，较倾向于保护其文化传统，好让自身能在死后通过立德、立功、立言，在后世留名，永垂不朽。❶ 恐惧管理理论的系列研究发现，❷ 提醒人们难逃一死能提升人们的国家或民族认同。处在死亡提醒状态中的人，更喜欢那些支持拥护他们文化价值观的人，更不喜欢那些贬损自己文化价值的人。

根据以上研究推测，死亡焦虑可能会导致知觉到文化间差异的人，在面对全球文化或外国文化流入本土文化的时候，表现出更多的文化排斥行为。Torreli等❸的研究证实了这一假设，在该研究中（研究3）一半被试被置于死亡唤起的情境中（让被试想象自己即将死去或死后的身体状况），一半被试作为控制组（让被试想象治疗牙痛时的焦虑感）。然后两组被试各分成两组：一半接受双文化启动（评价标有中国商标的代表美国文化的商品），另一半接受单文化启动（评价标有中国商标的不具有文化意义的商品）。

❶ Leung, A. K. - Y. , Qiu, L. , & Chiu, C. - Y. Psychological science of globalization ［M］. In V. Benet - Martinez, & Y. - Y. Hong (Eds.), Oxford Handbook of multicultural identity: Basic and applied perspectives. Oxford University Press, 2013.

❷ Greenberg, J. , Pyszczynski, T, Solomon, S. , Simon, L. , & Breus, M. The role of consciousness and accessibility of death - related thoughts in mortality salience effects ［J］. Journal of Personality and Social Psychology, 1994, 67: 627 - 637.

❸ Torelli, C. J. , Chiu, C. - Y. , Tam, K. - P. , Au, A. K. - C. , & Keh, H. T. Exclusionary reactions to foreign culture: Effects of simultaneous exposure to culture in globalized space ［J］. Journal of Social Issues, 2011, 67: 716 - 742.

随后让被试参与一个貌似与实验不相干的测试，让被试评价一个面向中东地区的耐克产品推广计划。这一产品推广计划主要是将典型中东文化元素取代耐克产品所代表的核心价值观，例如去掉耐克旋风标志，换成阿拉伯式的商标等。这一推广计划设置了文化侵入的情境。被试对推广计划的评价包括评价这一计划对耐克股市的影响程度、对市场占有率的影响程度，以及听说这个计划后自己的购买意愿。对这计划作负面评价是一种排斥文化混杂的表现。结果发现，处于死亡唤起情境中的被试，受到双文化启动后，他们对这一推广计划的排斥程度比其他条件下的反应更显著。

在研究四中，研究者复制了上述死亡唤起和双文化启动操作，增加了不同文化典型性的操作，将被试分成两组，一组评价耐克产品面向中东市场的推广计划，一组被试评价不具有美国文化典型性的烤面包机面向中东市场的推广计划。结果发现，与前一个研究结果一致，当目标商品是象征美国文化的产品耐克时，死亡唤起及双文化启动使被试对外文化排斥行为增强，而这一效应在目标商品是烤面包机的条件下却没有出现。这一研究一方面验证了在死亡唤起的条件下，人们倾向于保护本地文化的完整性不受侵蚀，另一方面也证实了文化排斥行为仅针对具有文化典型性的物品出现。

在中国进行的一项研究也验证了当人们感受到文化侵入性时，存在性动机能增强人们的文化排斥行为。Chen 以中国人为被试，先测量被试认为全球化在多大程度上导致了本地文化受侵蚀，然后进行死亡唤起的操作，最后测量被试对美国文化的喜好、对美国文化温暖性（warmth）的评价，及学习先进美国文化的意愿。结果发现，在死亡唤起情境中，倾向于认为全球化导致本地文化受侵蚀的被试，较不喜欢美国文化。而在对照组中，这种结果并不存在。本研究说明，当存在动机初唤起后，人们更倾向于保护内群体文化，更排斥外来文化。❶

（四）文化类别思维被启动

上文提到，双文化呈现条件能够启动人们的文化类别化思维，使人们对文化的认知更具刻板性。并且，当外来文化侵犯本地文化，特别是有代表性的文化符号时，人们会表现出排斥外来文化的行为。

---

❶ Chen, X. Mortality salience and lay globalization belief influence Chinese undergraduates' exclusionary reactions to Western cultures. Paper presented at the Asian Association of Social Psychology Biannual Conference. Kunmin, China, 2011.

Tong 等人的研究❶进一步证明了启动人们的类别化思维，通过强化人们刻板化的文化认知，能增强人们对外来文化的排斥行为。这一系列研究探讨人们在不同心理状态下对外来文化侵入的不同反应，其中包括三种心理状态下的启动，即 类别化心态启动（categorical mindset）、交易性心态启动（transaction mindset）和无特定心态的启动（no mindset）。

在研究一中，研究员先随机将新加坡人和短期居住新加坡的非新加坡人（如留学生）分在三个不同的启动组（交易性启动、类别化启动和无启动）中，交易性启动组和类别化启动组分别阅读不同的内容及完成不同题目。

在交易性启动组中，被试读到这样的故事：（1）林太太在家做缝纫每小时赚 12 块，今天她去市场买鱼。她和商贩讨价还价 5 分钟可以节省 1.25 元，她应该做下列哪种交易更好：①讨价还价 5 分钟；②不还价，利用这 5 分钟回家做 5 分钟的缝纫活。（2）一杯拿铁咖啡是 3 块钱，美玲是咖啡店买拿铁咖啡的常客，现在咖啡店卖优惠券可以 14.9 元买 6 杯拿铁。哪种做法让美玲更省钱：①买张优惠券；②不买优惠券。

类别化启动组的被试读到下面的故事：阿文每天穿 T 恤和牛仔裤上班，你认为阿文的职业应该是（1）市场营销员；（2）软件工程师。第二个故事是：大卫需要找个餐厅和女朋友度过一个浪漫的情人节，这个餐厅不能有太多人，食物的量不必很大。大卫路过一家高档酒店里有两家餐厅，一家供应法国餐，一家是海鲜餐厅。你认为应该选择哪种？在无启动条件的控制组中，不给被试读任何材料。

然后，让所有被试读一则虚构的企业收购案例：麦当劳收购当地著名面包店亚坤早餐店（Ya Kun Kaya Toast）。在这个虚构的案例中，强调亚坤早餐店是新加坡当地具有标志性的著名连锁品牌，也强调收购可以给两个公司都能带来经济收益，也强调麦当劳典型的美国管理模式与亚坤早餐店典型的新加坡管理模式的区别。被试需要评价他们对麦当劳对亚坤的收购行为感到恐慌（fear）的情绪反应。在这里麦当劳作为具有竞争性的外来文化代表，已有研究表明对具有竞争性的外群体或他人的情绪反应一般为恐惧。被试还需要评价对被收购后的亚坤早餐店的喜爱程度，以及两个公司在文化和业务上的相似度。

研究也检测了交易性启动和类别化启动的启动效果。当三种启动条件下的

❶ Tong, Y. – Y., Hui, P.P. – Z., Kwan, L., & Peng, S. National feelings or rational dealings? The role of procedural priming on the perceptions of cross – border acquisitions [J]. Journal of Social Issues, 2011, 67: 743 – 759.

被试对"雷克萨斯""宝马""尼桑"三种汽车品牌进行归类时，交易性启动组的被试倾向于按照商品交易价值进行分类，将"雷克萨斯"和"宝马"分成一类，类别化启动组的被试倾向于根据原产国分类，将"雷克萨斯"和"尼桑"归为一类。

结果发现，当被试知觉到两个企业有较大社会文化背景差异时，类别化启动组的被试对外来文化做出较强烈的排斥行为，对被收购后的亚坤早餐店的喜好较低。当被试认为两个企业比较相似时，类别化启动组的被试表现出对被收购后的亚坤早餐店有较高的喜好；无启动组的被试也有同样反应。然而，这种效应在交易性启动组中并未发生。另外，当知觉到两个企业并不相似时，类别化启动组的被试有更多恐惧的情绪体验，而其他两个启动组中的被试却没有显著的情绪反应。以上反应在非新加坡籍被试中也没有出现，因为这里的收购行为并未对他们的内群体文化产生威胁。

在研究2中，Tong等人以美国人为被试，沿用研究一的实验操作，分别在不同实验组中启动交易性心态或类别化心态，然后让被试读到一则虚构的收购案例。收购案例为印度Tata汽车公司收购标志美国文化的美国通用汽车公司。这一研究验证了研究1的结论：当被试知觉两个公司存在巨大差别时，类别化启动组的被试有更多消极情绪体验，并且对收购行为的反应更消极。这一效应在交易思维启动和无启动组都未出现。以上两个研究表明，文化的类别化思维能扩大文化排斥行为。

（五）高认知需求（need for cognition）减弱双文化启动效应

已有研究[1]指出，不同个体的认知需求是不同的，这里的认知需求是指个体能够接受或喜欢从事的认知任务的程度的区别。高认知需求的个体喜欢更深入更详尽的认知加工，低认知需求的人满足于对事物刻板属性的了解。在这一意义上，双文化启动效应对低认知需求个体产生的影响可能会更大，对高认知需求个体的影响会比较小。Torreli等的研究（研究5和研究7)[2]证明了这点。

在研究5中，Torreli等以香港人为被试，探讨在双文化启动条件下，认知

---

[1] Cacioppo, J. T. , Petty, R. E. , & Kao, C. E. The efficient assessment of need for cognition [J]. Journal of Personality Assessment, 1984, 48: 306–307.

[2] Torelli, C. J. , Chiu, C. – Y. , Tam, K. – P. , Au, A. K. – C. , & Keh, H. T. Exclusionary reactions to foreign culture: Effects of simultaneous exposure to culture in globalized space [J]. Journal of Social Issues, 2011, 67: 716–742.

需求的差异是否能够调节双文化启动的影响。具体操作是，给被试呈现中国文化的图片（中国文化启动组）、美国文化的图片（美国文化启动组），或中美文化图片（双文化启动组），接着测量被试的认知需求水平，然后测量被试对文化刻板属性的认知。

这里，让被试评价亚洲人在多大程度上更倾向于情境性认知，美国白人在多大程度上更倾向于特质性认知。结果发现，认知需求较低的被试在双文化启动条件下，文化刻板性认知更强，即更倾向于认为亚洲人通常采用情境性思维，而美国人倾向于特质性思维。双文化启动对认知需求高的被试没有影响。

Torreli 等人（研究6）的研究验证了详析性认知（cognitive elaboration）或详细思考（thinking complexly）能减弱文化排斥行为，并从另一个方面验证了类别性思维或刻板性思维能强化文化排斥行为。该研究复制研究2的实验设计，将被试分成双文化启动组（评价持英国商标的墨西哥商品）和单文化启动组（评价持英国商标的文化中性商品），然后让被试评价墨西哥、波多黎各、加拿大和英国之间的文化距离。本研究与研究二不同的是，在评价文化距离之前，一半的被试被告诉需要详细思考四个文化之间的文化间关系，另一半被试没有得到这一操作。

研究结果发现，详析思考的实验操作，能缩短双文化启动组的被试对不相似文化（例如墨西哥与加拿大文化）之间知觉到的文化距离；而详析思考的实验操作并不影响双文化启动组被试对相似文化（例如加拿大与英国文化）的距离知觉。

在研究7中，Torreli 等人也有类似的结论。这一研究以美国人为被试，如上面的研究一样先分别对被试进行单文化启动或双文化启动，然后再分别对被试进行死亡威胁的实验操作或看牙医焦虑的对照组操作，然后让被试对虚构的"耐克中东市场计划"进行评价。与研究3和研究4一样，"耐克的中东市场推广计划"中包含美国文化符号被中东文化威胁的因素。研究也测量了被试的认知需求水平。结果发现，只有认知需求低的被试在双文化启动条件及死亡威胁的条件下，才会排斥中东文化对美国符号性商品的文化侵蚀。双文化启动对认知需求高的被试的排斥行为没有效应。

（六）文化认同的影响

综合以上发现，双文化的共同呈现在不同的环境下可能导致人们作出较大的文化排斥反应，这些环境包括具有标志性的文化符号被污染或侵蚀，当人们知觉到本地文化受到侵犯，以及当人们的类别化思维被启动、高存在动机被激活，也包括当个体认知需求水平比较低的情况。然而，人们在双文化或多文化条件下，对外来文化表现出的排斥或接受行为背后的心理机制更值得关注。已有研究发现，文化认同（cultural identification）可能是其背后存在的心理机制。

文化认同影响着人们对文化混杂现象的行为反应。例如在 Tong 等人的研究[1]中，曾以新加坡人为被试，考察他们对文化排斥行为的影响（研究3）。实验操作复制前面提到的研究1，启动被试的类别化思维，交易性思维无启动，然后让被试读一个虚构的麦当劳收购代表新加坡本地文化的亚坤早餐店的案例。接着让被试评价自己对这一收购行为的感受（包括生气、悲伤、不安、恐惧、不确定、无助六个方面），同时测量被试对新加坡的认同程度。研究结果发现，在无思维启动条件下（排除类别化思维启动或交易性思维启动的影响），较认同新加坡人的被试对麦当劳收购行为有更多消极的感受。这一结果表明，对本地文化或内群体文化认同越高，人们对外来文化侵蚀性的排斥反应越强烈。

相反，当人们对外来文化的认同越强烈时，对文化混搭的容忍性会越大，也会表现出更少的文化排斥反应。

Morris、Mok 和 Mor[2] 的研究验证了这一观点。这个研究以香港人为被试，将被试随机分组，利用语言（汉语和英语）与图片（西方图片、亚洲图片和无文化信息的图片）的不同组合对不同组被试进行单文化或双文化呈现启动。然后测量被试对西方文化的认同程度，同时测试被试在认知闭合性需求上的反应。实验结果发现，在双文化启动条件下，不认同西方文化的被试表现出更高的认知闭合需求；而对于西方文化有较高认同的被试，双文化启动条件并不会改变被试的认知闭合需求。这一结果证明了对外来文化有较高认同的个体将倾向于接受文化混搭，对文化混搭现象有较低的排斥反应。

（七）情绪对文化排斥反应的影响

厌恶性情绪反应同样影响人们的文化排斥反应。厌恶情绪是一种在人类进化过程中形成的具有社会性的情绪机制，厌恶性情绪具有社会分类的作用

---

[1] Tong, Y. -Y., Hui, P. P. -Z., Kwan, L., & Peng, S. National feelings or rational dealings? The role of procedural priming on the perceptions of cross-border acquisitions [J]. Journal of Social Issues, 2011, 67: 743-759.

[2] Morris, M. W., Mok, A., & Mor, S. Cultural identity threat: The role of cultural identifications in moderating closure responses to foreign cultural inflow [J]. Journal of Social Issues, 2011, 67: 760-773.

(参考本书第六章)。笔者等人的研究发现，文化污染的启动情境中（回族人看到回族人吃非清真食品图片）回族人将表现出显著的厌恶性情绪反应和明显的文化排斥反应，其中，厌恶性情绪机制在回族人的文化排斥反应起中介作用，这一研究进一步验证了厌恶性的具身情绪机制在文化分类及应对文化污染中的重要作用。❶

在以上研究的基础上，研究者❷❸提出符号排斥理论（symbolic exclusionism theory），用以解释文化排斥反应机制的形成过程，也将这一基础性研究应用在全球化与消费者行为研究中。该理论认为促进文化排斥行为具有五个条件：（1）外国公司或企业被认为是外国文化或全球化的标志；（2）当地文化与外来文化有明显差异；（3）外来企业商标在当地市场上的传播被认为是对当地文化完整性及生命力的威胁；（4）消费者自身有保存本地文化完整性的动机；（5）消费者使用类别化而不是详析化思维思考文化差异。

符号排斥理论阐述文化排斥行为可能发生的前提，详细解释文化混杂现象如何使文化排斥行为发生的过程，这理论不仅使文化排斥行为发生机制模型化、系统化，也使文化与社会心理学研究应用于商业研究的成功案例，使文化排斥反应研究具有理论和现实的意义。

四、文化融合反应与创造力

相比对外文化的排斥反应，融合反应是一种更加理性的、缓慢的、深思熟虑的反应过程。文化融合反应背后的动机是将全球文化或外文化作为一种可以利用、整合的智力资源，通过不同文化之间的融合形成新的思路、启发、创意、发明等过程。文化融合是人们对全球化过程的另一方向的反应倾向，在不同文化框架及多元文化经验的启发下，人们会将全球文化与本地文化结合起来，形成新奇的思路和创造性思维模式。

---

❶ Wu, Y., Yang, Y. -Y., & Chiu, C. -Y. Responses to religious norm defection: The case of Hui Chinese Muslims not following the halal diet. [J]. International Journal of Intercultural Relations, 2014 (39): 1 - 8.

❷ Chiu, C. -Y., Wan, C., Cheng, Y. -Y., Kim, Y. -H., & Yang, Y. -J. Cultural perspectives on self - enhancement and self - protection [M]. In M. Alicke, & C. Sedikides (Eds.), The handbook of self - enhancement and self - protection. New York: Guilford, 2010.

❸ Li, D. -M., Kreuzbauer, R., & Chiu, C. -Y. Globalization and exclusionary responses to foreign brands [M]. In S. Ng, and A. Lee (Eds.), Handbook of culture and consumer behavior. New York: Oxford University Press, 2012.

全球化带来的文化融合反应包括四种机制：第一，文化混搭将不同文化经验放在一起，使人们有局限的片段式文化经验整合成为新的文化知识，从而产生更多创意性产品。第二，多元文化经验提升人们对同样社会行为功能的知觉，使人们不再墨守陈规，使人们能够欣赏与兼容与他们不同的观点和思维。第三，文化混搭能够帮助人们从多元文化经验中获取创造性思维的灵感，使人们不再局限于单一思维中。第四，文化混搭不可避免带来多种价值观、信念的冲突，这种冲突却是培养人们复杂性思维的基础，不同文化的同时呈现提升人们的认知复杂性，这种认知复杂性正是人们创造性思维的来源——发现事物的差异性、从不同角度整合概念的能力。❶

文化混搭有助于提升人们的创造力，Leung 与 Chiu 的研究验证过这一结论。这一实验将美国大学生被试分配到四个组中，分别给予不同启动条件：（1）仅启动美国文化；（2）仅启动中国文化；（3）同时启动美国与中国文化；（4）启动中美文化的杂糅形式，例如一件印有中国龙的陶瓷可乐瓶。接着让被试完成一些创造性的任务，例如让被试为土耳其儿童重写灰姑娘的故事，还包括实验结束一周后，让被试者完成关于时间类比的另一项创造力测试任务，两项任务中都与实验启动中的中国文化没有关系，由此避免具体文化在任务完成中的干扰。实验结果发现，后两种双文化启动情境使被试表现出更强的创造性。这一研究还进一步发现，有过丰富多元文化经历的个体有更多创造性的思维，更能接受外国文化中的观念，更倾向于在完成创造力任务时使用已有文化资源（例如实验中提到的外国及本国的名言警句）。❷

另一方面，情绪在多元文化经历和创造性方面也起重要作用。研究发现，多元文化经验能够唤起人们不愉快的情绪，而这些不愉快的情绪又反过来提升人们的创造性成果。❸ 这一结论建立在两个前提基础上：一是文化混搭情境中不同文化元素的同时出现，会让人们产生认知不协调的感受，从而有消极情绪体验；二是消极的情绪会促使人们进行更详细更复杂的认知过程，而不仅是快速的不加

————————

❶ Leung, A. K. – Y., Qiu, L., & Chiu, C. – Y. Psychological science of globalization［M］. In V. Benet – Martinez, & Y. – Y. Hong（Eds.）, Oxford Handbook of multicultural identity：Basic and applied perspectives. Oxford University Press, 2013.

❷ Leung, A. K. – y., & Chiu, C – y. Multicultural experiences, idea receptiveness, and creativity ［J］. Journal of Cross – Cultural Psychology, 2010, 41：723 – 741.

❸ Cheng, C. – Y., Leung, A. K – y., & Wu, T – Y. Going beyond the multicultural experience – creativity link：The mediating role of emotions［J］. Journal of Social Issues, 2011, 67：806 – 824.

思考的认知反应，这种详析化的思维过程是促使创造性思维产生的基础。❶

Cheng 等人的实验研究验证了以上结论。在这一研究中，研究者挑选新加坡籍的华人作为被试，分别让被试处于双文化呈现和单文化呈现的启动情境中，然后让被试完成情绪测量——消极情绪（如烦恼的）、消极的自我反思过程（例如不舒服）、积极情绪（如满足的等）。接着让被试完成创造力测试，例如列举出一个垃圾袋的不常用功能等。结果发现，双文化呈现条件抑制人们的积极情绪状态，但是同时伴随着的是创造力分数的提升。这一结果也解释了一个事实：在多元文化环境中生活的新加坡人，面临更多文化混搭情境，从而会有更多对文化的矛盾情绪。❷

创造力提升一方面是文化混搭带来的积极反应之一，另一方面，长期的文化碰撞、历史久远的文化碰撞也是推动文化演进的重要动力。如社会心理学家赵志裕所说："文化在环境中，并不是孤立存在，而是在相互影响；有时相互启发，有时相互角力。释迦之学与中土哲学砥砺切磋而萌生禅宗，佛道思想与儒学合流而启发宋明理学，解释文化相互启发的例子。"❸

总之，对文化混搭心理的研究，可以拓宽社会心理学的学科视野，将学科关注扩展到对全球化过程及中国社会变迁研究的领域中。另一方面，文化混搭心理研究也开拓了文化与社会心理研究的新领域，使人们对文化互动、交融、碰撞等宏观环境的反应过程逐步清晰化。

---

❶ Leung, A. K. - Y., Qiu, L., & Chiu, C. - Y. Psychological science of globalization [M]. In V. Benet - Martinez, & Y. - Y. Hong (Eds.), Oxford Handbook of multicultural identity: Basic and applied perspectives. Oxford University Press, 2013.

❷ 同上。

❸ 赵志裕，吴莹，杨宜音. 文化混搭：文化与心理研究的新里程 [G] //赵志裕，吴莹. 中国社会心理学评论（第九辑）. 北京：社会科学文献出版社, 2015.

后 记

2013 年，中国的城市化率第一次超过 50%，这标志着中国步入社会经济飞速发展的特殊阶段。同时，突出的、引人瞩目的社会文化变迁也相伴而生。城市化带来不同群体文化的碰撞与混搭，使习俗规范与道德标准发生改变，使价值观呈现多元化；人们的自我认识与身份认同标准发生变化，亦有特定情绪的产生。这些变化有共同的线索和起因，就是文化变迁引发的社会情境变化，其本身也为社会心理学提供丰富的学科给养——不仅有可观的丰富的研究对象，也为学科突破自身局限、扩充解释力提供契机。

纵观学科发展史，社会心理学本身也是与现实社会联系密切的学科。在全球化与中国社会文化发生巨大变迁的当下，亦有众多社会心理学研究者对这一变化进行研究与探索。该书把握聚焦前沿的原则，从规范、价值观、自我、认同、厌恶、文化变迁及全球化心理学等不同领域综合近些年文化社会心理学的研究成果，这些研究在理论上跨越心理学、社会学、人类学、消费行为学、组织管理学、神经生理学等学科，方法上灵活多变，涵括心理实验、田野调查、大型问卷甚至大数据统计等。本书不受传统社会心理学教科书的结构和章节的限制，更侧重对前沿研究的把握和对文化研究的系统整合。

本书的编写深深受益于杨宜音研究员、赵志裕教授与康萤仪教授三位老师在 2008—2015 年间组织的"中国社会心理学高级暑期班"。这一学术共同体使笔者受到系统的文化社会心理学训练，体悟到三位老师"立足于社会现实、问题导向"的研究理念，视野被拓宽，也接触到众多丰富有趣的文化社会心理学前沿研究。2013 年"中国社会心理学暑期高级研修班"又以"文化混搭心理学术研讨会"的形式延续至今，会议中诸多同辈和同行研究者交流讨论的新鲜视角、新颖研究设计使笔者深受启迪。在此，对三位老师和同辈研究者深表谢意。

本书三位作者也结识于"中国社会心理学高级暑期班"，曾作为 2009—2010 级暑期班的学员一起学习，对文化与社会心理学的研究与发展有相同的了解与认识，这也是本书成书出版的原因之一。全书共有九章，编写分工如下：吴莹编写第一章、第三章、第五章、第六章、第七章、第九章；韦庆旺编写第二章与第八章；邹智敏编写第四章。

本书出版过程中受到中央民族大学民社院各位领导及同事的支持协助，得到知识产权出版社编辑石红华老师的帮助，在此表示感谢。

受学识积累所限，本书对文化与社会心理学的理解尚显粗浅，但也是笔者对此领域探索过程的记录，希望能够抛砖引玉，引起更多同行的关注与指正。